国家重大土木工程施工新技术应用丛书

广州周大福金融中心关键施工技术

叶浩文　杨　玮　著

U0340561

中国建筑工业出版社

图书在版编目（CIP）数据

广州周大福金融中心关键施工技术/叶浩文，杨玮著.
北京：中国建筑工业出版社，2015.3
（国家重大土木工程施工新技术应用丛书）
ISBN 978-7-112-17851-3

Ⅰ.①广… Ⅱ.①叶…②杨… Ⅲ.①金融建筑-建
筑工程-工程施工 Ⅳ.①TU247.1

中国版本图书馆CIP数据核字（2015）第 040719 号

责任编辑：赵晓菲 朱晓瑜
责任设计：张 虹
责任校对：陈晶晶 赵 颖

国家重大土木工程施工新技术应用丛书
广州周大福金融中心关键施工技术
叶浩文 杨 玮 著
*
中国建筑工业出版社出版、发行（北京西郊百万庄）
各地新华书店、建筑书店经销
霸州市顺浩图文科技发展有限公司制版
北京同文印刷有限责任公司印刷
*
开本：787×1092毫米 1/16 印张：19¼ 字数：467千字
2015年7月第一版 2015年7月第一次印刷
定价：**55.00**元
ISBN 978-7-112-17851-3
（27090）

序

近年来，国内百层高楼的迅速发展，推动了我国建造技术的快速提高，百层高楼凝聚的科技力、装备力和资源整合力，已成为建筑业施工创新的典型代表，充分展示了中国建筑业的综合实力和能力。以广州周大福金融中心（广州东塔）为载体，研究形成的关键施工技术成果总体达到国际先进水平，其中许多方面达到国际领先水平；是在施工中坚持"科技进项目，项目促科技"的工作思路，以科技创新驱动施工技术进步，并创造良好效益的不可多得的经典工程。

广州东塔总高530m，刷新了岭南地区超高层建筑的新高度；与广州西塔形成璀璨珠江的姊妹塔，交相辉映，展现了令世人瞩目的现代摩天楼宇的独特俊美，已成为广州乃至整个岭南地区的地标性建筑。广州东塔建造者们面临着施工现场环境复杂、安全质量要求高、技术难度大等难题，勇于探索、追求卓越、科学管理，创新形成的百层高楼关键技术成果，为促进我国建筑工程施工整体水平的提高做出了积极贡献。

在工程建设初期，项目部就进行了项目科技创新课题的策划，明确各项课题研究方向、具体内容及实施计划。提出的百层高楼绿色施工技术和5D-BIM技术两项核心科研课题及七项关键科研课题，均取得了突破性进展。首次实现了百层高楼绿色施工量化统计，形成了相对系统的百层高楼绿色施工综合技术；开发形成的5D-BIM信息平台，为工程项目进行5D-BIM信息化管理形成了良好的支撑。工程项目部还开发和应用了绿色多功能混凝土、复杂环境下深基坑多支护体系设计与施工、超高层结构施工过程监测等五项关键技术。这些技术成果的形成，具有明显的创新性，实用性强，有力地保证了工程项目的顺利完成。

《广州周大福金融中心关键施工技术》一书，就是以叶浩文为首的广州东塔项目部的相关技术人员遵循"科技引领、精益建造"的理念，在百层高楼关键技术成果的基础上，紧密结合工程实践及相应经验，对建设过程中的关键创新技术进行了较为系统全面、具体翔实的介绍，对同类工程施工将会产生重要影响，对广大工程施工技术人员开展技术创新活动、针对工程项目进行技术开发和研究，将起到抛砖引玉的作用。

"立足东塔施工，放眼行业发展，科技引领，精益建造，全面展示中国建筑风范"，这是每一个东塔建设者的心声。过去，激励着全体参建者一次次突破瓶颈，攻坚克难，取得了诸多创新技术成果；未来，期望能促使广大建设者继往开来、再创辉煌。希望本书的出版发行能见证东塔的建造历程，更希望能为促进中国建筑业的发展、展示中国建筑业风采起到积极作用。

　　　　　　中国工程院院士
　　　　　　中建股份首席专家
　　　　　　中建股份技术中心顾问总工程师
　　　　　　中国建筑业协会专家委员会常务副主任
　　　　　　中国建筑业协会绿色施工分会常务副会长　　　　　肖绪文

前　言

21世纪的中国，城市发展日新月异。拓疆扩土后的中国城市，又在孕育向上的梦想，播种攀高的期望。"百层高楼"，这个过去只能在古人诗句里"手可摘星辰"的臆想，如今正在中国建筑人的手中变成现实。据不完全统计，全国400m以上封顶及在建的超高层共16座，其中，中国建筑共承建15座。一座座超高层，勾勒出城市新的天际线，描绘出中国经济发展的新画卷。广州东塔，便是中建的代表作之一。

广州周大福金融中心总高度530m，地上111层，主要使用功能为办公楼、酒店式公寓及超五星级酒店；地下5层，主要为商场、停车场及设备用房。塔楼主体是带加强层的框架筒体结构，由核心筒、8根箱型钢管混凝土巨柱、111层楼层钢梁和6道环形桁架、4道伸臂桁架组成。

在东塔项目开工之前，广州西塔、深圳京基这两个440m的超高层已经建造完成。在建造过程中，我们摸索了一套快速安全高质量的建造技术，研发了适用于超高层建造的大型机械设备，积累了大量宝贵的建造经验，尤其是通过顶升模架体系的发明及应用，实现了两天施工一层的新速度；C100及C120被泵送至440m，刷新了超高强混凝土泵送高度的新纪录；巨型钢结构斜交网格节点的制作、安装，形成了一系列巨型复杂钢结构节点数字化加工、预拼及安装的施工技术及专利。所有这些超高层建造的设备、技术、发明和经验，都为东塔的建造提供了强大的支撑。

虽然已经拥有上述的技术和经验，但是广州东塔全新的高度和结构体系、复杂的周边环境、庞大的钢结构用量、复杂的钢结构节点、众多的工作面、数量庞大的分包，给我们带来了全新的技术需求和挑战。项目总建筑面积50.8万 m²，混凝土用量28.8万 m³，钢筋6.5万 t，钢结构9.7万 t，用钢量约为西塔用钢量的2倍；地处核心CBD，周边环境复杂，项目内场地极为狭小；核心筒首次使用双层劲性钢板剪力墙配以C80高强混凝土，墙内钢筋、栓钉、埋件密布，对混凝土提出全新的严苛要求；核心筒内空间狭小，顶模支撑系统和塔吊支撑相互制约，需要全新的支撑设计；主塔楼垂直运输量大，预计高峰期主塔楼人数最多约为2000人，需要探索施工电梯的新型设计及最优部署；钢构件尺寸大、单件重、数量多，其中巨柱截面尺寸3.5m×5.6m，单件最重达到69t；分包众多，各专业、各分包立体交叉施工，总承包管理协调工作极为繁重复杂；此外，还有超高层测量难度大，精度要求高等难点。

本书共分十二章，针对东塔项目的结构特点和施工重难点，从基于5D-

BIM 的施工总承包管理系统、绿色施工综合技术和管理、复杂环境下超深基坑综合施工技术、绿色多功能混凝土（MPC）超高泵送综合施工技术、超高层巨型复杂钢结构关键施工技术、智能顶模系统升级优化施工技术、巨型塔吊和电梯优化配置及管理技术、复杂机电施工管理技术、超高层施工测量与监测技术9 个方面全面具体地阐述了 500m 以上超高层建筑建造的关键施工技术和创新，既是对东塔项目关键施工技术的总结和科技成果的提炼，也希望通过本书，为日后超高层建设项目提供参考和借鉴。在本书最后，单独对超高层建造的进一步探索与研究方向进行了描述，我们在项目建造过程中，虽然受到紧张的工期及现有技术条件等因素的限制和影响，但通过深入思考，提炼总结出来进一步的研究方向，希望能为日后超高层建造开拓新的领域，取得更大的创新。

至本书发稿时止，东塔关键施工技术中的众多创新共获得 2 项发明型专利和 17 项实用新型专利；两项技术通过鉴定，分别达到国际领先和国际先进水平；BIM 技术荣获中国建筑业协会举办的"首届工程建设 BIM 应用大赛"一等奖；绿色施工关键技术成果，获得住房和城乡建设部领导和业内专家的高度评价。绿色多功能混凝土施工技术及复杂巨型钢结构关键施工技术还为科技"十二五"支撑计划中《钢-混组合结构现代化施工关键技术研究》的课题提供了强有力的技术支撑。

东塔项目关键施工技术的攻关研究和实施应用，既凝聚了项目部全体人员的智慧和汗水，同时也获得了企业内各位领导和行业内众多专家、学者的指导和支持，项目所取得的丰硕成果也凝聚了他们的心血，在此，借本书对他们无私的奉献和勤恳的工作表示衷心的感谢。

本书中若有不当之处，敬请各位读者和专家指正。

目　录

第一章 工程综述

第一节 工程概况

一、总体概况

广州周大福金融中心（原名广州东塔，以下统称广州东塔）项目是华南地区在建超高层建筑之一，广东省重点工程，广州市的新地标、新名片，是集办公、生活、休闲娱乐于一体的超大型项目。本项目坐落于广州市珠江新城 J2-1、J2-3 地块，地处广州市新中轴线东面的核心 CBD 地段，周边环境极为复杂，东面紧邻两个在建项目的深大基坑，南面紧邻新图书馆，西面紧邻游人如织的花城广场和地下空间，北面紧邻地铁 5 号线和路面主干线花城大道；场地内空间极为狭小，施工体量庞大、难度极高，如图 1-1 所示。

图 1-1　广州东塔俯视效果图

本项目由香港周大福金融集团旗下广州市新御房地产开发有限公司组织建设，新世界发展有限公司进行项目管理，中国建筑股份有限公司施工总承包。各参建单位具体见表 1-1。

二、建筑设计概况

广州东塔总建筑面积 50.8 万 m²，其中地上约 40.4 万 m²，地下 10.4 万 m²。

广州东塔项目参建单位汇总表

表 1-1

序号	内容	参建单位
1	组织建设	广州市新御房地产开发有限公司
2	项目管理	新世界发展有限公司
3	概念设计师	KPF 建筑师事务所
4	建筑设计师	利安顾问(中国)有限公司
5	结构工程师	奥雅纳工程咨询(上海)有限公司深圳分公司
6	机电工程师	柏诚工程技术(北京)有限公司
7	幕墙顾问	ALT LIMTED
8	工程监理	广州珠江工程建设监理有限公司
9	设计	广州市设计院
10	工料测量师	利比有限公司
11	施工总承包	中国建筑股份有限公司

塔楼建筑总高度 530m，是广州市第一高楼，华南地区第二高楼，分为地下 5 层，地上 111 层；裙楼建筑总高度 60m，分为地下 5 层，地上 9 层（图 1-2、图 1-3）。

图 1-2 工程立面效果图

三、结构工程概况

塔楼主要设计技术参数见表 1-2。

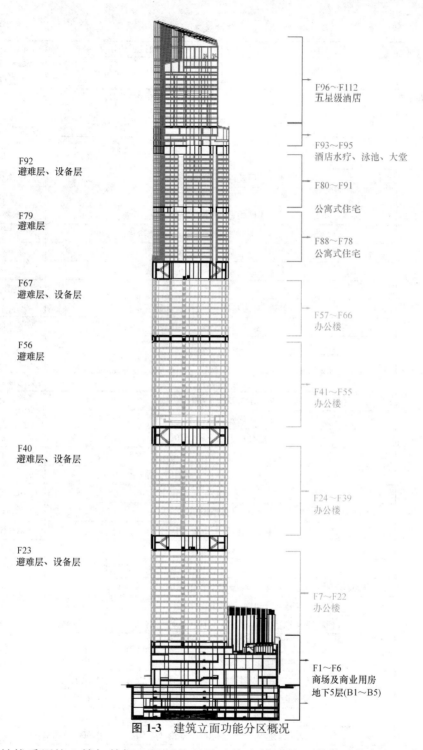

F92
避难层、设备层

F79
避难层

F67
避难层、设备层

F56
避难层

F40
避难层、设备层

F23
避难层、设备层

F96～F112
五星级酒店

F93～F95
酒店水疗、泳池、大堂

F80～F91
公寓式住宅

F88～F78
公寓式住宅

F57～F66
办公楼

F41～F55
办公楼

F24～F39
办公楼

F7～F22
办公楼

F1～F6
商场及商业用房
地下5层(B1～B5)

图 1-3　建筑立面功能分区概况

　　塔楼结构采用核心筒加外框 8 根巨柱以及连接内外筒的 4 道伸臂桁架、8 道环桁架组成的框架筒体结构体系；核心筒下部剪力墙内采用 C80 高强混凝土匹配双层劲性钢板，外框 8 根巨柱采用巨型钢管内灌注高强度混凝土的形式，伸臂桁架贯通核心筒并伸入巨柱内部，环桁架采用空间环桁钢结构，并通过 8 根巨柱将外框环抱封闭。

主要设计技术参数 表 1-2

结构设计基准期	50 年	结构设计使用期	50 年(主塔楼 100 年)
设计耐久性	100 年	建筑结构安全等级	一级(主塔楼)、二级(裙 房)
建筑抗震设防分类	乙类	抗震设防烈度	7 度
地基基础设计等级	甲级	基础设计安全等级	一级(主塔楼)、二级(裙 房)
设计基本地震加速度峰值	0.1g	场地类别	II 类
塔楼	地下一层及以上结构抗震等级		特一级
	地下二层及以下结构抗震等级		二 级
裙房	地下一层与塔楼相邻两个巨柱结构抗震等级		特一级
	地下二层与塔楼相邻两个巨柱结构抗震等级		二 级
	其余地下一层及以上结构抗震等级		一 级
	其余地下二层及以下结构抗震等级		三 级
混凝土强度等级	构件位置		混凝土等级
	巨柱基础、箱形基础顶板、其余基础底板		C40
	箱形基础底板及地下室外墙		C40
	箱形基础墙体		C60
	基础垫层		C20
	抗拔锚杆		水泥砂浆强度≥30MPa
	裙房及地下室柱		C60
	裙房及地下室墙		C40
	塔楼剪力墙 F1~F30		C80
	塔楼剪力墙、连梁、型钢混凝土柱		C60
	梁、板(含楼梯板)、楼梯墙		C35
	水箱		C40(抗渗等级 P6)
	组合楼板		C35
	塔楼范围内钢管混凝土巨柱		C80(B5~F68)
	型钢混凝土柱		C60(F69~屋顶)
钢材	位置	质量等级	钢材材质
	伸臂桁架层钢结构包括伸臂桁架、腰桁架及相邻层之楼面钢梁	C 级	Q345/Q345GJ
	钢管混凝土框架柱/型钢混凝土柱	C 级	Q345
	伸臂桁架层及其上、下相邻层核心筒外墙内型钢	C 级	Q345
	核心筒墙内型钢	B 级或更高	Q345
	楼面主梁/次梁	B 级或更高	Q345
	连梁内型钢	B 级或更高	Q345
	屋顶钢结构及其他露天结构	C 级或更高	Q345/Q345GJ
	其余构件	B 级或更高	Q235/ Q345/Q345GJ
柱断面尺寸(mm)	ϕ1200,ϕ1000,ϕ800,1000×1000,1200×1200,850×850,600×600,200×200		
梁截面范围(mm)	200、300、450、600、650、700、500、800、900、1000、1200、1500、1300、1000 不等		
焊条	E45	HPB235 级钢筋和 Q235 钢板及型钢	
	E50	HPB335 级钢筋和 Q345 钢板	
	E55	HRB400 级钢筋	

外框巨柱最大截面尺寸为 5600mm×3500mm×50mm×50mm，并随层逐渐演变为 2400mm×1150mm×20mm×20mm，最终伴随着建筑构造形式的改变，巨柱逐渐内收（图1-4、图1-5）。

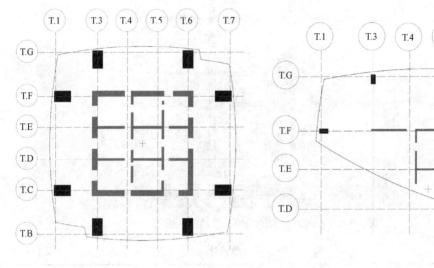

图1-4　收截面前×××层
塔楼外框巨柱分布图

图1-5　收截面后×××层
塔楼外框巨柱分布图

塔楼共 4 道伸臂桁架加 6 个桁架层，其中 F23、F40、F67、F92～F93 为伸臂＋环桁架层，F56、F79 为独立环桁架层（图1-6、图1-7）。

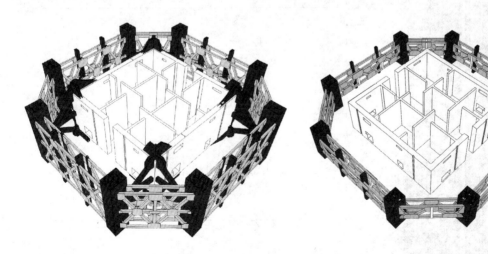

图1-6　伸臂＋环形桁架结构概况图　　　　　**图1-7**　环桁架结构概况图

塔楼核心筒为劲性混凝土剪力墙结构，平面上呈矩形，筒内分为 9 个小筒，总建筑面积约 1000m² （图1-8）。核心筒技术设计见表1-3。

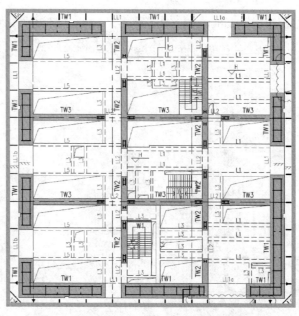

图 1-8 核心筒劲性混凝土剪力墙结构平面图

核心筒钢板剪力墙设计 表 1-3

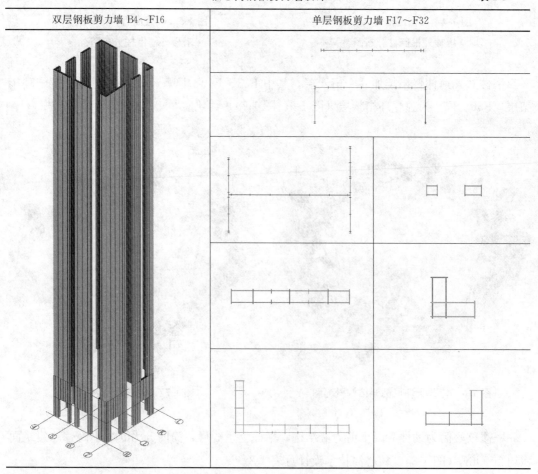

双层钢板剪力墙 B4～F16	单层钢板剪力墙 F17～F32

四、机电安装工程概况

（1）变配电系统。

地下二层设高压配电房和低压配电房，主塔楼的 F23、F40、F67、F92 设低压配电房。

（2）低压配电系统。

地下三层低压配电房为裙楼部分供电，主塔楼 23 层、40 层、67 层、92 层的低压配电房为各区域的用电设备提供电源。

（3）防雷接地系统。

按二类防雷建筑设计，塔楼屋顶及裙房天面女儿墙设置避雷带及避雷短针。利用建筑物主筋作防雷引下线，建筑物四周设均压环，玻璃幕墙的每个金属支架均与引下线或均压环可靠焊接防侧击雷，玻璃幕墙应作雷击试验。

（4）等电位联结。

采用 TN-S 接地系统，配电系统工作接地、弱电系统工作接地、防雷接地共用一套接地装置，接地电阻小于 1Ω。

（5）空调风系统。

裙房空调风系统设备间设在裙楼 9 层屋面，塔楼办公区（首层至 66 层）每层设有空调机组，其中 56 层设有新风机房，为塔楼内补给新风。

（6）空调水系统。

空调水系统采用水冷式，冷却塔分别布置在裙楼 9 层屋面、109 层屋面。裙房及地下室与主楼合用一个中央空调系统，制冷机房设在地下三层。酒店 68 层～108 层设独立的中央空调系统，冷水组设在 67 层。

（7）通风、防排烟系统。

地下室每个防火分区内设有独立排烟（排风）系统及补风系统，该排烟系统与平时通风系统合用。排风经竖井排至室外，补风经新风竖井送入室内。

（8）供热系统。

在地下室一层设有锅炉房。

第二节 施工总承包范围

中国建筑股份有限公司负责承建广州东塔，并担任项目总承包管理。

本工程总承包范围包括除已完成范围之一期基坑围护工程、地下室底板及箱形基础以外的所有项目。结构工程包括已完成范围和总承包范围交界处基坑支护结构的拆除、地下室基坑开挖工程、混凝土工程、钢结构工程、砌体工程、基坑支护桩与主体结构，主体结构后浇带处与相邻结构间传力带的设计及施工。建筑工程包括砌体工程、回填土工程、装修工程、地下室防水工程（包括找平层和保护层）、地块内外周边的连接工程、浇筑基础垫层、所有混凝土杂项工程、地下停车场、室外工程、供应及安装防雷及接地系统、人防结构及设施安装工程。机电工程包括配合地下管道的地沟挖掘，结构支撑及回填、建造所需基础、车库出入口车道闸的基础、电缆沟及盖板、爬梯和脚踏、对孔洞和壁坑进行回填，修补及抹面、防火围板的安装、建造防雷保护及接地系统、提供卫星电视系统的卫星天线碟的基础预留。总承包管理包括除本项目总承包合同范围的工程外，为所有完成本项目工程（例如机电、玻璃幕墙、精装修等）的专业分包、直接发包工程提供施工总承包管理和配合协调服务，并对专业分包工程的工期及施工质量负责；此外，还需完成与基础及底板工程施工单位进行施工场地及工程竣工档案、资料的交接和配合，与周边单位包括地铁公司、地下空间指挥部等单位的协调工作，以及其他零星工程。

第二章　工程重难点分析及科技工作策划

第一节　工程重难点分析

广州东塔项目体量庞大、结构新颖、工期紧张、分包众多,在施工过程中,面临着诸多重难点。如何正确顺利地解决这些重难点,是保证项目在合约工期和各个节点目标内高效率、高质量完成的首要前提。

一、体量庞大、工期紧张

本工程总建筑面积 50.8 万 m^2,主塔楼地上 111 层,地下 5 层。根据总承包合同,总工期 1554 个日历天,其中地上主体结构标准层单层建筑面积约 3500m^2(核心筒约 1000m^2,外框筒约 2500m^2),仅有 645 个日历天的结构施工时间,排除塔吊安拆、顶模安拆、塔吊和顶模爬升等的时间,平均每个标准层仅有约 3.5 天的施工时间。此外,地上结构中平均层高超过 10m 的 4 道伸臂桁架层和 6 道环桁架层工序复杂,施工时间长,使工期更为紧张。在如此大的工期压力下,任何一道工序的延误都会压缩后续楼层的施工时间,对结构施工总工期造成极大的影响。

伴随着工程的进一步推进,幕墙、砌体、机电、电梯、精装修等专业有序插入,各道工序紧锣密鼓、相辅相成,如何保证每一道工序合理有序地开展,也是保证紧张工期的关键。

二、资源需求量大,绿色施工难度大

本项目的资源消耗量极为庞大,其中混凝土总用量 28.8 万 m^3,钢筋总用量 6.5 万 t,钢结构总用量 9.7 万 t(是西塔用钢量的 2 倍);主塔楼高峰时段施工总人数近 2000 人,施工水、电、柴油的消耗量也非常大。在当今国内建筑领域倡导绿色建筑、绿色建造的理念下,如何在项目上系统全面地开展绿色施工,通过设计优化、先进的施工方案、施工工艺、机械设备选型等手段和途径,做到"四节一环保",真正实现绿色建造,是项目面临的一个重大难题。

此外,国内尚未制定针对超高层施工过程中水、电、柴油消耗及建筑垃圾产生等的量化指标,如何系统地在绿色施工过程中,通过科学合理的计量方法和统计手段,量化并总结这些宝贵的经验数据,填补国内超高层绿色施工这一空白,也是本项目的一个重要任务。

三、分包众多，各工作面多专业穿插复杂，总包管理难度大

东塔项目主塔楼地上 111 层、地下 5 层、裙楼地上 9 层，工作面众多。同时各工作面施工作业包含结构、砌体、幕墙、暖通、空调、给水排水、消防、强电、弱电、精装修、擦窗机、真空垃圾处理等专业，共有数十家分包。各家分包根据建设进程在各楼层、各工作面展开施工，各专业内工序多，各专业间交接频繁，相互依存，相互制约。如何实现各工作面施工的顺利进行，各专业穿插合理有序，避免分包管理和施工的混乱无序，实现对工期进度的实时把控、偏差分析及进度调整，是项目部面临的一个重大难题。

此外，各家分包在施工前期，分别展开各专业图纸的深化，并报审至总包，总包需要进行多专业图纸的集成深化，完成多专业的碰撞检查，协调各专业空间关系，如何高效准确地完成深化图纸的集成并实时跟踪图纸报业主及顾问审批情况，避免疏漏，并实现所有深化图纸的快速灵活的查询调阅，也是项目管理上的一个难点。

四、组合结构体系新颖，对高强混凝土施工要求极为严苛

广州东塔项目的结构体系为核心筒，外框 8 个巨柱，4 道伸臂桁架加 6 道环桁架的框架筒体结构，其中核心筒内采用双层劲性钢板剪力墙加 C80 高强混凝土，外框巨柱内也浇灌 C80 高强混凝土，见表 2-1。

混凝土应用情况   表 2-1

序号	部位	混凝土强度等级	楼层	标高
1	巨柱混凝土	C80	B5～F68	338.45m
		C60	F69～屋顶	530.00m
2	门柱混凝土	C80	B5～F12	58.35m
		C60	F13～屋顶	530.00m
3	剪力墙、连梁混凝土	C80	F1～F29	141.95m
		C70	F30～F33	159.95m
		C60	F34～屋顶	530.00m
4	筒内梁、板混凝土	C35	B5～屋顶	530.00m
5	外框组合楼板混凝土	C35	F2～屋顶	530.00m

核心筒双层劲性钢板剪力墙匹配 C80 高强混凝土，以及高强混凝土 500m 以上的超高泵送，给混凝土施工带来了一系列的问题和难点：

（1）高强、超高强混凝土的高黏度与超高泵送良好流动性能需求之间存在矛盾。高强、超高强混凝土由于黏度大、流动性差，极易造成堵管，难以满足超高泵送的需求。

（2）高强、超高强混凝土保塑性能差与超高泵送高保塑需求之间存在矛盾。HPC、UHPC 保塑性能差，经过高压泵送后极易产生离析，然而，超高泵送过程需要在近 600m 的密闭管道内承载 20MPa 的压力而混凝土不发生离析。

（3）高强、超高强混凝土早期剧烈水化反应与低热需求之间存在矛盾。对于高强、超高强混凝土胶凝材料掺量必定远大于普通混凝土，这就直接导致混凝土早期的水化反应剧

烈，极易造成大体积混凝土的内外温差过高出现开裂的现象。

（4）高强、超高强混凝土收缩率极高与双层劲性钢板剪力墙结构体系强约束之间存在矛盾。在双层劲性钢板剪力墙中，密集的栓钉、埋件、钢筋对混凝土产生了极强的约束，然而超高强混凝土由于早期水化热剧烈引起较大的自收缩，当混凝土早期抗拉强度未发展起来，同时受到构件强约束的情况下，混凝土会产生大面积的开裂。

（5）高强、超高强混凝土凝结速度快、流动性差，与结构内构件密集、浇捣困难之间存在矛盾。由于双层劲性钢板剪力墙的特殊结构形式，其中暗柱、连梁等节点区域钢板、栓钉、钢筋极为密集，并且混凝土无振捣空间，这就对混凝土的自密实提出极高的要求。

（6）超高层混凝土养护困难与高强、超高强混凝土的养护需求之间存在矛盾。超高层施工工期紧，施工速度快，且高空临边养护困难，然而 HPC、UHPC 需要良好的、长时间的养护。

如何解决上述矛盾，实现高强混凝土"高强度、高泵送、高稳定、低热、低收缩、低成本、自密实、自养护、自流平"各项性能的完美融合，是结构施工中面临的一个重大挑战。

五、复杂环境下深基坑施工难点多

本项目地处广州天河区珠江新城 CBD 核心商务区，周边高楼林立，环境极为复杂，项目内场地也非常狭小，见图 2-1。

图 2-1 东塔周边环境图

（1）北面紧邻地铁 5 号线，最近仅 15m，且局部存在大量地下空间老桩，老桩破除、岩层破碎、土方开挖及基坑支护施工会引起土体扰动，影响地铁运营安全。

（2）东面紧邻两个在建深基坑，三个项目共用一条市政道路，三者的支护设计相辅相成、互相影响；而且相邻项目的施工进度各不相同，单一方面工况转换的提前或者滞后都会影响相邻项目的支护设计。

（3）南面紧邻新建图书馆及其地下结构，土方开挖和基坑支护施工存在影响图书馆主体结构的风险。

（4）西面紧邻游人如织的花城广场和地下空间，地下空间结构的支护体系侵入项目买地红线，影响项目支护结构施工，且地下空间与深大基坑间土体内埋设大量市政管线（煤气管道、电缆、给水排水管），情况极为复杂。

（5）场内地质复杂，基坑深 28.6m，地下结构入岩 16m，表面杂填土松散，地下水位高，支护设计困难。

（6）基坑周边土质情况与地勘报告存在偏差，会造成原有设计锚索锚固力不足，导致基坑出现较大变形。

（7）由于客观因素，场内需分区施工，基坑支护、土方开挖、地下结构施工的场地狭小，组织管理困难，工期非常紧张。

六、优化智能顶模系统，提升顶模系统的集化及安全稳定性

通过顶模系统的应用，成功地保证了广州西塔及深圳京基项目结构的顺利施工。在此基础上，对该系统进行进一步的优化升级：

（1）提升顶模系统设计、安装、操作过程的规范化和标准化程度；

（2）构件多，装拆周期长，系统集成化生产安装程度可进一步提高；

（3）如何增加系统抵抗水平荷载的能力，提升整体稳定性，可深入研究优化；

（4）实现系统操控过程各关键点位的可视化，进一步强化顶升过程的控制。

七、降低"超高降效"对主塔楼施工的影响，提升垂直运输效率

项目垂直运输主要面临的问题如下：

（1）核心筒内空间狭小，顶模系统及塔吊系统的支撑共同作用于相同的筒体内，安拆及爬升过程相互制约、相互影响。

（2）塔吊支撑构件数量多，周转效率低，占用关键施工时间长。

（3）塔楼超高，电梯运输周期长，效率低；且施工电梯不能直登顶模平台，人员及材料的运输效率受到很大影响。

如何解决上述问题，尽量降低"超高降效"带来的影响，提升人员、材料运输效率及塔吊爬升效率，是保证工期的一个关键因素。

八、钢构件尺寸大、单件重、数量多、节点复杂，施工难点多

东塔项目总用钢量 9.7 万 t，巨型柱、钢板剪力墙截面尺寸大，厚板多（约占工程总量的 70%）且超厚（最厚达 130mm），自重大，现场焊接工作量大；更由于构件吊重、制作、运输等限制，分段数量大增（钢结构分节后外筒巨柱共 781 件，钢板剪力墙共 542件，桁架结构共 532 件），使现场焊接工作量成倍增加；加之现场焊接工作面主要集中在 8 根巨柱及钢板剪力墙上，工作面受限，施工难点众多：

（1）构件型号多、体积大、超宽、超重，造型复杂，加工验收难度大；构件节点多

达十多种，伸臂桁架柱不仅节点复杂，钢板超厚，最小作业空间仅 340mm，且最大重量达 159t，核心筒节点最大重量 112t，标准层 40t 以上构件共 283 件；钢柱最大截面 3600mm×5600mm×50mm×50mm，钢板剪力墙最大截面：L14150mm×5245mm×50mm，这不仅使构件的分节加工、运输、安装、焊接施工难度增大，也直接危及工程进度。

（2）同一作业面的交叉作业多，协调难度大：特别是 32 层以下核心筒内钢板剪力墙安装与土建钢筋绑扎都在同一工作面内交叉进行，而土建钢筋绑扎又直接制约着焊接操作空间；核心筒内伸臂桁架安装焊接与顶模挂架以及模板体系之间可能发生矛盾，都给协调工作增加了难度。

（3）工程焊接量巨大：预计耗用焊丝 700t，二氧化碳 49000 瓶，氧气 33500 瓶，乙炔 17500 瓶。

（4）厚板超长横立焊缝焊接：钢构件板厚度包括 130mm、90mm、70mm、50mm、40mm 等多种，超厚板材质为 Q345C/Q345GJC。构件最大连续对接焊缝长度为 14m，其中 5m 以上厚板连续对接焊缝共 1658 处，10m 以上超长连续对接焊缝共 370 处，厚板超长焊缝易因局部受热不均、焊接应力集中而增大焊接变形控制难度。

（5）单个节点焊接量大：根据目前桁架层节点拆分方法，单个异型节点现场最大对接焊缝填充量为 1.5t。

（6）受限空间焊接作业的操作性差：巨型钢柱内十字劲板、钢板剪力墙内板、桁架层节点等处焊接操作空间受限，焊接施工安全与质量保障难度大。

九、机电各专业间及与砌体、精装修等专业的施工有序控制难

广州东塔项目机电系统包含了暖通、空调、给水排水、消防、强电、弱电、外电等多个专业，各专业的图纸深化、报审、跟踪工作量大，内容繁杂，极易出现人为疏漏，进而影响现场工作的开展。利用数字化的手段，建立行之有效的技术方案及图纸管理方法，避免人为错漏，提高深化图纸报审、跟踪、查询的准确度和效率，是机电技术管理工作的首要任务。

同时机电各专业的施工与砌体、精装修等各项施工相互制约，机电专业内部也相互影响、相互制约，如何合理有序地开展各专业及各工作面移交，保证现场各专业施工的有序进行，是项目进度和施工质量的重要保障。

十、超高层测量工作内容繁重，精度要求高，难点多

（1）广州东塔项目测量工作内容繁多，数据量非常庞大，如何有序地开展各项测量工作，及时梳理统计所有数据，并从各项数据中及时发现异常点，是东塔测量工作的首要重难点。

（2）地处核心 CBD 地段，周边高楼林立，紧邻地铁，通过何种手段能及时发现、及时预警施工过程中周边建筑及地铁的异动，避免重大事故的发生，是测量工作的重难点之一。

（3）主塔楼超高，如何实现楼梯全方位垂直度的精确测量控制以及楼体摆动的监控，消除楼体摆动对测量控制点的影响，是测量的另一个重难点。

（4）主塔楼内外筒压缩变形不相同，主裙楼沉降量也不相同。通过何种手段、何种频次精确掌握主塔楼内外筒压缩变形及主裙楼沉降量的数据，及时调整、消化，避免因过大的压缩变形差和沉降差引起的结构安全隐患，是测量工作的重点之一。

（5）结构建造期受力构件的力学性能监测。

第二节　工程科技工作策划

一、工程核心技术与关键技术的确立

东塔项目开工之初，项目部以"科技引领，精益铸造世界样板工程；心聚东塔，全面展示中国建筑风范"作为指导思想，针对项目的重难点，结合中建总公司"十二五规划"的指导性内容，积极开展科技工作策划，先后颁布"关于确定广州东塔科技攻关课题暨成立相应科技攻关课题小组的通知"及"关于成立广州东塔项目科技工作组织架构及项目科技工作策划的通知"（图2-2），成立项目顾问专家委员会、项目科技工作领导小组、项目科技工作实施小组，明确各小组的职责范围和具体工作内容。

图2-2　广州东塔项目科技工作实施文件

文件还确立了东塔超高层施工核心技术2项和关键技术7项：

（一）核心施工技术

（1）绿色施工管理技术。

（2）BIM技术的研发和应用。

（二）关键施工技术

（1）三高三低三自绿色混凝土。

（2）复杂环境下深基坑多支护体系设计与施工。

（3）智能顶模的升级优化及研发应用。

（4）大型机械部署、运营及支撑系统的应用研究。

（5）复杂超高层巨型钢结构施工关键技术研究应用。

（6）超高层建筑复杂机电系统提前运营施工部署。

（7）超高层结构施工过程监测技术。

二、广州东塔项目科技攻关目标

（1）在公开刊物上发表与广州东塔施工技术、管理有关的论文 20 篇以上。

（2）申请国家实用型专利 3 项（上下对拉少穿墙式模板、塔吊拆装辅助措施、自爬升式平台等），发明型专利 2 项（顶模抗倾覆系统、自动焊接设备等）。

（3）获得国家级工法 2 项（巨型钢结构吊装，自密实、自养护高性能混凝土等）。

（4）完成课题成果鉴定 1 项，达到国际领先水平。

（5）通过国家科技示范工程验收。

（6）获得 2 项省部级科技进步奖（钢构自爬升式平台、自动焊接设备等）。

三、科技创新组织架构

科技目标是方向，组织架构是保障。为了顺利攻克核心施工技术和关键施工技术相关研究内容，全面服务现场施工，项目科技攻关组织架构分三个层次设置：

（一）科技顾问专家委员会

联合行业内各专业（包括工程管理、绿色施工、BIM、混凝土、钢结构、机电、装修等）知名院士、专家和集团技术专家，组成项目科技工作顾问专家委员会，对项目科技攻关工作给予方向上、理论上、具体研究内容等的指导和咨询，避免攻关过程中的失误和错漏。

各位专家根据项目进度及科技工作开展情况，以科技工作会、专家论证会、过程邀请指导等多种形式参与科技攻关工作。

（二）科技攻关小组

以项目经理为组长，一把手亲自组织领导项目科技攻关和关键施工技术实施工作。项目执行经理、总工担任副组长，各分管副总担任领导小组成员，全面组织、指导、参与相关工作，指示科技攻关思路和方向，并统筹协调项目资源。

（三）科技工作实施小组

针对各核心施工技术和关键施工技术组织 9 个工作实施小组，由项目技术人员和施工人员组成，分别完善各施工技术的研究内容策划，制定详细的工作计划，开展各自创新施工方法、施工工艺、施工设备、数据量化统计等一系列工作的探索和研究，并将之应用于现场施工。

四、技术管理组织架构

科技创新组织负责研究攻克东塔施工过程中的技术重难点。在此基础上，项目针对日常技术工作，设置技术设计部、机电管理部，直属项目总工，并设结构、机电两名副总工，领导图纸组、方案组、深化设计组、建筑组、测量组，负责施工方案编制、方案现场跟踪、图纸研究会审，结构、建筑和机电深化设计，现场技术问题解决，与业主、顾问就技术问题的沟通等一系列日常技术事务处理，为现场施工提供优质、及时的技术服务和技术支持。

五、各施工技术具体策划

立足本项目的特点，通过对上述重难点的深入分析，项目管理团队精心策划，突破性地提出了各个核心技术和关键技术研究的方向及具体内容。

（一）绿色施工技术

提倡可持续建设理念。作为承建方，我们无法左右结构实体材料的可持续，但从施工角度尽可能节约能源、降低损耗是我们可以也应该去努力争取的，对此计划从以下方面进行：

（1）从施工部署角度，以尽量减少用地、减少转运、提高功效为原则，综合考虑施工计划、平面布置、设备选择、人员投入等。

（2）从工艺角度，积极尝试新工艺、新设备、新材料，以降低能耗、提高功效、减少污染为原则，并积极对传统的工艺工序进行改良与创新。

（3）从保证措施角度，重点从建筑垃圾定量控制、建筑垃圾分类管理、建筑垃圾回收利用、中水系统应用、可周转设施投入、能耗系统改良等方面进行细化。

具体研究内容如下：

（1）梳理及优化各工艺和做法，总结量化现有工艺的各项绿色指标（模板工艺的节能节材指标，养护工艺的节水指标，混凝土工艺的节材节能节水环保指标，各项大型设备的能耗指标，钢筋工艺的节材节能指标，临水临电能耗指标等）。

（2）新型模板材料的探索与应用（塑料模板、铝合金模板、组合模板等）。

（3）建筑垃圾定量化。通过研究分析，评估各类垃圾的产生量，制定相关指标，探究控制建筑垃圾产生的方法和手段。

（4）建筑垃圾的回收再利用。实现现场垃圾的详细分类，探究各类建筑垃圾的回收再利用方法（混凝土、砌块、模板、木枋等）。

（二）BIM 技术的局部应用

BIM 技术目前在国内尚处于起步阶段，受制于国内的行业特点，目前 BIM 技术在国内的推广并不顺利，在具体项目上，如何利用这一技术需要认真探讨。

BIM 是一个平台，是一个可以附加各种属性信息的建筑模型，作为总承包方，需要一个什么样的模型，需要附加什么样的属性信息，信息如何再处理，如何将这些模型信息渗透到项目的日常管理当中、施工完成后形成一个怎样的信息库用于指导后期的运营与维护是这项技术能否以施工单位为起点，进行建筑半生命期运用的关键。

针对上述问题，我们与多家专业软件公司进行了沟通与探讨，并初步计划按照以下思路进行研究深化：

（1）进度计划与三维模型的分层级关联（结合合同约定、实现材料采购、加工制作、进场验收、现场安装等状态变化的显示）。

（2）施工作业顺序逻辑关系的预警。

（3）工作面状态查询（各工作面现有施工队伍、已完作业、正在作业内容及进度、前置后续任务、安全防护状态、垂直运输分配、临时水电设施、平面动态管理等）。

（4）所有版本图纸的梳理（图纸及变更档案管理，并与模型实时关联，各专业平面图纸与三维模型的实时交互，变更录入后相关进度及成本影响信息预警）。

（5）主合同及分包合同条款分解并与模型对应，自动计算工程量及专业软件计算工程量信息的关联，与进度关联的成本及收支信息的实时汇总与预警。

（6）施工工艺模拟及碰撞检查（机电管线、设备、实体结构、幕墙、装修等）。

（7）关联构件的查询，便于后期维修及运营查询（暗埋构件和易损构件相关信息）。

以上功能全部或部分应用，可初步实现 BIM 对施工项目管理的实际指导。考虑到前期可能会有比较大的投入，因此对于施工完成后模型的自动查询功能需进一步研究，以便对后期运营使用具有较高的指导作用。

（三）　高强度、高泵送、高稳定、低热、低收缩、低成本、自养护、自密实、绿色混凝土综合施工技术

超高强超高泵送混凝土在已完成工程中有了比较大的突破，无论从混凝土配比、泵送工艺还是从泵送系统、泵送设备，各项技术都取得了很大的成果，针对广州东塔项目，计划针对以下情况进行进一步的扩展研究：

（1）主塔楼核心筒外墙双层劲性钢板墙体系对大体积高强混凝土收缩性能要求严苛。

（2）暗柱、连梁部位钢筋密集，混凝土布料及振捣困难，对混凝土工作性能要求高。

（3）巨柱混凝土和墙体混凝土对水化热控制的要求较高。

（4）三高三低三自性能要求在混凝土配制方面存在矛盾。

（5）高空临边操作及较短的工期要求导致混凝土养护工作难以满足施工工艺需求。

研究的主要内容包括：

（1）配制满足 C80 强度、耐久性要求和超高层泵送施工相匹配的配合比。

（2）高强混凝土低热性能的研究。

（3）C80 高强混凝土与东塔双层钢板剪力墙结构形式匹配的研究（收缩检测、判定标准、模拟实验等）。

（4）混凝土不同龄期阶段内力研究，并为结构设计提供需求信息。

（5）超高层混凝土施工养护工艺优化与总结。

（6）混凝土自密实（免振）、自养护（免水）的研究（相应工作性能的确定、判定标准、模拟实验等）。

（7）探索三高三低三自性能矛盾解决方案，实现三高三低三自—绿色混凝土的综合应用。

（8）混凝土试块信息化管理技术。

（四）"智能顶模"的升级优化研发及应用

顶模系统在西塔、京基项目已经成功运用，并取得了较好的成果，目前东塔项目计划继续采用该系统，设计使用过程中需要对原系统进行升级优化，以提高其工作性、周转性、安全性和更加智能化。

研究的主要内容包括

（1）顶模设计规范化（设计工况的选择、荷载组合、计算子项确定等）。

（2）系统验收规范化，系统应用规范化。

（3）完善标准操作流程手册。

（4）优化完善挂架的标准化与产业化。

（5）系统抗侧体系升级优化。

（6）新型墙体模板体系的应用探讨。

（7）顶模航母概念及节点设计。

六、超高层结构施工垂直运输综合施工管理技术

现状分析及研究的主要内容包括：

（1）超高层结构施工中，垂直运输紧张是各个项目的共性。

（2）垂直运输需求分析数据未得到实际数据对比验证。

（3）垂直运输机具的数量和位置与其他工序存在限制关系，利弊得失尚无总结评价，需梳理数量及位置的配置基准。

（4）超高层结构施工中，垂直运输服务工作面多而广，不同高度中施工电梯与工作面所匹配的最佳关系需要总结提炼，计划统计梳理"需求与配备的经验计算公式"。

（5）系统总结梳理提高垂直运输功效的方法和手段。

（6）永久电梯提前投入使用的最佳时机和用途分析，梳理永久电梯与临时电梯的置换关系。

七、复杂环境下深基坑多支护体系设计与施工综合技术

东塔项目地处广州核心商务区，结构周边场地资源非常有限，且环境复杂，包括紧邻地铁，紧邻深基坑，紧邻已完地下结构，紧邻各种市政管线等。

另外，东塔基坑面积大（20000m²），深度深（29m），入岩深度大（基底入微风化岩层13m）、地下水丰富、施工周期长且主塔楼与周边深基坑并行施工时间长。因此，结合各种约束条件，设计不同支护体系的复合运用是一个影响现场实际施工的关键问题。

在基坑支护设计时综合考虑的因素包括：

（1）桩入微风化岩层较长。

（2）规范政府相关文件对人工挖孔桩深度、砂层厚度等限制条件。

（3）施工过程需避免扰动地铁。

（4）不能损伤紧邻深基坑的锚索。

（5）不能破坏紧邻深基坑内支撑的受力平衡。

（6）不能影响紧邻地下结构。

（7）尽量避免破坏周边市政管线。

（8）一旦动土，需在最短的时间内完成结构并回填。

（9）操作空间狭窄部位的特殊处理。

（10）与紧邻基坑的施工协调。

上述问题在繁华地段施工、旧城改造施工等工程中会经常遇到，局部细节问题的疏漏即有可能造成巨大的损失，因此该课题可继续扩展考虑所有深基坑可能遇到的限制条件并梳理整理，为保证今后同类工程施工提供参考与提醒。

主要关键技术包括：

（1）多支护结构综合应用施工技术。

（2）分区组织法施工技术（主楼结构与周边深基坑长期并行施工组织安排）。

（3）紧邻地铁部位支护体系的设计及其对地铁运营安全的分析评估技术。

（4）深基坑施工对周边环境的影响分析技术及周边环境监测预警系统。

（5）地铁运营对邻近地下永久结构的影响研究。

（6）免内撑免斜拉锚索桩土复合支护体系的设计与施工技术。

八、超高层复杂巨型钢结构施工关键技术研究应用

本项目遇到的难点：

（1）桁架层钢构件型号多、体积大、超宽、超重，造型复杂，施工难度大（节点板厚达130mm，单重达159t），如何进行节点拆分是研究的重点。双层蝶式桁架的施工部署、拼装精度是安装控制的重点。

（2）按照传统施工方法，巨柱施工时每次都要在每段巨柱上搭设操作平台，工作量大、安全隐患大。

（3）钢构件超厚板超长焊缝相对较多，对于此种超厚超长焊缝人工作业劳动强度大，焊接速度及焊接质量很难保证。

（4）钢结构体量大，总重达9.7万t，钢构件数量庞大，分标段制作，协调难度极大。

具体的研究内容包括：

（1）伸臂桁架节点分段研讨，保证插入式节点板的连接板焊接完整性。

（2）双层桁架整体校正工艺研究。

（3）巨柱自爬升操作平台研究。

（4）超长超厚钢板现场自动焊接技术研究。

（5）物联网技术应用研究（钢构件的信息化管理与查询，加工厂的远程监控与数据查询，入场批量扫描，自动录入等）。

九、超高层结构施工过程监测技术

针对超高层结构施工过程的监测内容和方向主要有：

（1）施工过程及施工以后结构各项变形规律研究。

（2）超高层结构施工过程中具体监测项目分析与总结。

（3）超高层结构施工过程监测方案及数据采集梳理。

（4）超高层结构变形共性与个性数据分析与总结。

（5）超高层施工过程中各种条件下（不同温度、湿度、风力、日照）长时段变形监测及规律分析（包括单项因素引起的变形及多项因素引起的复合变形）。

十、超高层建筑复杂机电系统提前运营施工部署

超高层建筑通常基坑深，地下室层数多，地上建筑外墙多采用玻璃幕墙，随着工程进度的不断推进，幕墙和砌体的逐步完成，室内无法进行自然通风，空气质量差，施工环境恶劣。因此必须采取有效的通风措施。超高层建筑通常地处商业区，施工用地紧张，分区施工，建设周期长，业主要求低区提前营业。

目前国内对超高层机电系统施工阶段的投入使用和提前营业机电的施工部署尚没有系统的研究和总结。

主要研究的内容包括：

（1）超高层建筑施工阶段机电系统提前运行规程的研究与编制（包括施工对各系统提前运行的需求，各系统提前运行条件规定，各系统提前运行临时措施等）。

（2）单工作面机电与装饰、结构施工关系梳理与规范。

（3）机电与装饰联合深化设计技术研究。

第三章 基于 5D-BIM 的施工总承包管理

第一节 BIM 概述

一、BIM 定义

BIM（Building Information Modeling，建筑信息模型），是以建筑工程项目的各项相关信息数据作为模型的基础，进行建筑模型的建立。

BIM 思想的由来：1975 年，有"BIM 之父"之称的 Chuck Eastman，提出"Building Description System"；20 世纪 80 年代后，芬兰学者提出"Product Information Model"；1986 年，美国学者 Robert Aish 提出"Building Modeling"；2002 年由 Autodesk 公司提出建筑信息模型（Building Information Modeling，BIM），对建筑设计进行了创新；进入 21 世纪，BIM 研究和应用得到突破性进展，随着计算机软硬件水平的迅速发展，以及建筑业的发展，全球三大建筑软件开发商，都推出了自己的 BIM 软件。

随着 BIM 逐渐被很多国家和组织认同，对 BIM 的定义也就有不同的理解。

美国管理协会在《设施管理手册》第三版给出的定义：建筑信息模型（BIM）可以定义为一个过程，是一个用数字化表达的建设过程，有利于以数字的形式实现建设过程中所有信息的交换操作。

美国国家 BIM 标准给出的定义：建筑信息模型（BIM）是一个可视化的电子模型，利用这个模型可实现工程分析、冲突检查、标准化检查、工程造价、预算等用途。BIM 是一个通过建设全生命期中不同阶段参与方的合作与更新，实现信息及资源共享的载体。

住房和城乡建设部工程质量安全监管司处长贾抒给出的解释为："建筑信息模型（Building Information Modeling）技术是一种应用于工程设计建造管理的数据化工具，通过参数模型整合各种项目的相关信息，在项目策划、运行和维护的全生命期过程中进行共享和传递，使工程技术人员对各种建筑信息作出正确理解和高效应对，为设计团队以及包括建筑运营单位在内的各方建设主体提供协同工作的基础，在提高生产效率、节约成本和缩短工期方面发挥重要作用。"

二、BIM 在国内外的发展概况

随着信息技术的发展，特别是互联网技术的发展和大容量、高性能计算机硬件的开发使用，使建设规模庞大、建设期长、参与方众多的建设项目的信息化成为可能。最近几年，BIM 作为新一代建筑行业创新技术已经被广泛认可。2011 年 5 月，住建部发布的《2011～2015 建筑业信息化发展纲要》中明确指出："加快 BIM、基于网络的协同工作等新技术在工程中的应用，加快在施工阶段开展 BIM 技术的研究与应用，推进 BIM 技术从设计阶段向施工阶段的应用延伸。"国内许多业主、设计单位和承包商纷纷成立 BIM 技术小组，如清华大学建筑设计研究院、中国建筑设计研究院、中国建筑科学研究院、中建国际建设有限公司、上海现代设计集团等。同时，北京、上海、广州等地的专业 BIM 咨询公司在建设项目生命期的各个阶段（包括策划、设计、招投标、施工、运营维护和改造升级等）都开始了 BIM 技术的应用。

（一）软件开发层面

尽管 BIM 技术不是指具体某个软件，但在使用时判断的一个重要标准就是是否使用了以 BIM 技术为理念的专业软件。欧美建筑业已经普遍使用 Autodesk Revit 系列、Benetly Building 系列、ArchiCAD 等专业软件，这些都属 BIM 技术的核心建模软件。我国的主要 BIM 软件包括广联达、PKPM、鲁班等软件。

（二）技术支持层面

近年来，国内出现了一批 BIM 专业咨询公司，为 BIM 应用提供技术支持及管理服务，如优比咨询、柏慕进业咨询、鲁班咨询等。这些咨询公司也开发了一些专业软件，在技术和管理上为同业提供服务支持。

（三）BIM 技术使用用户层面

自提出 BIM 概念以来，我国建筑业积极学习并使用该技术。业主意识到 BIM 对业主方的价值，积极推动了 BIM 的应用。多数大型设计院都在使用或正尝试使用 BIM 技术进行协同设计，但中小设计院使用 BIM 相对较少。同时，大型施工企业也积极探索 BIM 在施工阶段技术和管理方面的价值。

（四）高等院校层面

高等院校层面主要是指我国开设建筑和工程类专业的院校将 BIM 技术引入课程体系的情况。与国外高等院校积极将 BIM 技术引入课程体系，并进行一系列的课程改革和研究相比，目前我国绝大多数院校没有将 BIM 技术理念纳入课程体系。这也是目前 BIM 人才匮乏的主要原因。

三、BIM 现有功能分析及施工阶段应用现状

BIM 概念及软件源于国外，与其国情有关，国外的建设工程已经引入寿命期成本的概念，并倡导绿色环保，尽量减少资源浪费，所以国外的建设工程会用系统化的、全生命周期的信息储存来提高设计、建造和运营的效率，降低成本。对于我国的建设工程来说，由于国情不同，设计、施工、运营是由不同公司实施的，是相对独立的，所以，各阶段的需求不同，导致 BIM 的功能应用也各不相同。

（一）项目规划立项阶段

项目规划立项阶段主要包括工程项目的场地分析、建筑规划、方案论证等内容。此阶段建立二维模型以规划场地，表现未来建筑成型。

（1）场地分析：这是研究影响建筑物定位的主要因素，是确定建筑物的空间方位和外观、建立建筑物与周围景观的联系的过程。在规划阶段，场地的地貌、植被、气候条件都是影响设计决策的重要因素，往往需要通过应用 BIM 来对景观规划、环境现状、施工配套及建成后交通流量等各种影响因素进行评价及分析，较好地弥补了传统场地分析中缺乏定量分析，主观因素过重，无法处理大量数据信息等缺憾。

（2）建设规划：建设规划是在总体规划立项后，依据定量分析，确定项目的整体建设过程。主要是基于经验并考虑各种因素，确定设计内容和设计任务书，并选择科学的方法来实现项目目标。在这个过程中，BIM 可以帮助设计人员分析相关数据，通过分析了解复杂的空间，节约时间，提供给更多增值活动，作出关键的决定。设计人员可以通过 BIM 应用和 BIM 连贯的信息检查初步设计是否符合业主的要求，大大降低详细设计阶段的错误，减少返工、变更设计等的成本浪费。

（3）方案论证：项目的投资者可以利用 BIM 评估设计布局、视野开阔度、照明、安全性、人体工程学、声学、质地等是否符合规格；审查建筑细节，快速分析可能需要处理的设计和施工中存在的问题；提供不同的解决方案，通过数据和仿真分析的比较，来识别不同解决方案的优点和缺点，方便项目投资者选择方案，保证项目投资成本、建设时间；方便项目参与者的参与和反馈，得到更高的互动效应。在 BIM 平台，实时修改了的在最终用户反馈基础上的设计，通过可视化的展示，能让项目关注的重点问题迅速达成共识，减少决策的时间。

（二）工程设计阶段

通过 BIM 的手段，对建筑造型、外观、建筑结构、使用功能等进行设计，使建筑物造型外观、功能和使用安全等符合业主的需求和规范的要求。此阶段 BIM 应用价值很大，运用也相对成熟。

（1）可视化设计：可视化即"所见所得"，依托三维模型，通过工程设计模拟、建筑表现图等方式，对建筑项目进行虚拟表现，帮助设计人员将自己的设计理念变成立体、逼真的实物视觉效果，让设计理念更直观，更有说服力，使人们对工程项目有更清晰的了解。BIM 可视化设计，打破了过去用线条绘制表达的二维图纸，将平、立、剖等三样视图结合起来，并通过人们大脑想象来表达和展现所设计的建筑物，弥补了空间理解力和对图纸的理解不同而造成的理解差异及信息错漏。

（2）协同设计：有了 BIM，不同的地理位置及不同专业的设计人员可以通过网络开展协同设计。协同设计改变了传统的设计方法，避免了各功能、各专业间设计的不匹配，减小了碰撞错漏等的协调修改工作，提高了整个项目设计的效率，进而扩展至施工和运营维护阶段，提高设计后各阶段的进度，节约后期各阶段的成本，带来了极为可观的综合效益。

（3）管线综合：目前建筑物规模越来越庞大，造型、工艺、功能越来越复杂，建筑物的机电专业管线更为错综复杂，需要充分考虑管件的采购及制作，支吊架的制作及运输安装，与土建、装修专业的配合，安装时足够检修空间的预留等诸多问题。三维模型的出现，将原来由于二维图纸中空间信息表达不直观、管线间由人为想象和比对而导致管线碰撞以及施工中的返工、设计修改等现象消灭于深化设计阶段。利用 BIM 技术，将各专业 BIM 模型融合到一起，将三维模型集成虚拟，直观地发现设计中的碰撞冲突，从而显著减少由此产生的变更，及时排除项目施工环节中可能遇到的碰撞冲突，极大地减少了返工现象，降低了由于变更协调造成的项目成本的增长和导致的施工工期延误，提高了生产效率。

（三）项目施工阶段

在工程项目整个生命期中，项目施工阶段的管理最为重要，同时也最复杂。施工过程的好坏决定了建筑物的质量和安全。

（1）工程进度模拟：随着建筑工程规模的扩大，复杂度的增加，高度动态的施工过程管理起来更为困难复杂。BIM 技术可通过带信息的 4D 可视化模型，将空间和时间信息整合展示，超越了传统的、生涩的网络图和横道图，准确地反映了整个施工过程。同时，通过进度模拟，可以及时发现进度计划中的问题，及时进行调整；通过资源的挂接，能够对资源进行合理的分配并实时统计汇总，按照相关的规则提示、预警，优化建设资源的使用，实现实时统一的施工进度管控，进而缩短建设期，提高质量，降低成本。

（2）构件预制：通过 BIM 的深化设计，提升构件设计生产标准化、工厂化、数字化水平，保证各专业构件在加工厂预制后再拖运到现场进行高效的拼装。

（3）工程量统计：在 BIM 之前，CAD 无法自动计算工程量，需要依靠图纸或 CAD 文件的测量和统计，或使用专门的软件计算工程量，后期还需要根据项目变更不断调整。这种做法不仅需要消耗大量的人工，容易产生人为错误，且发现错误的过程极为困难漫长。通过 BIM，可以在模型阶段直接计算提取工程量，大大降低了人工操作错误和潜在的烦琐。

虽然 BIM 技术的应用已经取得了长足的发展，但还存在一些制约 BIM 进一步深化扩展应用的因素。主要体现在：

1）在软件方面

① 专业软件多为单一目的软件，解决单一专业单一业务问题，缺少本土化的协作平台软件。

② 软件之间数据交互困难，主要原因是缺乏 BIM 数据格式标准，制约了 BIM 信息的集成与共享。

③ 构件库和数据积累不足。

2）在应用方面

① 目前，BIM 模型应用以碰撞检查、施工进度模拟、工程量计算等专项应用居多，与管理集成应用少。

② 缺乏 BIM 建模标准、数据深度规则、数据关联规则，导致 BIM 模型普遍存在信息缺乏深度的问题。

3）在人员方面

① 现场施工人员固有的工作模式和工作思维根深蒂固，对新事物接受力不足。

② 施工现场专业人员较少有机会系统学习 BIM 基础知识，普遍没有 BIM 软件操作能力。

③ 市场上的"BIM 技术人员"大多对施工现场业务不熟悉，缺少同时精通施工现场业务与 BIM 技术理念的"BIM 架构师"。

第二节　基于 BIM 技术的项目管理思路

一、对 BIM 的理解

在广州东塔项目，BIM 的研发及应用有其自身的特殊性。在项目中，业主并未要求参建各方使用 BIM 技术。在设计过程中，设计单位也未使用 BIM，构筑的结构计算模型和建筑效果模型仅可应用于结构受力计算及外观效果展示，无法融入施工过程管理及技术的相关信息。在没有业主及设计单位支持的情况下，项目的 BIM 研发应用完全由总承包单位自发组织，自主开展系统开发、模型建立、信息录入、系统测试及应用等所有工作。所以，我们定义广州东塔 BIM 系统为 BIM 技术半生命期的应用，涵盖了施工及运营维护两个阶段。

基于上述特点及施工总承包管理的需要，我们对 BIM 的理解为：建立建筑信息模型，通过数字化模型，实施数字化的技术与经济的管理。BIM 不仅仅是动态模型，BIM 还有数据支持。通过含数据的建筑信息模型来实施技术方面和经济方面的管理工作。其中，技术方面包含深化设计、进度管理、工作面管理、图纸管理、场地管理、管线和构件的碰撞检查及运营维护。经济方面包含工程量计算、预算管理、合同及成本管理、劳务管理（图 3-1）。

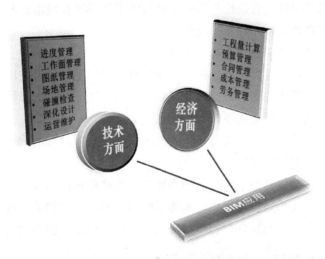

图 3-1　BIM 应用分解

在上述理解中，BIM 模型是所有信息的载体和一切技术及管理实现的基础。总包管理的需求和细度，决定了模型建立的细度，一个涵盖结构、砌体、机电、粗装修、精装修、幕墙等各个专业的模型，是实现施工总承包管理的首要条件。

在模型的基础上，进度、成本、合约、技术、工作面等海量信息与模型各构件、分区的录入、关联及提取应用，是利用 BIM 模型实现管理的关键。只有根据总包管理的需求给模型赋予海量的信息，并实现所有信息灵活快速的提取应用，以及模型内信息在各业务部门之间实时准确的传递，才能避免传统管理模式中依靠人去管理，信息传递不及时，信息传递的完整性有偏差，且各个部门间虽有信息联系，但却体现出相对分散独立等问题，真正实现基于 BIM 技术的施工总承包管理。

二、对项目管理的理解

项目管理的核心是保障项目在既定的进度工期内，高质量保安全地完成合同所规定的内容，并且把控项目成本，最终实现赢利。项目管理的内容则包含了进度、成本、合约、技术、现场质量及安全等的把控。

（一）传统项目管理模式存在的问题

在传统项目管理模式下，现场工作普遍存在如下问题：

（1）信息量庞大。项目管理所产生的进度、成本、合约、技术、质量、安全等信息量庞大，内容纷繁复杂。

（2）信息关联程度低。各业务部门海量信息之间虽然内含关联关系，但不同业务部门分别掌握不同的数据信息，无法实施有效的沟通传递，或者没有一个实时传递的平台，碎片化的信息无法有效整合，信息与信息之间的关联强度被弱化。

（3）信息传递效率低，传递不完整、不及时。传统项目管理模式下，信息传递主要通过会议讨论和文件发放等形式实现，信息的传递滞后不及时，而且容易出现信息的疏漏，信息传递的准确性也无法很好地得到保障。延迟传递的不完整信息，极大程度地影响了项目各项工作开展的及时性和有效性，影响了项目的工期进度和成本控制。

（二）现有项目管理软件存在的问题

现有的项目管理软件主要存在如下问题：

（1）系统或者软件的开发主要通过项目流程梳理的思路开展，在国内各施工企业、各项目的管理链条和管理流程尚未标准化的现状下，通用性极低，很难被广泛地推广应用。

（2）各种专业软件数据格式不统一，信息集成困难。

（3）信息传递被动，更多地需要人为主动地从项目实施过程的展示中了解，缺乏系统对管理工作的主动性提醒、预警。

（4）各个部门实时信息与系统的互动主要通过表格填报的形式进行，通过过程记录填报，形成过程文档，文档数据量庞大，不能及时得到梳理，文档信息间也缺乏关联，不同部门间的各种信息仍然相对独立，容易形成信息孤岛，信息不能有效及时地传递。

三、东塔 BIM 系统的需求分析

针对东塔项目深基坑、超高楼层、施工工艺复杂、工期紧张、分包众多、协调难度大等众多难特点，传统的技术、管理手段难以为继，必须采用先进的技术、管理手段。BIM

系统作为技术、管理手段的创新运用，其研发目标为：通过基于 BIM 的项目管理系统，实现东塔项目数字化、集成化、集约化管理，即以 BIM 集成信息平台为基础，针对超高层项目总承包项目管理中存在的进度、成本、现场协调等方面的难题，开发适用于施工总承包现场管理的项目管理系统，实现三维可视的、协同的施工现场精细化管理。

东塔 BIM 系统以进度计划为主线，以三维模型为载体，以成本为核心，实现全专业全业务海量信息不同深度的集成，并实现所有信息灵活快速的提取应用。

从本系统的通用性出发，项目管理的业务流被弱化，而更强调系统中的数据流，以模型载体和数据信息将整个系统对项目的管理串联起来，使本系统更加适用于各种不同管理链条、不同业务流程的项目。

根据 BIM 系统的研发目标，立足于总承包管理的具体需求，广州东塔 BIM 系统具体需要实现如下功能：

（一）设计一个信息集成平台，实现各专业各业务信息的整合

为了让 BIM 发挥更大的价值和协同作用，需要建设统一的服务平台作为载体进行协同工作。BIM 协同施工平台为信息集成与协同管理提供信息平台支撑。根据项目建设进度建立和维护的各个专业 BIM 模型，统一导入到建筑信息模型（BIM）平台中，平台汇总各业务口的信息，消除项目中的信息孤岛，并且将得到的信息结合 BIM 模型进行整理和储存，便于总承包管理各个部门随时共享信息及数据交换。项目信息的集中存储以及各业务部门可以随时调用权限范围内的项目集成信息，可以有效避免因为项目文件过多而造成的信息难以获取的问题。

构筑这一模型和信息的整合平台，主要需要解决以下难题：

（1）各专业建模标准不统一，原点及坐标等空间关系不同，各专业模型整合后在空间上不对应。

（2）各专业建模软件各异，数据信息格式不统一，各专业模型之间和信息数据之间互不兼容。

（3）项目管理过程中的信息量巨大，信息与模型构件之间的逐条挂接工作量繁重且极容易出现错漏，如何实现信息与模型的批量挂接，是一大难点。

（4）现场各业务部门工作量大，传统工作模式根深蒂固，所以，BIM 的推广应用不宜过多增加现场的工作量。

针对上述难点，需要制定一系列各专业统一的建模规则，统一各专业模型构筑的基础原点、坐标、构建命名方式等内容。同时，明确所有数据录入方式及内容，并通过模型构件及信息录入中不同属性的对应，实现信息数据与模型的批量挂接。此外，为了不增加现场建模人员的工作量，使用目前常用的专业深化设计软件，在深化设计工作开展的过程中完成各专业模型的建立；为了不增加现场管理人员数据的录入工作量，设计一系列与施工日报、财务报表等对应的录入界面，让管理人员在施工日报编制过程中，即已经完成了数据的录入。

（二）定制统一的信息录入界面及管理模板

在系统架构设计时就通过定制系统各模块统一录入界面、统一模板的方式，实现各业务口的数据流方便、快捷地共享流动。同时，通过标准化的数据录入界面，实现总承包管理过程中进度、工序、合约条款、清单、设备等一系列信息数据的积累储存，为日后的工程管理提供海量的经验数据。

1. 进度管理

进度管理的核心需求，在于对全项目各个工作面实体进度的实时跟踪，深入了解各个工作面当前实际完成的情况，以及相关实体工作对应的配套工作（方案、图纸、合约、材料、设备、人员等）的跟进状态。通过对各工作面实体进度的实时掌控，进一步实现与计划进度各条项的对比，及时发现进度的偏差点、偏差程度，通过配套工作的进展情况，深入分析进度偏差原因，并以此为依据，快速地对进度计划进行调整。

进度计划需要更深入地指导实体工作对应的所有技术、商务、物资、设备、质量、安全等配套工作的开展，明确各项工作对应的开始时间、完成时间以及各项工作之间的逻辑关系，并实现对各个部门的主动推送和实时提醒，改变传统进度计划管理中，进度计划仅停留于实体工序，对应配套工作完全通过会议或者发文来触发，开展被动，信息分散，信息传递迟缓，工作间开展不紧凑等诸多问题，保证技术、合约、成本、质量、安全、物资、设备等全业务口的配套工作对实体进度的实时跟进和服务（图 3-2）。

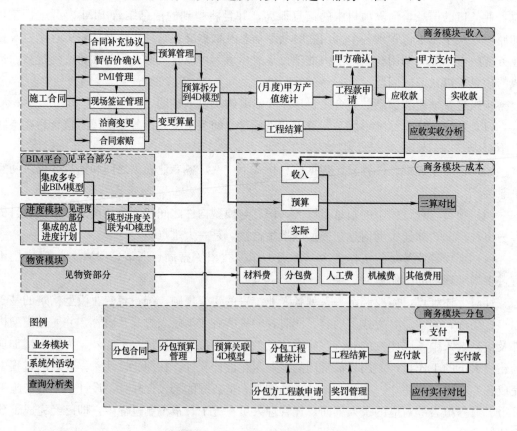

图 3-2 项目 BIM 进度管理流程

在本项目中，我们把施工进度和模型关联，以拉式计划实现施工进度管理，即把实体工作分解为各个业务部门的工作，通过管控各个业务部门的工作进而管控整体的施工进度。实体计划中包含各业务部门的工作并且实体计划和模型挂接，从而可以实时查询实体进度进展、各业务部门配套工作进展和建筑实体模型进展；通过跟踪实体计划和配套工作完成情况，分析项目计划实施偏差，及时预警，及时调整计划，实现完整的、可视化的进度管理。

工作面管理，按照工作面各自负责内容和范围，逐一进行施工、交接、管理，快速完成各自负责施工任务，进而完成整个项目施工。

可实时查看划分工作面施工任务的完成情况，并在模型中统计该工作面的实体工程量。

2. 合约管理

合约管理的重点是合约规划，合约规划的重点是合同拆分，根据一定的规则进行主合同信息拆分，并对应主合同各项约定（服务内容、工期、造价、质量、风险等）明确各分包工程对应的详细条项。通过给每个主合同条款附上进度属性，形成详细的按时间分解的分包合同规划框架，并附上总承包方对分包的二次附加要求，便可快速形成各专业的分包合同。由此保证了主合同和分包合同的各项条款和风险的对应，首先将主合同风险有效地传递到分包合同中，确保主合同的风险能在分包中对应分解承担，避免人为的疏漏；其次为成本分析服务，实现主合同和分包合同的开项一致，并实现风险项的预警，无论主合同还是分包合同的各种预警机制都可以对应。

3. 成本管理

在有了进度及合同分解后，形成了收支两条线的对应口径的测算，有了实时的工程进度，算量软件（工程量）及清单价格信息导入 BIM 平台，按照项目管理要求进行项目分解、关联进度计划形成完整的 5D 模型，利用 BIM 平台的汇总计算功能，可以按照不同维度、不同范围，对不同项目部位、不同时间段或者根据其他预设属性进行实时工程量统计分析，并且可以将合同收入、预算成本、实际成本等不同成本进行对比分析，实现三算对比，风险预警（图 3-3）。同时，明确了平台中收入、预算成本、实际成本的自动计算方式。

4. 模型浏览及应用

通过国际 BIM 数据交换标准，实现各专业建模软件的模型集成和整合，并提供统一的三维可视化模型浏览、信息查询等。

5. 运维管理

运维交付提供运维信息的批量导入、批量导出和运维影响分析，为后续的运维过程提供基础数据。批量导入运维相关的信息，如供货商、供货商电话、使用年限、用户自定义属性等信息；也可以将模型中的运维信息，以 Excel 的格式导出，方便用户后续使用；通过管道之间的关系、末端与房间的空间位置，系统可以计算出用户指定的某一阀门（或某一末端）所影响的管道范围和相应房间。

6. 其他功能

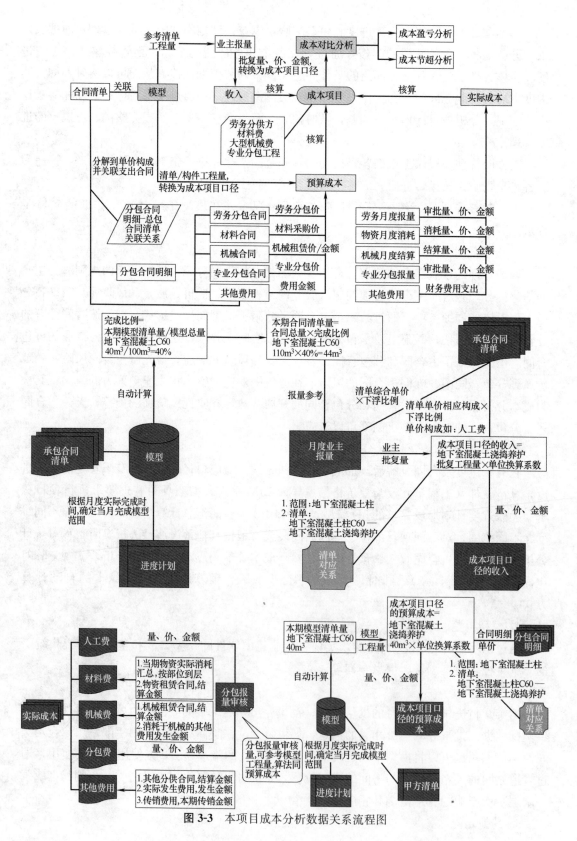

图 3-3　本项目成本分析数据关系流程图

（1）图纸变更的动态管理

广州东塔项目专业众多，每个专业的图纸量庞大，仅土建和钢构的图纸已经数千份，图纸管理和查询的难度极大。伴随建筑功能的修改，各个专业图纸变更频繁，还包括PMI、咨询单小白图数量庞大，变更之间的替代关系复杂，仅依靠个人对图纸的记忆和翻查，极易出现疏漏，造成现场施工的错误和返工。此外，钢结构、机电、精装修等专业海量图纸的深化、报审、修改、再报审等的工作内容繁重，跟踪工作量大，人为跟踪极为困难。因此，在 BIM 系统中构筑图纸管理模块，实现图纸、变更、深化等内容的实时记录、准确跟踪、定时提醒预警以及灵活快速的查询，是图纸管理工作的重中之重，也是保证现场施工准确性和实时性的核心要素之一。

（2）劳务管理

劳务队是施工项目现场管理的重点之一，随时了解劳务队信息，能够掌握劳务分包单位施工状况，方便进行协调管理。

劳务管理包含了劳务队信息及人员名册、劳务队进出场记录及施工情况、劳务人员工资发放信息等。

四、BIM 系统架构

基于广州东塔项目管理难点及应用目标，结合项目实际需求，定制开发了 BIM 集成管理平台（简称广州东塔 BIM 系统），该系统以 BIM 5D 平台为核心，将各专业设计模型及算量模型进行整合，实现模型集成、浏览、碰撞检查、形象进度展示、过程计量、变更算量等应用，并通过自行开发的 BIM 项目管理系统，展开项目进度、图纸、合同、成本及运维等方面的应用（图 3-4）。

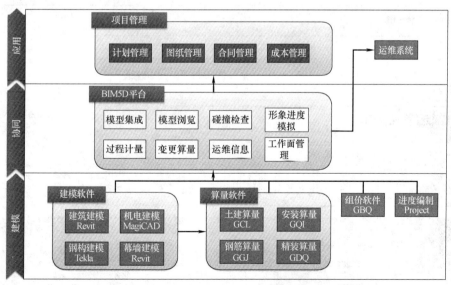

图 3-4 BIM 系统架构

通过统一的信息关联规则，实现模型与进度、工作面、图纸、清单、合同条款等海量信息数据的自动关联（图 3-5）。

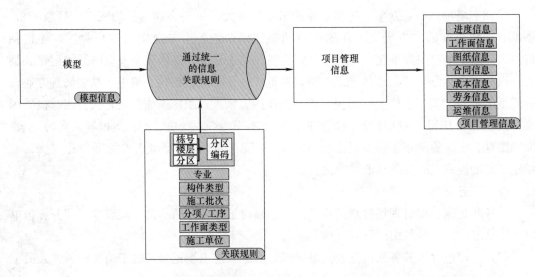

图 3-5　模型和信息系统关联方式

在 BIM 集成信息平台基础上，开放数据端口，定制开发适用于总承包管理的项目管理系统，应用于施工现场日常管理（图 3-6）。

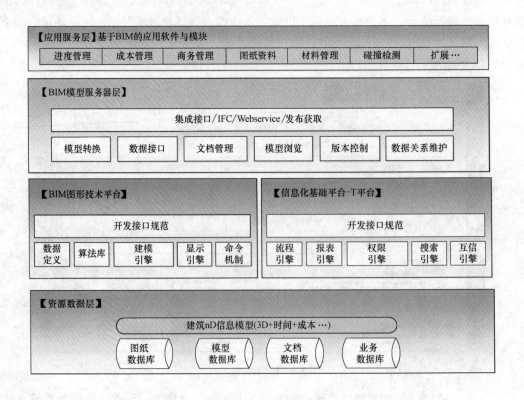

图 3-6　基于 BIM 的项目管理系统架构

第三节　5D-BIM 系统建设

一、模型集成与版本管理

广州东塔项目模型应用，是将各专业建立的模型文件（钢结构、机电、土建算量、钢筋翻样）导入 BIM 平台，以此作为 BIM 模型的基础。并实现对文件的版本管理，作为 BIM 应用的基础模型。

本项目在模型集成方面实现了很大的突破：土建专业建模以满足商务土建翻样和算量的要求为准，采用广联达算量软件建模；钢结构深化设计采用 Tekla 软件建模；机电深化设计采用 Magicad 软件建模。本项目将各专业软件创建的模型按照本项目特有的编码规则进行重新组合，在 BIM 系统中转换成统一的数据格式，形成完整的建筑信息模型，在 BIM 模型平台提供统一的模型浏览、信息查询等操作功能，并极大地提升了大模型显示及加载效率，从而真正意义上实现了超高层项目或其他大体量建设项目 BIM 模型整合应用。

BIM 平台提供的版本管理，可以将变更后的模型更替到原有模型，产生不同的模型版本，平台默认显示最新版本模型。同时，更新模型时，可以通过设置变更编号作为原模型与变更后模型的联系纽带，实现可视化的变更管理。在变更计算模块，通过选择变更编号以及对应的模型文件版本，可自动计算出变更前后模型量的差值，便于商务人员进行变更索赔。

二、模型浏览及数据查询

（一）模型浏览

（1）在模型中可以使用漫游、旋转、平移、放大、缩小等通用的浏览功能。

（2）可以对模型进行视点管理，即在自己设置的特定视角下观看模型，并在此视角下对模型进行红线批注、文字批注等操作，保存视点后，可随时点击视点名称切到所保存的视角来观察模型及批注。

（3）可以根据构件类型、所处楼层等信息快速检索构件。

（4）可以根据需要设置切面对模型进行剖切，并对切面进行移动、隐藏显示等操作。

（二）数据查询

（1）可以查看构件的属性信息，包括其基本属性材质强度、进度计划以及运维信息等。

（2）可以查询各构件对应的图纸资料等，也可链接至项目管理平台中的图纸管理中对应图纸信息，并能够查询模型的版本信息。

（3）可以查询工程量，包括构件工程量、清单工程量、分包工程量等信息，并可通过 Excel 等其他软件导入、导出工程量信息。

三、碰撞检查

BIM 系统将各专业深化模型海量的信息及数据进行准确融合，完成项目多专业整体模型的深化设计及可视化展示。同时，可以根据专业、楼层、栋号等条件定义，进行指定部位的指定专业间或专业内的碰撞检查，实现不同专业设计间的碰撞检查和预警，直观地显示各专业设计间存在的矛盾，从而进行各专业间的协调与再深化设计，避免出现返工、临时变更方案甚至违规施工现象，保证施工过程中的质量、安全、进度及成本，达到项目精细化管理的目标。例如，在二次结构及机电安装专业施工前，可进行这两项专业的碰撞检查，对碰撞检查结果进行分析后，对机电安装专业进行再深化，避免实际施工过程中出现的开洞或者返工等现象，也可以为二次结构施工批次顺序的确定提供有效的依据（图3-7）。

图 3-7 碰撞检测

四、进度管理

（一）三维动态实时展示实体进度

BIM系统中进度计划与模型挂接后，管理人员可以通过任务模型视图实时展示三维动态进度实体模拟，可以获取任意时间点、时间段工作范围的BIM模型直观显示，有利于施工管理人员进行针对性工作安排，尤其有交叉作业及新分包单位进场情况，真正做到工程进度的动态管理（图3-8）。

（二）及时准确获知进度计划各任务项相关配套工作信息

广州东塔项目BIM应用的核心在于BIM技术对于项目精细化管理的帮助。BIM系统提供配套工作库，将现场的管理工作与施工进度作业相结合，形成生产拉动管理的集成计划。而BIM系统中进度计划与模型挂接后，管理人员可以在模型中通过点击任意图元查询其对应的工序级进度开项及完成情况。

BIM管理系统会将进度计划挂接的配套工作，根据各部门职责相应地分派到对应部

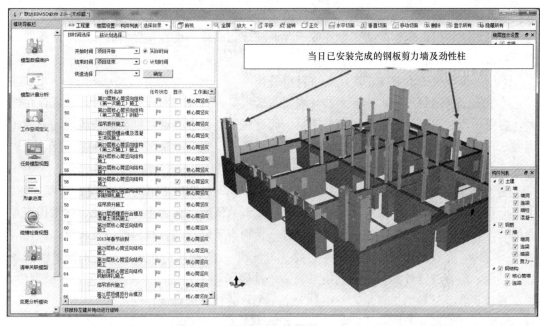

图 3-8 进度管理

门，再由部门负责人将配套工作分派到具体实施人，做到责任到人，实现切实可执行的进度计划（图 3-9）。配套工作推送到实施人桌面，对实施人进行工作提醒和预警，保证现

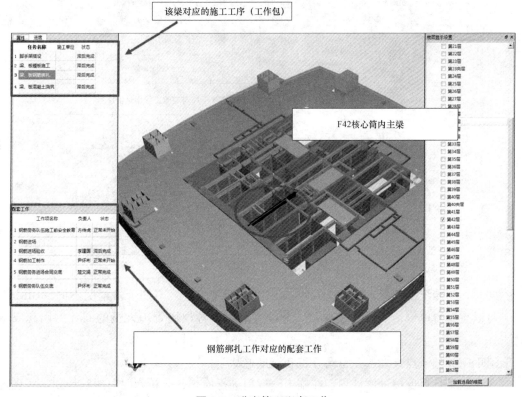

图 3-9 进度管理配套工作

场管理工作及时、按时完成。同时，通过施工日报对现场实际进度进行反馈，实现了计划和实际的对比，可以依据配套工作完成情况追溯计划滞后、正常、提前的原因，真正做到责任到人的精细化管理。

（三）模型快速取量便于现场物资材料管控

传统施工现场管理中，物资采购计划要花费大量人力及时间计算工程量，而且存在误差，造成一段时间内材料进场过多或不足。而材料进场过多，材料堆积会造成现场平面布置混乱、材料浪费，也会造成资金紧张；材料进场不足则会严重影响现场施工进度，造成工人、大型机械窝工等资源浪费。

基于BIM的现场施工管理中，相关管理人员可以在BIM模型中按楼层、进度计划、工作面及时间维度查询施工实体的相关工程量及汇总情况，包含土建、钢筋、钢结构等专业的总、分包清单维度的工程量汇总及价格，为物资采购计划、材料准备及领料提供相应的数据支持，有效地控制成本并避免浪费（图3-10）。例如，物资人员可以根据目前现场施工进度，结合进度计划，查询到接下来一个月现场施工安排以及模型情况，在模型中，可以直接获取各材料的工程量，便于对未来一个月的材料进场进行安排。

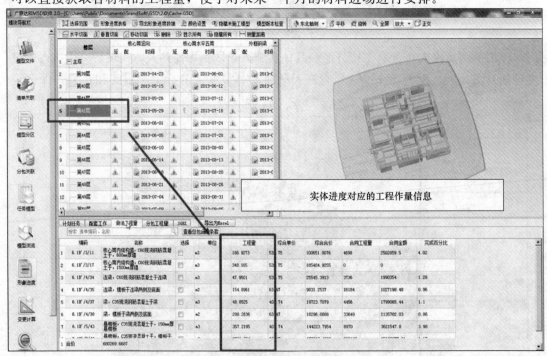

图3-10 模型对应工程量

同时，与传统模式现场管理人员只知施工、不懂商务、不知价格情况不同，BIM模型中可以查看清单价格及模型量总价，可以逐渐培养各现场管理人员的商务意识和成本意识。

（四）关键节点计划偏差自动分析和深度追踪

通过施工日报反馈进度计划，在施工全过程进行检查、分析，时时跟踪计划，实现进度的计划与实际对比，相关人员可以通过偏差分析功能查看实际进度与计划进度的偏差情况，并可追踪到具体偏差原因，明确是进度计划的工期不合理还是相应配套工作未完成，便于在计划出现异常时及时对计划或现场工作进行调整，保证施工进度和工期节点按时或提前完成（图3-11）。

传统的施工项目进度管理是按部就班人工制定施工计划，执行计划，人为跟踪，人为协调相关部门配合合作的开展，虽然项目能够完成，但过程中会耗费大量的人力、物力。东塔的BIM系统把建筑实体模型和信息技术结合应用到施工进度管理中，会更形象、直接地指导管理人员的操作，也能让管理人员实时、清晰地了解项目的进展情况，更好地进行决策。

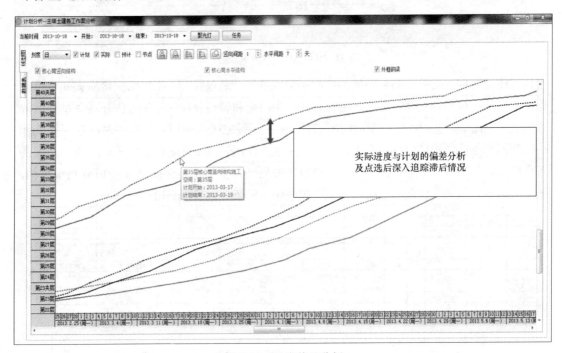

图3-11 进度偏差分析

（五）每个人工作任务及时提醒

传统施工管理中，经常会出现因施工现场工作繁多杂乱而造成工作人员遗漏遗忘某些工作，从而引起施工进度滞后等现象。例如，钢筋的材料计划因为现场管理人员工作繁忙而遗忘，致使晚提交2d，造成施工现场因钢筋材料不足造成窝工2d。又如现场管理人员将钢筋材料计划提交到物资部门时，物资部门暂时无人，计划直接放置在办公桌上，而提交计划者因工作繁忙并未再次通知物资人员，容易造成材料计划遗失，最终造成项目工期及成本的浪费。而基于BIM的项目管理系统中，配套工作根据各部门职责自动推送给各部门负责人，部门负责人将工作分派给具体执行人，配套工作分派后，被分派人在自己的项目管理系统界面会有自动提醒，做到每个人的工作均自动台账管理，成功解决了施工现场实际工作中因个人配套工作处理遗忘遗漏造成损失，以及各部门间人员协调配合不到位造成现场进度失控等问题（图3-12）。

（六）工作面交接管理

BIM项目管理系统设置了工作面交接管理台账，针对每一次的工作面交接进行记录，

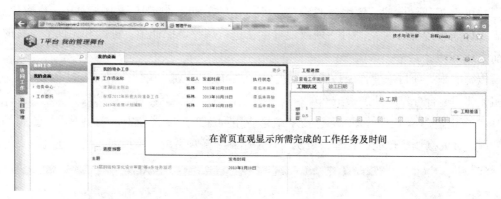

图 3-12 工作任务提醒

包括工作面名称、交接日期、楼层、专业、交接单位、总包代表、工作面交接质量安全情况等诸多信息，从而做到随时追溯，随时查询，为协调和管理分包的施工工作开展提供有效的数据支持（图 3-13）。例如，当二次结构进场准备开展施工工作前，首先要对准备开展工作的工作面与主体结构单位进行交接，明确以后该工作面包括安全防护、建筑垃圾清理在内的工作归属，并签订工作面交接单，总包单位代表见证，将工作面交接单录入 BIM 系统留档，随时可以查询追溯工作范围归属，避免造成纠纷，便于分包管理和协调工作。

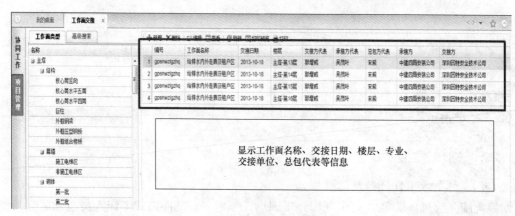

图 3-13 工作面交接管理

五、工作面管理

为方便现场施工管控，项目部引入工作面管理概念，针对楼层中各个施工区域，进行工作面的划分。在工作面管理中，可以通过 BIM 系统直观展示现场各个工作面施工进度开展状况，掌握现场实际施工情况，并跟踪具体的工序及施工任务完成情况、配套工作完成情况，以及每天各工作面各工种投入的人力情况等（图 3-14）。同时，系统支持随时追溯任意时间点工作面的工作情况，也可以查看各工作面对应的配套工作详细信息及完成情况。在各工作面上根据需要显示不同的时间，例如可以显示计划开始时间、计划结束时间、实际开始时间、实际结束时间、偏差时间等等，可以直观展现各工作面实际工作情况与计划的对比。工作面管理的实现，为协调各分包单位有效合理地开展施工工作提供了有力的数据支持。

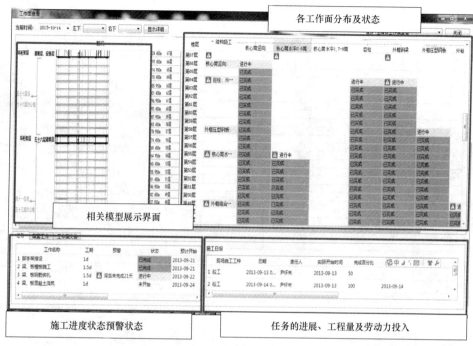

图 3-14　工作面管理

六、图纸及变更管理

项目施工管理过程中，均会存在图纸繁多、版本更替频繁、变更频繁等现象，传统的图纸管理难度很大，也经常会因为图纸版本更替或变更信息传递不及时造成现场施工返工、拆改等情况的发生。因此，图纸信息的及时性、准确性、完整性成为项目精细化管理的重中之重。广州东塔项目 BIM 系统图纸管理模块实现图纸与 BIM 模型构件的关联，可以快速查询指定构件的各专业图纸的详细信息，包括不同版本的图纸、图纸修改单、设计变更洽商单、技术咨询单以及答疑文件等等（图 3-15）。在与图纸关联后的 BIM 模型中，提醒变更部位及产生的影响，包括提醒有变动，提醒变动内容和工程量，提醒是否已施工，提醒配套工作完成进度等，可以更高效准确地完成图纸变更涉及的相关施工。同时，针对相关专业的深化图纸还有申报状态的动态跟踪与预警功能。高级检索功能可以在海量的图纸信息中，根据条件快速检索锁定相应图纸及其信息，图纸申报管理中功能相同。可以想象，在传统图纸管理模式下，要查询某一部位的详细做法可能需要同时找到十几张图纸对照查看，这至少需要 2～3 人花费大概 1h 的时间才能完成，而 BIM 系统中的图纸管理模块的应用，只需要在高级检索中输入条件即可查到，支持模糊搜索，查询极为高效，节约了大量的时间和人力。

七、合同与成本管理

在 BIM 系统中所有人可以根据需要随时查看总包合同、各劳务分包合同、专业分包

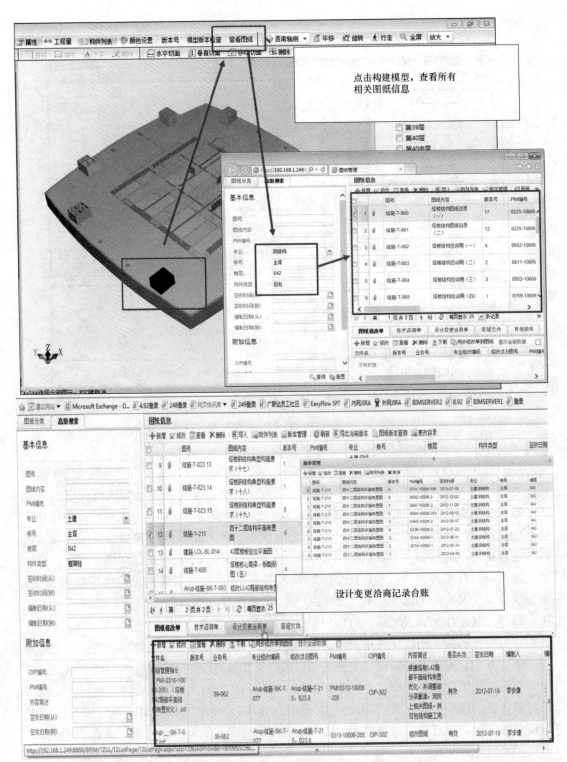

图 3-15 图纸管理

合同、其他分供合同信息，以及合同内容，便于现场管理及成本控制。BIM 模型可以实现工程量的自动计算及各维度（包括时间、部位、专业）的工程量汇总。BIM 模型可以与总、分包合同单价信息关联，关联完成后，在模型中可针对具体构件查看其工程量及对应的总、分包合同单价和合价信息（图 3-16）。

报量（包括业主报量和分包报量）时，可根据进度计划选择报量的模型范围，自动计算工程量及报量金额，便于业主报量的金额申请与分包报量的金额审批。总包结算与各分包结算同样可以在 BIM 系统中完成。另外分包签证、临工登记审核、变更索偿等功能均可在 BIM 系统中实现。

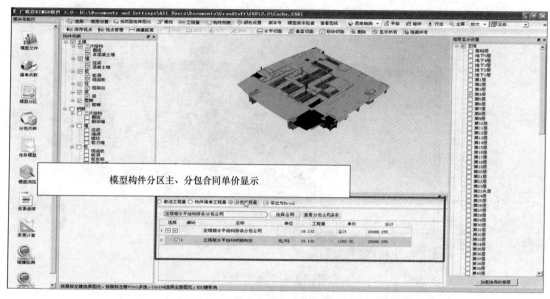

图 3-16 模型合同管理

同时，BIM 项目管理系统中可以自动进行成本核算，自动核算出某期的预算、收入和支出，实现了预算、收入、支出的三算对比，可以直观通过折线图进行查看成本对比分析和成本趋势分析，更直观，更准确，更方便（图 3-17）。

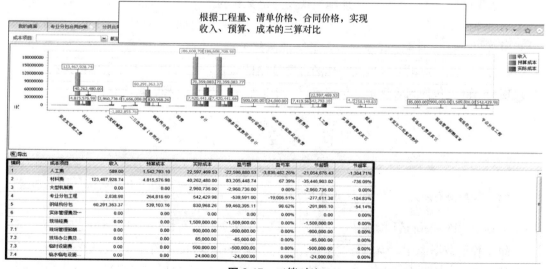

图 3-17 三算对比

八、运维管理

BIM模型中包含构件、隐蔽工程、机电管线、阀组等的定位、尺寸、安装时间，以及厂商等基础数据和信息，在工程交付使用过程中，便于对工程进行运维管理，出现故障或情况时，提高工作效率和准确性，减少时间和材料浪费以及故障带来的损失（图3-18）。

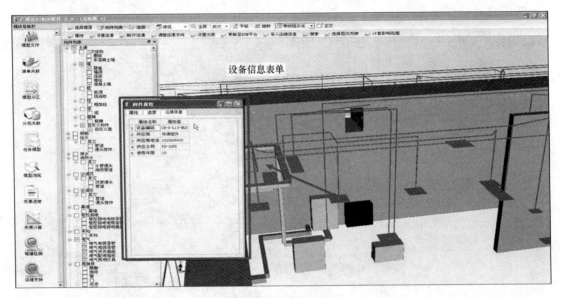

图 3-18　运维管理

九、劳务管理

现场劳动力的管理是项目精细化管理的重难点之一，工程安全、质量、进度、物资、成本等均与劳动力密不可分。随时掌握现场劳动力的数量、工种、进出场情况、工人信息、工人出勤信息等，既可以保证施工现场安全交底的落实以及进度计划的完成，也可以有效解决和避免一些劳务纠纷，便于协调解决工人与工人之间、各分包与分包之间存在的一些纠纷和问题。在进度管理方面，了解掌握每天现场各工作面的劳动力人数、分包单位、工种等信息，可以更好地进行现场进度计划的调控，也可以对各分包单位进行评价，将表现合格的分包商列入合格分包商库，便于以后分包商的选择和再次合作。

第四节　系统的实施效果

一、海量数据的快速查询，提取应用

本项目BIM系统运用实施后，实现海量项目数据集成及快速查询，同时提供各个应用模块工作的数据应用，为项目施工管理工作开展提供便利。以下将以项目管理过程中的几个核心业务所产生的数据为例，具体展示本BIM系统应用后，海量数据快速的获取、

传递和统计能力。

（一）图纸管理

项目部没上系统时，出丁大量纸质版图纸堆放在一起，查找管理极其不便。BIM 系统使用后，电子图纸完全有序地管理了起来。项目部收到新图纸后的业务流程如图 3-19 所示。

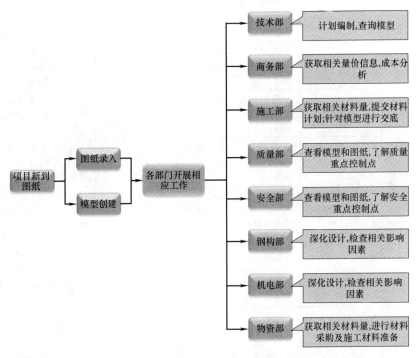

图 3-19　收到新图纸后的业务流程

图纸管理过程中海量数据引用关系见表 3-1。

图纸管理过程中海量数据引用关系表　　　　　　　　　　　表 3-1

阶段	部门	工作	相关数据引用	图纸数量	整体数据引用
第一阶段工作	技术部	图纸录入系统	共录入相关图纸 10 份		共录入相关图纸 1337 份
	商务部	针对图纸进行土建模型创建	上传 95 层土建及钢筋模型，共计 122 个构件，1506 个图元		上传土建及钢筋模型，共计 13961 个构件，168723 个图元
后续工作	技术部	查询模型，确定工序及工程量	模型浏览，图纸浏览 10 份	建筑结构图纸共 1337 张	模型浏览，图纸浏览 1337 份
		维护配套工作及工作包	创建土建工作包 2 个，包含 7 种工序级任务 创建配套工作包 7 个，包含 24 种配套工作任务		1. 创建 69 个实体工作包，共包含 336 个实体工作 2. 创建 62 个配套工作包，共包含 418 种配套工作
		编制进度计划	引用土建工作包 6 个，包含 22 种工序级任务 引用配套工作包 30 个，包含 110 种配套工作任务		1. 引用 69 个实体工作包，共包含 336 个实体工作 3715 次 2. 引用 62 个配套工作包，共包含 418 种配套工作 7924 次
	商务部	进行清单关联	共 122 个构件与清单进行关联，总计关联条数 461 条		共 13961 个构件与 3724 条清单进行关联
		进行分包关联	共 122 个构件与清单进行关联，总计关联条数 288 条		共 13961 个构件与 3366 条清单进行关联

续表

阶段	部门	工作	相关数据引用	图纸数量	整体数据引用
后续工作	商务部	模型工程量查询	查询模型 1 次，查询计划 3 次	建筑结构图纸共 1337 张	查询模型 1337 次，查询计划 4011 次
		模型总包价格信息查询	模型浏览 1 次，引用 461 条总包清单关联数据		模型浏览 1337 次，引用 13961 个构件与 3724 条总包清单关联数据
		模型分包价格信息查询	模型浏览 4 次，引用 288 条分包清单关联数据		模型浏览 5348 次，引用 13961 个构件与 3366 条分包清单关联数据
		业主报量	模型浏览 1 次，引用 461 条总包清单关联数据		模型浏览 1337 次，引用 13961 个构件与 3724 条总包清单关联数据
		分包报量	模型浏览 4 次，引用 288 条分包清单关联数据		模型浏览 5348 次，引用 13961 个构件与 3366 条分包清单关联数据
	施工部	针对模型进行材料量的提取，提交材料计划	查询模型 1 次，查询计划 1 次，按照计划维度统计模型材料量		查询模型 1337 次，查询计划 1337 次，按照计划维度统计模型材料量
		针对模型进行技术交底	模型浏览 4 次，针对 4 个班组进行交底		模型浏览 5348 次
	质量部	了解质量控制点	需查询图纸 10 份，模型浏览 3 次		需查询图纸 1337 份，模型浏览 4011 次
	安全部	了解安全控制点	需查询图纸 10 份，模型浏览 3 次		需查询图纸 1337 份，模型浏览 4011 次
	钢构部	深化钢结构模型	查看土建模型 20 次，深化周期内持续引用土建模型为参考		查看土建模型 26740 次，深化周期内持续引用土建模型为参考
		检查模型对钢结构是否有影响	进行 95 层土建模型与钢结构模型合理性检查，检查出冲突问题 5 个		进行土建模型与钢结构模型合理性检查，检查出冲突问题 706 个
	机电部	深化机电模型	查看土建模型 20 次，深化周期内持续引用土建模型为参考		查看土建模型 26740 次，深化周期内持续引用土建模型为参考
		检查模型对机电是否有影响	进行 95 层土建模型与机电模型碰撞检查，检查出有效碰撞 107 个		进行土建模型与机电模型碰撞检查，检查出有效碰撞 25027 个
	物资部	针对模型审核施工部材料计划	查询模型 1 次，查询计划 1 次，引用模型分区数据 1 次，按照计划维度统计模型材料量并审核		查询模型 1337 次，查询计划 1337 次，引用模型分区数据 1337 次，按照计划维度统计模型材料量并审核
		进行材料采购	引用模型材料量 1 次，提取材料采购计划		引用模型材料量 1337 次，提取材料采购计划

（二）　项目部变更管理

项目部收到一份新变更后的业务流程如图 3-20 所示。

一份新的变更业务中海量数据的引用关系见表 3-2。

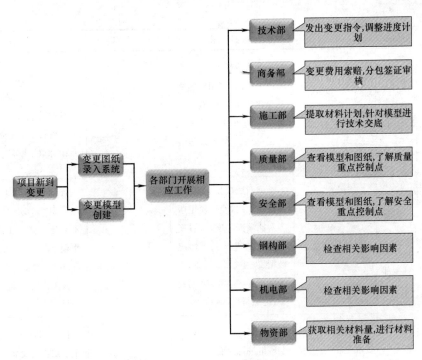

图 3-20 收到一份新变更后的业务流程

一份新的变更业务中海量数据引用关系表 表 3-2

阶段	部门	工作	数据引用	图纸数量	整体数据引用
第一阶段工作	技术部	将变更图纸录入系统	共录入相关图纸 1 份		共录入相关图纸 583 份
	商务部	针对变更图纸进行土建模型的新版本创建,并上传服务器	上传 95 层土建及钢筋变更模型,共计 124 个构件,1533 个图元		上传土建及钢筋变更模型共计 271 次,共计 5983 个构件,723099 个图元
后续工作	技术部	发出变更指令	针对变更图纸 PMI 号,发出相应变更指令 1 份	建筑结构变更图纸共 583 份	针对变更图纸 PMI 号,发出相应变更指令 780 份
		查询模型,确定工序及工程量	模型浏览,图纸浏览 11 份(包含变更前图纸及本次变更图纸)		模型浏览,图纸浏览 1749 份(包含变更前图纸及本次变更图纸)
		维护配套工作及工作包	1. 创建土建工作包 1 个,包含 4 种工序级任务 2. 创建配套工作包 7 个,包含 24 种配套工作任务		1. 创建土建工作包 12 个,包含 53 种工序级任务 2. 创建配套工作包 24 个,包含 79 种配套工作任务
		编制进度计划	1. 引用土建工作包 1 个,包含 4 种工序级任务 2. 引用配套工作包 7 个,包含 24 种配套工作任务		1. 创建土建工作包 12 个,包含 53 种工序级任务 2. 创建配套工作包 24 个,包含 79 种配套工作任务
	商务部	变更费用索赔	查询新版模型 2 次,旧版模型 1 次,使用模型版本对比功能 1 次,查看变更模型的进度完成情况数据 20 条,完成变更费用索偿登记		查询新版模型 542 次,旧版模型 271 次,使用模型版本对比功能 271 次,查看变更模型的进度完成情况数据 5420 条,完成变更费用索偿登记

续表

阶段	部门	工作	数据引用	图纸数量	整体数据引用
后续工作	商务部	分包签证	查询新版模型 2 次,旧版模型 1 次,使用模型版本对比功能 1 次,查看变更模型的进度完成情况数据 20 条,完成分包签证审核	建筑结构变更图纸共 583 份	查询新版模型 542 次,旧版模型 271 次,使用模型版本对比功能 271 次,查看变更模型的进度完成情况数据 5420 条,完成分包签证审核
	施工部	提材料计划	查询新版模型 1 次,旧版模型 1 次,使用模型版本对比功能 1 次,查看变更模型的进度完成情况数据 20 条,根据实际施工状况及模型对比工程量,提取材料计划		查询新版模型 271 次,旧版模型 271 次,使用模型版本对比功能 271 次,查看变更模型的进度完成情况数据 5420 条,根据实际施工状况及模型对比工程量,提取材料计划
		针对模型进行技术交底	模型浏览 1 次,针对一个班组进行交底		模型浏览 271 次,针对一个班组进行交底
	质量部	了解质量控制点	需查询图纸 11 份,模型浏览 1 次		需查询图纸 583 份,模型浏览 271 次
	安全部	了解安全控制点	需查询图纸 11 份,模型浏览 1 次		需查询图纸 583 份,模型浏览 271 次
	钢构部	检查模型变化对钢结构是否有影响	查看土建模型 1 次,检查变更部分是否影响钢结构		查看土建模型 271 次,检查变更部分是否影响钢结构
	机电部	检查模型变化对机电是否有影响	查看土建模型 1 次,检查变更部分是否影响机电		查看土建模型 271 次,检查变更部分是否影响机电
	物资部	进行材料准备	查询新版模型 1 次,旧版模型 1 次,使用模型版本对比功能 1 次,查看变更模型的进度完成情况数据 20 条,根据实际施工状况及模型对比工程量,准备材料		查询新版模型 271 次,旧版模型 271 次,使用模型版本对比功能 271 次,查看变更模型的进度完成情况数据 5420 条,根据实际施工状况及模型对比工程量,准备材料

（三）进度预警信息的推送

为了确保项目进度管理,系统对进度实时预警推送,其业务流程如图 3-21 所示。推送进度预警信息中,海量数据的引用关系见表 3-3。

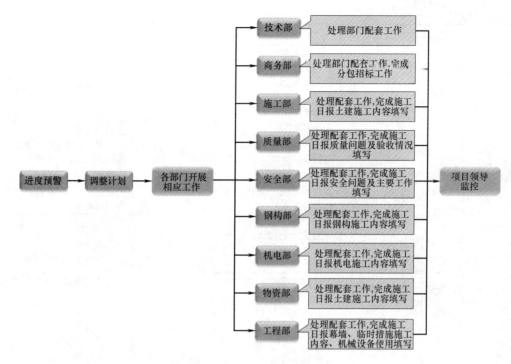

图 3-21 推送进度预警流程

推送进度预警信息中海量数据引用关系表   表 3-3

阶段	部门	工作	数据引用	预警数量	整体数据引用
事件发生原因	施工一部	完成施工日报填写	当天施工日报引用进度计划 39 条		当天施工日报共引用进度计划 13929 条
	系统	推送进度预警信息	系统自动计算,引用当天施工日报 39 条和进度计划对比,计算出进度偏差信息,并将该预警信息推送给相关责任人		系统自动计算,引用当天施工日报 13929 条和进度计划对比,计算出进度偏差信息,并将预警信息推送给相关责任人
调整计划	技术部	进行计划分析	使用进度偏差分析功能,引用进度计划 6378 条,引用施工日报施工信息 13929 条,得到进度偏差原因,查询到该进度预警直接影响的任务项 14 条,相关配套工作项 145 条	进度预警截至目前共产生 360 次	使用进度偏差分析功能,引用进度计划 6378 条,引用施工日报施工信息 13929 条,得到进度偏差原因,查询到系统偏差影响任务项 5040 条,相关配套工作项 7924 条
		计划调整	引用进度计划 14 条;引用工作包 4 个,包含 27 种实体工作;引用配套工作包 6 个,包含 20 种配套工作;引用模型分区 7 个;调整计划并检查合理性		引用进度计划 6378 条;引用工作包 69 个,包含 336 种实体工作;引用配套工作报 62 个,包含 418 种配套工作;引用模型分区 969 个;调整计划并检查合理性
		推送计划配套工作信息	共推送配套工作 145 条至各个部门		共推送配套工作 7924 条至各个部门

续表

阶段	部门	工作	数据引用	预警数量	整体数据引用
后续工作	施工部	施工日报填写	引用进度计划 14 条,填写施工日报 14 条,该信息反馈回进度实际完成时间		引用进度计划 6378 条,填写施工日报 4721 条,该信息反馈回进度实际完成时间
		待办工作处理	系统共推送 26 条待办工作到施工部		系统共推送 757 条待办工作到施工部
	商务部	分包招标工作	引用进度计划时间及总包合同预警信息,及时开展分包招标工作		引用进度计划时间及总包合同预警信息,及时开展分包招标工作
		待办工作处理	系统共推送 1 条待办工作到商务部		系统共推送 28 条待办工作到商务部
	工程部	施工日报填写	引用进度计划 14 条,填写施工日报 20 条,该信息反馈回进度实际完成时间		引用进度计划 6378 条,填写施工日报 2779 条,该信息反馈回进度实际完成时间
		待办工作处理	系统共推送 15 条待办工作到施工部		系统共推送 284 条待办工作到施工部
	质量部	施工日报填写	填写施工日报质量问题及验收情况 13 条		填写施工日报质量问题及验收情况 895 条
		待办工作处理	系统共推送 6 条待办工作到质量部		系统共推送 781 条待办工作到质量部
	安全部	施工日报填写	填写施工日报安全问题及当日安全主要工作情况 8 条	进度预警截至目前共产生 360 次	填写施工日报安全问题及当日安全主要工作情况 771 条
		待办工作处理	系统共推送 6 条待办工作到安全部		系统共推送 269 条待办工作到安全部
	机电部	施工日报填写	引用进度计划 14 条,填写施工日报 121 条,该信息反馈回进度实际完成时间		引用进度计划 6378 条,填写施工日报 4266 条,该信息反馈回进度实际完成时间
		待办工作处理	系统共推送 45 条待办工作到机电部		系统共推送 4734 条待办工作到机电部
	技术部	待办工作处理	系统共推送 29 条待办工作到技术部		系统共推送 177 条待办工作到技术部
	钢构部	施工日报填写	引用进度计划 14 条,填写施工日报条项 23 条,该信息反馈回进度实际完成时间		引用进度计划 6378 条,每天填写施工日报 782 条,该信息反馈回进度实际完成时间
		待办工作处理	系统共推送 17 条待办工作到钢构部		系统共推送 343 条待办工作到钢构部
项目监控	项目领导	查看工程进展状况	引用进度计划 14 条;引用工作包 4 个,包含 27 种实体工作;引用配套工作报 6 个,包含 20 种配套工作;引用模型分区 7 个;查看该阶段施工进展状况并跟踪具体问题		引用进度计划 6378 条;引用工作包 69 个,包含 336 种实体工作;引用配套工作报 62 个,包含 418 种配套工作;引用模型分区 969 个;查看施工进展状况并跟踪具体问题
		查看配套工作完成情况	引用各部门配套工作 145 条,按部门、工作类型、时间及完成状况进行监控		引用各部门配套工作 7924 条,按部门、工作类型、时间及完成状况进行监控

（四） 项目成本核算

项目部成本核算的业务流程如图 3-22 所示

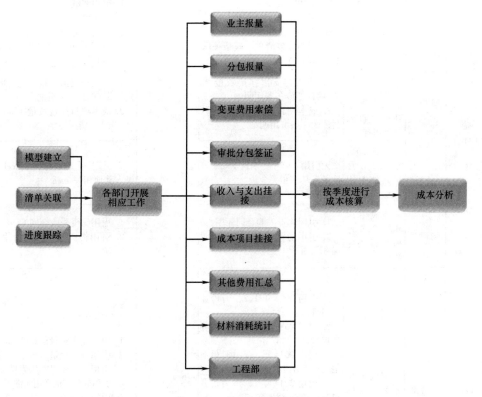

图 3-22 成本核算业务流程

各部门成本核算业务中海量数据的引用关系见表 3-4。

成本核算业务中海量数据引用关系表　　　　　　　　表 3-4

阶段	部门	工作	数据引用	核算次数	整体数据引用
第一阶段工作	商务部	完成 2014 年 1、2、3 月份业主报量	1. 引用进度计划 637 条 2. 引用模型图元 97728 个 3. 查看总包合同 1 份 4. 引用总包清单 372 条	已进行成本核算 10 次	1. 引用进度计划 6378 条 2. 引用模型图元 977283 个 3. 查看总包合同 1 份 4. 引用总包清单 3724 条
		审批 2014 年 1、2、3 月份分包报量	1. 引用进度计划 637 条 2. 引用模型图元 97728 个 3. 查看分包合同 28 份 4. 查看分包合同条款摘要 66 条 5. 引用分包清单 372 条		1. 引用进度计划 6378 条 2. 引用模型图元 977283 个 3. 查看分包合同 288 份 4. 查看分包合同条款摘要 663 条 5. 引用分包清单 3366 条
		完成 2014 年 1、2、3 月份业主变更费用索偿	1. 引用图纸 58 张 2. 引用模型 97728 个 3. 引用变更指令 78 份 4. 引用总包清单与模型关联数据 4275 个		1. 引用图纸 583 张 2. 引用模型 977283 个 3. 引用变更指令 780 份 4. 引用总包清单与模型关联数据 41883 个

续表

阶段	部门	工作	数据引用	核算次数	整体数据引用
第一阶段工作	商务部	审批 2014 年 1、2、3 月份分包签证	1. 引用图纸 58 张 2. 引用模型 97728 个 3. 引用变更指令 78 份 4. 引用分包清单与模型关联数据 2759 个	已进行成本核算 10 次	1. 引用图纸 583 张 2. 引用模型 977283 个 3. 引用变更指令 780 份 4. 引用分包清单与模型关联数据 34811 个
		完成 2014 年 1、2、3 月份成本项目挂接及收入与支出挂接	1. 收入与支出挂接数量 23 项,共计 306 条费用明细 2. 成本项目挂接数量 28 项,共计 892 条费用明细		1. 收入与支出挂接数量 238 项,共计 3066 条费用明细 2. 成本项目挂接数量 175 项,共计 5932 条费用明细
		完成 2014 年 1、2、3 月份其他费用汇总	无引用,手动或导入 Excel 直接录入其他相关金额		无引用,手动或导入 Excel 直接录入其他相关金额
	物资部	完成 2014 年 1、2、3 月份材料消耗统计	1. 引用物资采购合同 3 项 2. 引用物资采购合同费用明细 375 项		1. 引用物资采购合同 62 项 2. 引用物资采购合同费用明细 3754 项
成本核算	商务部	完成 2014 年第一季度成本核算	1. 引用 2014 年 1、2、3 月份业主报量信息 784 条 2. 引用 2014 年 1、2、3 月份分包报量信息 657 条 3. 引用 2014 年 1、2、3 月份业主变更费用索偿 4 个 4. 引用 2014 年 1、2、3 月份分包签证信息 421 条 5. 引用成本项目挂接 892 条 6. 引用收入与支出挂接 306 条 7. 引用 2014 年 1、2、3 月份材料消耗统计 375 条 8. 引用 2014 年 1、2、3 月份其他费用汇总 729 条		1. 引用业主报量信息 7333 条 2. 引用分包报量信息 6504 条 3. 引用业主变更费用索偿 40 个 4. 引用分包签证费用明细 4740 条 5. 引用成本项目挂接 5932 条 6. 引用收入与支出挂接 3066 条 7. 引用材料消耗统计 375 条 8. 引用其他费用汇总 729 条
成本分析	商务部	完成 2014 年第一季度成本分析	1. 引用 2014 年 1、2、3 月份业主报量信息 784 条 2. 引用 2014 年 1、2、3 月份分包报量信息 657 条 3. 引用 2014 年 1、2、3 月份业主变更费用索偿 4 个. 4. 引用 2014 年 1、2、3 月份分包签证信息 421 条 5. 引用成本项目挂接 892 条 6. 引用收入与支出挂接 306 条 7. 引用 2014 年 1、2、3 月份材料消耗统计 375 条 8. 引用 2014 年 1、2、3 月份其他费用汇总 729 条		1. 引用业主报量信息 7333 条 2. 引用分包报量信息 6504 条 3. 引用业主变更费用索偿 40 个 4. 引用分包签证费用明细 4740 条 5. 引用成本项目挂接 5932 条 6. 引用收入与支出挂接 3066 条 7. 引用材料消耗统计 375 条 8. 引用其他费用汇总 729 条

（五） 系统应用过程中产生的海量数据

见表 3-5。

系统应用过程中产生的海量数据汇总表 表 3-5

应用模块	应用点	价值说明	数据类别	数据统计（数据量、应用频率、模式）
模型应用	模型文件管理	各专业模型的统一管理,各专业模型文件信息、版本信息、PMI 编号信息一目了然	1. 模型文件数量 2. 模型版本信息	1. 6 个专业 112 个楼层近 400 个模型文件 2. 600 多次修改的版本信息、修改内容、修改人、修改日期的记录和展示
	模型浏览	实现多专业模型的集成,通过三维模型展示为施工交底、解决图纸疑问提供参考,并查看各构件对应的图纸、进度、工程量等信息	楼层、专业、图元数量	1. 6 个专业 112 个楼层 2. 平台模型图元数量 977283 个（开发人员后台统计）
	任务模型	按照计划条项查看计划对应的模型及模型的工程量	1. 进度计划条项数量 2. 业主报量及分包报量数量	1. 总进度计划 6378 条任务 2. 业主报量 3 条,分包报量 158 条 3. 其中业主报量明细共计 7333 条,分包报量明细共计 5900 条
	碰撞检查	通过各专业的三维模型碰撞,在施工前提前发现设计错误,提高深化设计质量	1. 碰撞检查次数 2. 发现的碰撞数量	1. 每楼层进行过水、暖、电 3 个专业和土建、钢结构专业的碰撞检查各 3 次 2. 碰撞数量合计:水专业 18668 个碰撞,暖通专业 12367 个碰撞,电气专业 8141 个碰撞
	基础数据	提前对项目静态数据进行批量维护,方便各应用过程调用,提高应用效率	1. 合作单位 2. 物资字典 3. 机械字典 4. 成本项目 5. 分区字典 6. 分项字典 7. 工作面类型	1. 合作单位 229 2. 物资字典 488 3. 机械字典 1214 4. 成本项目 19 5. 分区字典 969 6. 分项字典 36 7. 工作面类型 147
基础数据	配套工作处理与监控	通过配套工作的线上分派、处理和监控,通过提醒、预警、处理,提高项目日常管理工作效率	1. 配套工作包和配套工作数量 2. 每周配套工作线上处理数量	1. 62 个配套工作包,共包含 418 种配套工作 2. 共挂接并推送到各部门配套工作 7924 条 3. 每周处理配套工作数量约 300 多条
综合管理	计划编制与进度监控	实时了解施工进度情况及各工作面完成情况,及时发现进度风险与延误原因,保证施工进度顺利进行	1. 实体工作库及工序任务数量 2. 项目计划任务数量（总计划、子计划、工作面） 3. 施工日报填写数量 4. 进度预警数量	1. 69 个实体工作包,共包含 336 个实体工作 2. 共计 13 个各类计划,合计 42433 条任务 3. 施工日报填报 1597 份 4. 施工日报当日施工内容数量:13929 5. 材料进退场情况数量:1090 6. 主要质量管理工作情况数量:506 7. 主要安全管理工作情况数量:622 8. 当日存在主要质量问题情况数量:5 9. 当日存在主要安全问题情况数量:149 10. 当日施工验收情况数量:384 11. 1148 条进度预警

续表

应用模块	应用点	价值说明	数据类别	数据统计(数据量、应用频率、模式)
进度管理	施工图管理	项目所有图纸在服务器进行统一管理,所有人员都可以很方便地在线进行图纸及其附属表单的查找、查看、下载,提高图纸查看的工作效率	1. 图纸数量 2. 图纸版本数量 3. 图纸附表数量	1. 图纸数量 2061 张图纸 2. 包含各种版本图纸共计 2090 个(开发人员后台统计) 3. 各种图纸修改单数量 233 个(开发人员后台统计) 4. 各种技术咨询单数量 0 个(开发人员后台统计) 5. 各种设计变更洽商单数量 0 个(开发人员后台统计)
图纸管理	图纸申报	项目相关申报图纸的统一在线管理,所有人员都可以很方便地查找、查看、下载相应的申报图,并对图纸申报的情况一目了然	1. 机电、钢构申报图纸数量 2. 申报记录信息数量(每次送审分别统计) 3. 图纸预警信息数量	1. 图纸合计 4548 张 2. 申报记录数量:共有 5332 次申报记录(开发人员后台统计) 3. 图纸预警数量:截至目前共推送图纸预警信息 2753 条(开发人员后台统计)
	合同统一管理与查看	项目相关合同录入系统进行统一管理,方便项目人员查阅合同和费用明细	总包、专业分包、分供合同数量	1. 合同总计数量 289 项,其中总包合同 1 项,专业分包合同 159 项,分供合同 129 项 2. 总包清单 3724 条,分包合同条款摘要 663 条,分包合同费用明细 3366 项
合同管理	报量结算	1. 参考模型工程量,提高各项报量、结算工作的申请和审批效率 2. 形成报量结算台账,便于查询 3. 为成本核算提供依据	所有报量结算的总数量(业主报量、结算,专业分包报量、结算,劳务分包报量、结算,物资采购结算等)	各种报量结算 245 项,其中业主报量 3 项,报量明细共计 7333 条;分包报量 158 项,报量明细共计 5900 条;分包结算 84 项,结算明细共计 604
	变更签证	1. 参考模型工程量,提高变更费用索偿申请及分包签证审批效率 2. 形成台账,便于查询 3. 为成本核算提供依据	所有变更和签证的总数量	1. 所有变更签证数量 55 项 2. 专业分包签证费用明细 2295 条 3. 劳务分包签证费用明细项 2445 条
成本管理	成本核算及分析	通过对各项报量、结算、变更、签证、材料消耗等费用的汇总统计,及时了解项目费用支出与收入情况,实现三算对比	1. 收入与支出挂接数量 2. 成本项目挂接数量 3. 材料消耗统计条项数量	1. 收入与支出挂接数量 238 项,共计 3066 条费用明细(开发人员后台统计) 2. 成本项目挂接数量 175 项,共计 5932 条费用明细(开发人员后台统计) 3. 材料消耗统计数量 1 项,共计 36 条材料明细

二、项目 BIM 系统的创新点

(一) 模型集成及大模型显示方式、加载效率的突破

本项目在模型集成方面实现了很大的突破,将各专业软件创建的模型按照广州东塔项目特有的编码规则进行重新组合,在 BIM 系统中转换成统一的数据格式,从而真正意义

上实现了超高层项目或其他大体量建设项目 BIM 模型整合应用。

大模型显示方式、加载效率等方面取得重大突破。几何文件压缩 30 倍：20G→0.7G，内存占用压缩 3.5 倍：5G→1.4G，加载效率提高 5 倍：240s→48s（表 3-6）。

数据压缩效率表　　　　　　　表 3-6

专业	转换时间(s)	几何数据（压缩前，Byte）	几何数据（压缩后）	几何压缩倍数	原始文件（Byte）	总数据大小(Byte)	总体压缩倍数
土建	20	10325025	1139412	9.1	8316802	3176680	2.6
钢筋	18	12066055	955992	12.6	12789932	2862364	4.5
机电	4	6600885	258416	25.5	5587830	339792	16.4
钢构	1759	2599744794	28808005	90.2	848913091	48957791	17.3
粗装修	9	4333801	2438984	1.8	4082953	3633544	1.1

（二）　工作面管理的引入

系统将工作面管理概念成功引入到 BIM 管理系统中，通过 BIM 模型的工作面划分，实现模型按照实际工作区域自动分割，从而在实际施工管理过程中，可以直接提取相关工作面信息开展工作。与传统 BIM 模型以楼层为单位进行管理相比，工作面概念的引入，使 BIM 模型更加符合实际施工管理的维度，对施工现场的细节做到真正掌控。

（三）　信息集成运用

实现进度、工作面、图纸、清单、合同条款的相互关联，信息真正达到相互串联并展开应用，才能真正将海量的工程数据应用到施工管理过程中。然而无论是进度信息、清单信息、合同条款信息等，作为单一数据流，想要真正做到相互关联，其工作量和处理方式基本无法实现。而 BIM 模型作为一个实体的载体，能有效地解决这一问题。

将进度、工作面、图纸、清单、合同条款等信息与 BIM 模型这一载体进行关联，以 BIM 模型为数据传输纽带，间接实现关键信息的相互关联，从而实现了进度、工程量、图纸、合同模块的业务打通，实现了 BIM 为施工管理工作服务。

（四）　经验数据信息化积累

本项目 BIM 系统在架构之初，就确立了利用系统进行经验数据积累的目标，因此，本系统针对实体工序工作、配套工作、合同条款、合约规划模板等内容分别设置了专有数据库，将通过本项目验证并完善的经验数据存储在数据库中，以供后期使用，并能完整地复用到之后的其他诸多项目上去。

（五）　BIM 系统模型对运维的贡献

本项目 BIM 系统在架构之初，就确定了竣工模型为业主运维提供服务的具体要求。基于目前 BIM 模型和运维之间没有实际联系的现状，本项目从实际出发，通过设备编码确定每一个设备的唯一身份属性，将设备厂家、运维等相关信息快速导入到系统模型中，便于业主在运维阶段的信息查询。同时，针对机电管线，系统自动完成管线流向性分析，通过平台能快速查询到检修机电管线设备的影响范围，为维修工作的顺利开展提供数据。

系统基于统一的建模规则构筑各专业深化设计模型，并通过研制开发的 BIM 集成信息平台整合形成"全专业 BIM 深化设计模型"。然后，通过统一的信息关联规则，实现

BIM 集成信息平台上的模型信息与施工管理海量业务信息的整合，达到信息集成、共享及应用的目的。以 BIM 集成信息平台为基础，针对超高层项目总承包项目管理中存在的进度、成本、现场协调等方面的难题，开发适用于施工总承包现场管理的项目管理系统，实现三维可视的、协同的施工现场精细化管理。

本项目系统地研究了 BIM 技术与项目管理业务整合的理论体系、实施方法及实施效果：

（1）通过开放的 BIM 集成信息平台，攻克了各专业 BIM 软件之间的数据整合难题，集成了土建、钢筋、钢结构、机电、幕墙、装修等各专业模型，形成"全专业 BIM 深化设计模型"。

（2）通过打通项目管理系统与 BIM 模型上的海量信息并提取应用，有效地提高了信息传递的准确率和时效性，避免不同人员对进度、图纸、合同、清单等条款内容理解的偏差。

（3）大幅提升了施工进度计划的编制、跟踪的工作效率，以及实体工作和配套工作的监控和协同效率。

（4）通过工作面管理有效减少了各专业之间的现场作业面冲突。

（5）实现合同条款分类查询以及实时成本三算对比，大幅提升合同、成本管理方面的合同查询、分析效率。

（6）实现通过 BIM 模型的图纸、合同、清单、进度、工程量等信息的 5D 可视化实时查询。

第四章 超高层建筑绿色施工关键技术

伴随着国家经济的飞速发展和人民生活水平的极大提高，可持续发展的理念深入人心，"节能低碳、绿色环保"已经成为当今中国社会发展的主旋律。作为资源消耗大户，施工企业传统的施工模式和施工方法对资源的消耗和对环境的影响已逐渐不能适应"可持续发展"的需求，如何实现"绿色建造、绿色施工"，是当今所有施工企业面临的核心关键课题。

作为广州新地标、城市新名片的广州东塔，塔楼超高，体量庞大，施工周期长，资源消耗量巨大。在已有常规绿色施工各项措施的基础上，通过设计优化、方案和工艺优化、新措施的设计、节能设备的选择、建筑垃圾的量化及回收利用的研究、精细化管理以及具体资源消耗数据的量化统计，探索一条适用于超高层绿色施工、绿色建造的新途径，真正实现"节材、节能、节水、节地、环境保护"，具有极为深远的现实意义。

第一节 东塔绿色施工重难点

东塔项目总建筑面积 50.77 万 m^2。钢结构总用量 9.7 万 t、混凝土总用量 28.8 万 m^3，钢筋总用量 6.5 万 t，此外，水、电、柴油等资源和木方模板、钢管等施工材料消耗量巨大。如此巨大的材料利用和资源消耗，常规的措施已经无法满足其绿色建造的需求，所以，因项目制宜，立足超高层建造技术和设计特点，详细分析绿色施工的重难点，并系统地展开绿色施工，是绿色施工开展的关键。

一、缺少针对超高层建造过程的绿色施工评价指标

目前，国内绿色施工已经发布了一系列指导性的规范、评价标准和指南，主要包括《绿色施工导则》（建质［2007］223 号）、《建筑工程绿色施工评价标准》（GB/T 50640—2010）、《建筑施工场界环境噪声排放标准》（GB 12523—2011）、《全国建筑业绿色施工示范工程申报与验收指南》（中国建筑业协会主编）等。然而，相比较常规工程，超高层建造过程具有塔楼超高，垂直运输量大，能源消耗量非常大；钢材、混凝土、砌体、机电管材、精装材料等消耗量巨大，现场建筑垃圾产生量较大；专业和工作面多，临水临电的消耗量巨大；周边环境复杂，内部场地狭小，用地非常紧张；各种重型设备使用频繁，噪声、扬尘不易控制等特点，常规的评价指标已经不能完整准确地衡量超高层绿色施工的好坏，所以，需要有针对性地制定一系列超高层绿色施工的评价指标。

二、需要进一步探究绿色施工新举措

超高层建造过程难度大，周期长，需要针对其设计特点和建造方法，在已有常规绿色施工的基础上，就设计优化、施工部署、方案和工艺优化、设备选型、措施设计等方面进一步探索超高层绿色施工新举措，挖掘新的绿色施工亮点。

三、"超高降效"影响显著

伴随着主塔楼高度的不断攀升，塔吊、施工电梯等设备的垂直运输效率逐渐降低，"超高降效"的影响更加突出。如何合理部署管理垂直运输设备，提高工效，保证工期和质量，是本项目绿色施工的一个重点。

四、建筑垃圾回收产业链发展尚不健全，资源回收利用困难

"垃圾是错位的资源"。在日本，建筑垃圾的分类已经是施工过程中每个工人的习惯；建筑垃圾的回收利用，已经形成了一条完整的产业链条。立足本国国情，借鉴先进经验和做法，在回收产业链条尚不健全的条件下，积极探索建筑垃圾分类和回收利用的新途径，是东塔项目绿色施工的重难点之一。

五、施工过程资源消耗和建筑垃圾的监控及量化统计困难

超高层各工作面各专业资源消耗量庞大，建造各个阶段产生的建筑垃圾种类繁多。细化至各工作面的资源消耗量（水、电、柴油）和建筑垃圾产生量的量化梳理有着极为重要的意义，这些数据既能为本项目的绿色施工和精细化管理提供支撑依据，也能为日后其他超高层的建设提供宝贵的经验数据。

然而，众多的工作面和专业、不同的资源和垃圾分类以及人为导致的疏漏都给数据的量化统计带来了极大的困难，探索新的实时量化统计手段，保证数据传递的实时性和准确性，是东塔项目绿色施工面临的一个重难点。

第二节　绿色施工评价指标及监控体系

本工程开工之初，根据相关标准及以往超高层施工经验，自主拟定了一套超高层建造绿色施工评价指标，用以指导工程实施绿色施工。

同时，针对项目各种资源的消耗，自主设计了一套涵盖设计优化、方案及工艺优化、现场和生活区临水临电消耗、柴油消耗、噪声监测、垃圾分类及回收的量化统计表格，并明确责任部门，定期开展相关内容的监测和统计工作。针对工作面众多，分包管理难度大，人为统计容易产生疏漏的问题，联合高校，研发设计了一套全工作面全天候无线临电监控系统，实时掌握各专业各工作面临电消耗情况，在把对资源消耗、垃圾产生的量化统计工作做到实处的同时，为超高层施工积累了宝贵的经验数据。

一、拟定超高层工程绿色施工评价指标

目前，国内尚无针对超高层施工项目的绿色评价标准。结合《绿色施工导则》、《建筑工程绿色施工评价标准》（GB/T 50640—2010）、《全国建筑业绿色施工示范工程申报与验收指南》等标准指南及以往超高层施工经验，拟定以下具体指标（表 4-1）。

自拟绿色施工指标　　　　　　　　　　　　　表 4-1

项目	控制指标
环境保护	1. 对施工噪声的控制，土石方施工早 6 时至夜 22 时为 75dB，晚 22 时至次日早 6 时为 55dB； 2. 对施工噪声的控制，结构施工早 6 时至夜 22 时为 70dB，晚 22 时至次日早 6 时为 55dB； 3. 结构施工扬尘不大于 0.5m，基础施工目测扬尘高度小于 1.5m，并且不扩散至场外； 4. 光污染方面做到夜间施工不扰民，无周边单位及居民投诉； 5. 无责任死亡事故，年度负伤率 4‰以下
节材与材料资源利用	1. 材料损耗率降低 30%； 2. 纸、墨等材料节约 3%； 3. 建筑垃圾定量化，每万平方米不宜超过 400t
节水与水资源利用	1. 节水目标：30%； 2. 力争非传统水源和循环水的再利用大于 20%
节能与能源利用	1. 施工现场用电节约 3%； 2. 生活区用电节约 3%
节地与土地资源保护	平面布置合理、紧凑，在满足环境、职业健康与安全及文明施工要求的前提下尽可能减少废弃地和死角，临时设施占地面积有效利用率大于 90%
创新项指标	梳理统计施工工艺优化及结构优化的四节一环保的量化指标（降低用钢量、跳仓法、塔吊装拆措施……）
	垃圾分类回收方式的探索（混凝土块、砌块、橡胶、石膏……）

上述指标为初步拟定指标，部分内容不尽完美，尚需要根据本工程的量化统计数据和其他多个超高层同类数据的对比，不断调整完善，进一步强化其对超高层建造的指导作用。

二、建立绿色施工监控体系设计

本工程自主设计的绿色施工监控体系比较完整地覆盖了大宗材料物资、能源、环境保护、人员、建筑垃圾等各个方面，并通过明确分工、落实责任人实现了监控过程的连续、准确、有效。

（一）全天候全工作面临电无线监控体系

超高层施工临电监控一方面可获得各类施工设备、专业队伍的用电量化数据实施精细化管理，另一方面也能为项目进行成本分析乃至今后招投标成本核算提供可靠数据，从而提升企业竞争力。

项目部联合高校展开针对塔楼超高层施工电能无线监控系统研究应用，分别监控计量土建结构、钢结构、机电、二次结构、装修等阶段的用电，量化统计超高层施工具体电能消耗。

电量监测系统通过在塔楼各楼层临电二级箱安装无线监测电表，实现对塔楼全部作业

面用电情况的实时监测。用电量信息间断连续上载至互联网服务器（图 4-1）。管理者对用电量信息进行查看、分析、整理，并结合作业面施工现场情况记录，得出真实可靠的专业队伍用电分析结果。

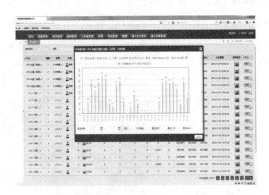

图 4-1　临电无线监控设备及监控界面

（二）**临水监控**

本工程临水监控系统通过在全部用水点布设水表，派专人每月统计形成自项目开工开始的全部用水量记录，并对每个月用水量情况进行分析，确定当月用水量的是否合理，及时发现并督促整改水资源浪费情况，亦确定用水较大的施工环节，有针对性地采取节水设计或措施。

根据工程各个阶段施工工况的变化（基坑支护、土方开挖、结构施工、二次结构等）调整临水布置，实现连续不间断的涵盖不同工况用水监控记录。

（三）**材料用量监控**

本工程对钢筋、木枋、模板、混凝土四项大宗物资材料建立了预算量—领用量跟踪台账，以月为周期统计分析材料的预算损耗率、实际损耗率。

另外针对柴油、办公用品项目单独建立进场及使用台账，记录其消耗情况。

（四）**扬尘监控**

本工程扬尘的监测方式主要通过目测现场扬尘高度进行记录，并与项目拟定的扬尘标准（结构施工扬尘不大于 0.5m，基础施工目测扬尘高度小于 1.5m，并且不扩散至场外）进行对比分析。

（五）**噪声监控**

在场地周边规划了具体的噪声监测点位，指定专人对施工过程中的噪声进行定期定点的监测（图 4-2、表 4-2）。

（六）**人员监控**

为了实现项目各工作面工序穿插的信息化管控，掌握人员运行的轨迹，保证施工人员的安全，项目部大胆尝试研发人员安全无限定位系统，实现各层楼工作人数的实时定位和统计，查询每个员工的工作轨迹历史曲线及具体人员信息，使项目工作面及作业人员的信息化管控工作迈出了重要的一步。

图 4-2　噪声监测设备及检测过程

噪声测量记录　　　　　　　　　　　　　　　　　表 4-2

项目名称	广州周大福金融中心总承包工程项目部		测量日期	2013 年 8 月 1 日
仪器名称	希玛		测量时间	10：00
仪器编号	AR844		测量人	邵鹏

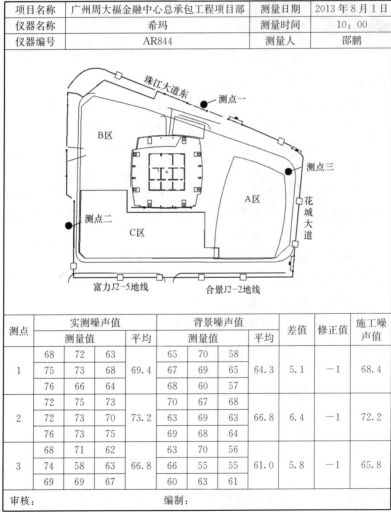

测点	实测噪声值				背景噪声值				差值	修正值	施工噪声值
	测量值			平均	测量值			平均			
1	68	72	63	69.4	65	70	58	64.3	5.1	−1	68.4
	75	73	68		67	69	65				
	76	66	64		68	60	57				
2	72	75	73	73.2	70	67	68	66.8	6.4	−1	72.2
	72	73	70		63	69	63				
	76	73	75		69	68	64				
3	68	71	62	66.8	63	70	56	61.0	5.8	−1	65.8
	74	58	63		66	55	55				
	69	69	67		60	63	61				

审核：　　　　　　　　　　编制：

注：1. 此表每季度监测一次，由技术部负责填写，技术部经理签字审核。

　　2. 当实测噪声值超标时，请测量背景噪声值，并根据标准要求对实测值进行修
　　　正，修正后的施工噪声值作为判定是否超标的依据。

该系统由信号发射终端、楼层接收器、项目服务器及互联网数据中心组成。当人员佩戴发射终端在楼层内作业活动时，信息通过楼层接收器收集至项目服务器，并上传至互联网数据中心。通过数据中心网页，管理员可实时查看人员的定位、工作轨迹信息（图4-3）。

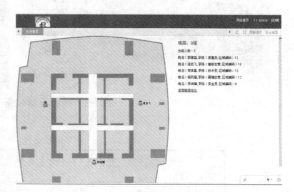

图 4-3　附着在安全帽上的无线定位终端及楼层人员信息

该系统的主要功能是人员定位，能够实时地统计每层楼的工作人数，实时地定位每个员工所在的楼层，能够查询每个员工的工作轨迹历史曲线图，用于协助保证员工的考勤和安全，并能够进一步分析统计各个部门以及所有人员的工作效率。

人员定位功能：定位工地人员在哪一楼层，并明确其姓名、单位和时间信息，能够根据工人的姓名进行搜索，并且能够显示每个人员的工作轨迹历史曲线。

人员位置显示：在东塔图形界面上显示和统计各楼层总人数。能够以图形化的方式实时显示每层楼的工作人数，点击人数能够显示该层楼所有工作人员的详细信息，点击工作人员能够显示该员工的工作轨迹历史曲线。

（七）　施工电梯、塔吊吊运工效监控

施工电梯、塔吊作为服务塔楼生产的主要运输设备，承担了施工阶段的全部人员、材料、设备等的运输工作。其运输工效直接影响塔楼生产速度。本工程对施工电梯、塔吊的工效监控包括使用申请制度、司机填表统计及吊次统计三种手段。

（1）使用申请制度，统计分析各专业分包使用施工电梯时段（排班表），并结合其对应的生产情况，可及时掌握施工电梯运力的信息；统计分析各专业（钢结构、土建等）使用核心筒塔吊时段（排班表），并结合其对应的塔楼生产情况（区分地下室结构、地上标准楼层、伸臂桁架层），可及时掌握塔吊运力的信息。

（2）司机填表统计是专门针对上、下班人员运输工效的统计。通过当班电梯司机现场记录上、下班高峰满运趟数，整理总结成人员运输记录台账。

（3）吊次统计方法通过现场记录不同高度（200m以下、300m、400m、500m）塔吊平均吊运次数的统计整理，形成塔吊吊次工效随施工高度攀升逐渐降低的记录结果。

（八）　建筑垃圾监控

在工人和管理人员中积极宣传倡导垃圾分类，并在场地内和楼层内分主裙楼设置垃圾分类堆放场，其中对可进行再利用的废钢材、废钢筋、废旧木材（木方、模板）、混凝土和砌体碎块等进行回收利用，余下的建筑垃圾由专业单位装运、过磅、出场后回收处理，并形成垃圾出场纪录。

三、绿色施工计量和评价手段

本工程设计了"设计优化绿色施工表"、"方案优化绿色施工表"、"用材统计分析表"、"用电统计分析表（现场及生活区）"、"用水统计分析表（现场及生活区）"、"柴油统计分析表"、"办公用品分析表"、"建筑垃圾统计分析表"、"噪声测量记录表"、"用地资源分析表"等一系列绿色施工量化表格，逐月统计施工现场及生活区水、电、能耗等所有资源的使用情况，并与控制指标进行对比分析。

依据《建筑工程绿色施工评价标准》（GB/T 50640—2010）编制"绿色施工管理评价"系列表格，在业主、监理、设计的监督和参与下，定期实施项目绿色施工的自我评价。

各类绿色施工监控分析台账如表 4-3～表 4-5 所示。

节材统计分析表（2011 年 4 季度）　　部位：主塔楼　　表 4-3

序号	材料名称	领用量(t)	预算量(t)	实际损耗率	预算损耗率	损耗率降低	评价<30%
1	钢筋 φ6.5					4.50%	
2	钢筋 φ8	96.507	93.5	3.12%	4.50%	30.76%	
3	钢筋 φ10	233.382	226.5	2.95%	4.50%	34.47%	
4	钢筋 φ12	195.451	189.5	3.04%	4.50%	32.34%	
5	钢筋 φ14	249.363	241.6	3.11%	4.50%	30.82%	
6	钢筋 φ16	776.091	753	2.98%	4.50%	33.88%	
7	钢筋 φ18	109.324	106	3.04%	4.50%	32.43%	
8	钢筋 φ20	182.25	176.6	3.10%	4.50%	31.11%	
9	钢筋 φ22	63.655	61.7	3.07%	4.50%	31.75%	
10	钢筋 φ25	669.454	649	3.06%	4.50%	32.10%	
11	钢筋 φ28	220.944	214	3.14%	4.50%	30.16%	
12	钢筋 φ32	134.018	130	3.00%	4.50%	33.38%	
13	钢筋 φ40	342.642	332	3.11%	4.50%	30.98%	
14	总计	3273.081					

审核：陈尚才　　　　　编制：程玲　　　　日期：2011 年 12 月 24 日

说明：1. 此表格每季度填报一次，统计材料包含但不仅限于表中内容。

2. 主要由物资部统计分析所有材料利用，损耗及节省情况，分主楼及裙楼，分部位每五层统计一次，每季度最后一个月的 25 号前报安全部。

3. 损耗率＝（采购量－预算量－盘点库存量）/使用量×100%。

4. 损耗率基准根据具体合同约定填写。

5. 损耗率的降低评价指标初步定为 30%

节电统计分析表（施工现场）　　　　　　表 4-4

序号	时间	部位	建筑面积(m²)	用电量(度)	耗电量/建筑面积	电费(元)	该部位产值(万元)	电费(元)/产值(万元)	用电量(度)/万元产值	备注
1	2010 年 12 月			35996		31290				
2	2011 年 8 月			40865		35316.3				
3	2011 年 9 月			58022		50217.2				
4	2011 年 10 月			80976		69981				
5	2011 年 11 月	总体	5030	102819.2	20.44	101791	5177	19.66	19.86	
6		土建	5030	73507.45	14.61	72772.38	5177	14.05	14.20	
7		钢构	5030	20519.19	4.08	20314	5177	3.92	3.96	
8		办公区	5030	8843.051	1.76	8754.62	5177	1.69	1.71	
9	2011 年 12 月	总体	10060	179534.3	17.85	177739	5812	30.58	30.89	
10		土建	10060	143385.8	14.25	141951.92	5812	24.42	24.67	
11		钢构	10060	25541.41	2.54	25286	5812	4.35	4.39	
12		办公区	10060	10607.15	1.05	10501.08	5812	1.80	1.83	
13	2012 年 1 月	总体	8589	110136.4	12.82	109035	3925	27.77	28.06	
14		土建	8589	86749.56	10.10	85882.06	3925	21.88	22.10	
15		钢构	8589	9008.768	1.05	8918.68	3925	2.27	2.30	
16		办公区	8589	14378.04	1.67	14234.26	3925	3.62	3.66	
17	2012 年 2 月	总体	2576	105272.7	40.87	104220	1177	88.54	89.44	
18		土建	2576	89384.91	34.70	88491.06	1177	75.18	75.94	
19		钢构	2576	5053.111	2.31	5893.58	1177	5.00	5.00	
20		办公区	2576	9934.707	3.86	9835.36	1177	8.35	8.44	
21	2012 年 3 月	总体	1022	129643.4	126.85	128347	467	274.83	277.61	
22		土建	1022	97225.49	95.13	96253.24	467	206.10	208.19	
23		钢构	1022	16572.69	16.21	16406.96	467	35.13	35.49	
24		办公区	1022	15845.25	15.50	15686.8	467	33.59	33.93	

节纸、笔等办公用品统计分析表　　　　　　表 4-5

序号	年月	用量										费用(元)											合计
		A4复印纸(箱)	A3复印纸(箱)	中性水笔类(盒)	其他笔类(盒)	资料盒(箱)	订书机、打孔机(个)	电池(个)	计算器(个)	清洁用品(洗洁精等)(扎)	垃圾袋(扎)	矿泉水(箱)	A4复印纸	A3复印纸	中性水笔	其他笔类	资料盒	订书机、打孔机	电池	计算器	清洁用品(洗洁精等)	垃圾袋	矿泉水	其他	
1	2011.8	8	1	20	7	4	10		12			45	840	210	408	150	640			816		1350	1114.3	5528.3
2	2011.9	14	3	10	20	22	15	72	4				1470	690	204	361	3520	226	165.6	240		600	1309	8784.6
3	2011.10	16	5	10	3	6	10	40	2	6		20	1680	420	204	190	960	120	92	240	800		3500	8806
4	2011.11	28	3	5	10	10	5		3	6	90	15	2940	630	102	200	1600	65		204	725	630	450	2001	9547
5	2011.12	22	5		5	4	10		12	2	5	23	2310	1050		95	720	130		420	280	129	690	2905	8730
6	2012.1			5	8	1		10		50	10				0	95	1280	30		350	800	1450	300	2403.5	6708.5
7	2012.3	16	8	2		4	4		50	20			1680	166	40.8		640	98		693	1450	560	1996.4	8838.2
8	2012.4	20	3	2		4	2		10	20			2100	630	40.8		640			100	195	560	1810	6095.8
9	2012.5	14	3		5		7	1	40	20			1470	630		95		84	25	725	532	725	4590	8876
10	2012.6	20		3		2		9	100	25			2100		61.2		204	20.7		200	1451	700	834	5570.9
11	2012.7	20	3	2	5	5	36	5	100	40			2100	630	61.2	100	160	40	82.8	725	580	1120	688	6267
12	2012.8	28	7	5	3	4			40				2940	1470	102	60	816			1120	1351	7859
13	2012.9			5			5	100	35				2100	0	0	95			75	580	1015	932	5447
14	2012.10	20		5	5	6			36				2100	1050		100	1020			1015	560	5845
15	2012.11	20	4	4		1		60					2100	840	81.6		170		150	725	580	1434	1434	6920.6
16	2012.12	22	3		4		3		25				2310	630		80				700	2101	5821
17	2013.1	22	5	3			6	4	6	60	25		2310	1060	61.2		124.5	88	243	725	348	700		5649.7
18	2013.3	10	5	4	5	1	7		5	120	25		1050	1050	72	100	142.5	84		725	1016	700	484.5	5424
19	2013.4	30	10	3	2	1		72		80	30		3150	2100	54	32	320		180	218	683	870	984	8591
20	2013.5	34	3	5				60		80	30		3570	645	102				125	1759	870	3032	9102
21	2013.6	27	10		4	1	1	2	3	100	50		3645	2650		160	212.5	20	198	58	725	650	1450	9768.5
22	2013.7	15		6		5			50				2025	132	586.4		75			650	1450	650	6261.4
23	2013.8	20		4		1	2	30	1	5	60	35	2612.5		86.4	140.2	212.5	25	75	30	725	390	1943	1031.4	7271

节水统计分析表（生活区）　　　　　　　　　　　表 4-6

序号	年月	用水量（立方）	水费（元）	人数（个）	每人每月用水量（立方/人月）	用水基准（立方/人月）	节水率	节水目标	评价
1	2012 年 5 月	421.5	2547	541	0.78	6	86.92%	5%	
2	2012 年 6 月	2570	22374	673	5.54	6	7.65%	5%	
3	2012 年 7 月	3960	27474	672	6.81	6	−13.57%	5%	
4	2012 年 8 月	2310	37620	531	11.81	6	−96.80%	5%	
5	2012 年 9 月	6105.05	36630.3	573	10.65	6	−77.58%	5%	
6	2012 年 10 月	3024.8	18148.8	619	4.89	6	18.50%	5%	
7	2012 年 11 月	2051.88	12311.28	619	3.31	6	44.75%	5%	
8	2012 年 12 月	2072.5	17650.5	637	3.25	6	45.77%	5%	
9	2013 年 1 月～3 月	3143	18858	943	3.33	6	44.45%	5%	
10	2013 年 4 月	2857	17202	1030	2.78	6	53.61%	5%	
11	2013 年 5 月	2849	17094	1185	2.40	6	59.93%	5%	
12	2013 年 6 月	4796	28776	1045	4.59	6	23.51%	5%	
13	2013 年 7 月	5032	30192	1029	4.89	6	18.50%	5%	
14	2013 年 8 月	5230	31380	1116	4.69	6	21.89%	5%	
15	2013 年 9 月	5424	32544	1030	5.27	6	12.23%	5%	
16	2013 年 10 月	5713	34278	1074	5.32	6	11.34%	5%	
17	2013 年 11 月	5716	34296	1084	5.27	6	12.12%	5%	
18	2013 年 12 月	4671	28026	1024	4.56	6	23.97%	5%	
19	2014 年 1 月	4133	24798	1052	3.93	6	34.52%	5%	
20	2014 年 2 月	3110	18660	1100	2.83	6	52.88%	5%	

第三节　绿色施工组织及规划

一、绿色施工组织

在拟定指标、明确监控方法的基础上，为了保障项目绿色施工各项工作顺利、有效实施，在开工之初即结合项目职能分工组织架构确定了实施阶段的组织体系，并进行了整体实施策划。

在清楚地认识到绿色施工管理技术之于项目、之于企业的重要意义后，项目部进场后随即确定了实施绿色施工技术的组织及实施管理框架，可以概括为"两个体系、三个层次"（图 4-4）。

"两个体系"为：执行体系，与施工有关的各个业务系统各司其职，共同组成执行体系；监督体系，安全监督体系实行"一岗双责"，担负着绿色施工的监督工作。

"三个层次"为：项目经理、执行经理、项目副经理为领导层，各部门为管理执行层，各分包为业务执行层。

二、绿色施工规划

通过对项目现场以及图纸的深入解读，编制详细的《绿色施工实施方案》和《临水临

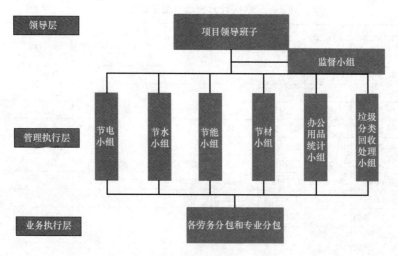

图 4-4 绿色施工组织架构

电及节水节电实施方案》，明确具体的评价指标、实施步骤、现场部署、责任分工等内容。

2012 年初，先后召开项目顾问专家委员会成立大会及各子课题启动会，完成科技创新课题的专家评审，成立绿色施工子课题工作小组，明确小组职责及工作内容（图 4-5）。

中国建筑股份有限公司

中建股科函字[2012] 19 号

关于同意批复广州东塔项目创新科技工作及创新管理工作策划方案的函

广州东塔项目总承包工程项目部：

你单位关于广州东塔项目创新科技工作及创新管理工作策划方案报请股份公司领导审批的报告已收悉，经部门研究并请示股份公司领导，同意你单位广州东塔项目创新科技工作及创新管理工作策划方案，请按方案开展工作。

同意你单位顾问专家委员会人员组成，名单如下：

主任：

毛志兵 中国建筑总工程师，科技管理专家；

成员：

丁士昭 同济大学教授，工程管理研究所名誉所长，项目管理专家；

容柏生 中国工程院院士，结构设计专家；

刘树屯 中国航空工业规划设计研究院，设计大师，钢结构专家；

冯乃谦 清华大学教授，混凝土专家；

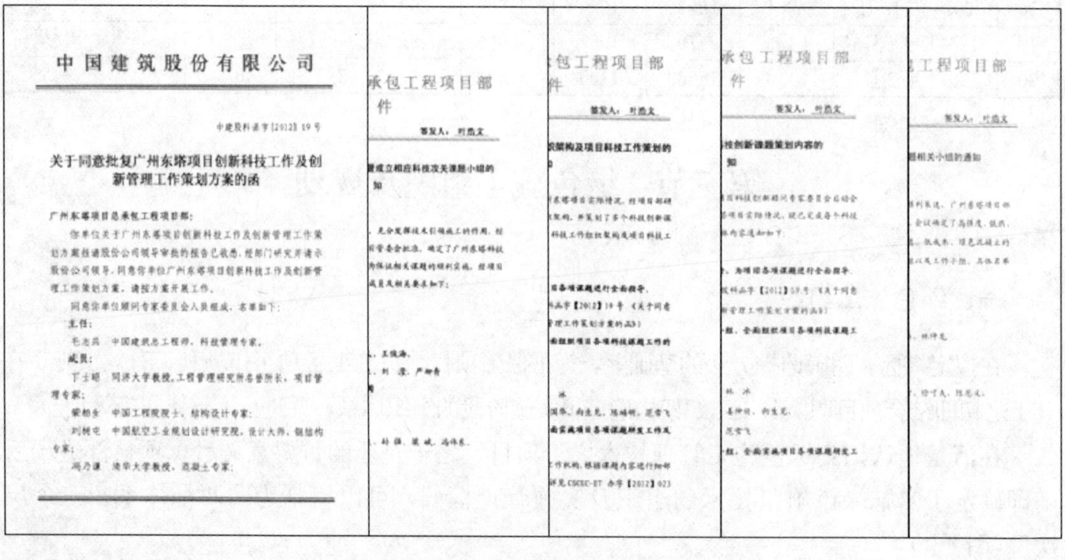

图 4-5 绿色施工策划相关红头文件

第四节 绿色施工关键技术

项目部以绿色建造为宗旨，进度为主线，成本为核心，组织为保障，策划为前提，具体从施工部署设计、设计优化、新型设备和措施的研发应用，创新工艺的应用，新材料的研发应用等方面，全面开展绿色施工。

一、施工部署设计

本工程建筑功能复杂，涉及专业多，周边环境复杂，总工期紧，施工部署工作难度较大。而合理、高效的施工部署能在保证工程安全顺利进展的同时，缩短总工期，减少对周边环境的影响，是绿色施工的一项重要实践。

（一）裙楼基坑支护及土方开挖部署

本工程裙楼周边紧邻地铁 5 号线、市政管线、运营地下空间、广州市图书馆及两个正在施工的深基坑（图 4-6）。

图 4-6 项目周边场地情况

通过深入分析施工条件（周边环境限制、本工程堆场及道路需求、本工程工期要求），复合使用多种支护形式，最终形成整套满足本工程工期进度要求，不影响周边环境，经济可行的裙楼基坑支护及土方开挖部署，保护了周边已有设施的安全及正常营运，实现了本工程项目工期要求。具体参见深基坑相关章节。

（二）总平面部署

本工程施工场地极其狭小，周边环境极其复杂，在土地资源的利用和保护上，面临极其严峻的形势。另外，项目工期紧，为了保证塔楼生产不中断，无法采用全面开挖，而分区开挖则需多次进行场地转换。现场平面在各个施工阶段的顺利转换才能保证现场施工正常进行。

为实现节地和土地资源的有效保护及利用，项目从如下几方面着手：

合理设计，动态管理，分区施工，平面布置紧凑，随着工况的不断转换，场内平面用地率达到了 95％以上（图 4-7）。

合理设置车道，满足多种车辆行驶需要（钢构超长平板车、土建运输车辆、泵车、混凝土罐车、汽车吊等）；利用仅有空间，实现人车分流；临设采用多层轻钢活动板房装配式结构；开展项目场地内和周边的物探工作，充分保护市政原有管线；在场外设置生活区，保证职工宿舍满足 $2\mathrm{m}^2$／人的使用要求。

（三）临电部署

现场临时用电的需求与现场作业面的专业类型、用电设备数量等密切相关，并且伴随

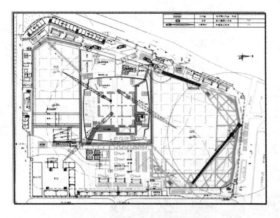
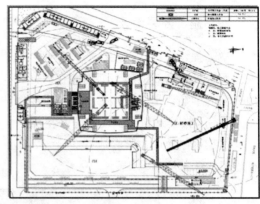
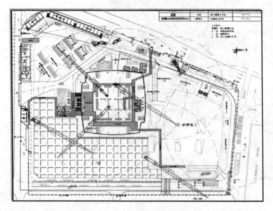
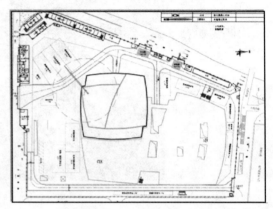

图 4-7　部分工况动态管理平面布置图

着整体施工工况不断地变化。

　　首先，按照分阶段、分专业、分区域、分功能的原则统计各个工作面上的用电设备负荷，确定了临电线路布设方式（树干式、放射式等）、电缆规格（表 4-7）。

表 4-7

东塔项目临电分配表

序号	变压器	回路编号	干线	主要供电区域	一级柜位置
1	1号箱变	N1	VV-3×300＋2×150	首层土建、钢构、3 号施工电梯、地下室机电、A 区东面	塔楼南面 2 层 9 号柜
2		N2	VV-3×300＋2×150	施工电梯 4 号、5 号、6 号	塔楼南面 2 层 11 号柜
3		N3	VV-3×300＋2×150	塔楼办公室	塔楼南面 6 层
4	2号箱变	N1	VV-3×300＋2×150	B,C 区	B,C 区
5		N2	VV-3×240＋2×120	A 区西面	配电房
6		N3	VV-3×300＋2×150	施工电梯 1、2♯，塔楼照明	塔楼南面 2 层 10 号柜
7	3号箱变	N1	VV-3×300＋2×150	塔楼外框钢结构施工	塔楼首层核心筒西南角 6 号柜
8		N2	VV-3×300＋2×150	顶模土建钢构，塔楼土建、机电、幕墙、装修	塔楼首层核心筒西南角 7 号柜
9		N3	VV-3×300＋2×150	塔楼钢结构电加热设备	塔楼首层核心筒西南角 8 号柜

然后，结合总体施工部署及原建筑功能分区确定合适临电线路架设路径，尽可能地避免后期施工过程中因其架设位置影响施工对其进行的迁改。例如，选用原建筑设计的强电房管井作为临电穿楼板洞口，避免增加楼板留洞等。

考虑到施工过程中一些设备要求连续不间断供电（基坑抽排水、钢结构厚板焊接电加热设备），现场另配备了一台柴油发电机应急。

另外，临电系统布设时还应考虑到可能的应急情况，例如，本工程塔楼施工阶段人员运输主要由 4 台南侧的施工电梯负责，其中 3 台施工电梯共用一个回路，另一台施工电梯单独一个回路，这样即使其中一个回路供电故障，仍然能保证基本的人员用梯需求。

（四）中水系统部署

广州东塔项目将雨水、楼层渗水、混凝土养护用水等优质废水经沉沙井沉淀，由粗、细格栅物理处理之后进入原水收集池均衡水质，再经二沉池、加氯消毒等处理后的施工废水，经 B5 层水池加压泵送至 F6 层水桶内，再由该供水点进行配水。处理后的施工废水可作为冲洗路面用水、塔楼输送泵冷却水，裙楼 B 区西南角倒班房卫生间用水、塔楼消防用水及塔楼施工用水等（图 4-8）。

中水共回收 110232.926m³，节约费用 110232.926×4.6＝50.71 万元。

（五）施工电梯基础首层转换部署

本工程塔楼南侧 4 台施工电梯基础均布置在 B5 层结构底板上，这造成标准节穿过 B3 层强电房，有可能影响供外电接入的强电房砌筑及机电施工，直接影响外电接入时间。

通过在首层楼板布置措施梁转换基础，实现了不拆除施工电梯的情况下完成基础自 B5 向首层的转换，提前拆除了首层以下的施

图 4-8 中水回收洗车

工电梯标准节，保证了强电房的施工及外电的正常接入，为总工期的实现提供了保障。

（六）提前部署永久电梯使用

超高层施工过程中，外附的施工电梯保证了施工过程中的人员、材料运输，却不可避免地造成每个楼层都无法正常完成幕墙封闭，直接影响相应位置的精装修施工，并且幕墙封闭一般需自下向上逐层施工，其工期难以压缩。因此，如能实现施工电梯的拆除时间提前，将能缩短总工期关键线路，意义重大。

施工电梯拆除要求负责后期材料、人员运输的永久电梯先投入施工，因此本工程围绕着永久电梯提前投入使用展开了一系列部署，根据建筑永久电梯布置确定提前使用的永久电梯范围，并对相关前置工序进行优先施工，包括：优先砌筑，优先安装电梯，优先验收等。这一系列施工部署保证了永久电梯的提前使用，进而压缩了总工期关键线路。

（七）复杂机电系统施工部署

梳理厘清了砌筑、机电安装、二次砌筑等施工工序的先后穿插逻辑制约关系，通过编制砌筑配合图等手段指导现场分先后进行砌体结构、抹灰等施工。实现了专业间科学穿插

作业，大量避免了常规施工时易出现的返工、赶工、窝工情况。

二、设计优化

本工程在收到设计文件后，根据其方案实施可行性及经济性进行了合理优化。

（一）钢结构优化设计

通过对钢结构的优化设计，减少结构用钢 7000t，为业主节省约 7000 万元。

（二）C80 高强混凝土应用

通过提高材料强度，将 30 层以下核心筒剪力墙混凝土由 C60 提高至 C80，减少了墙厚，增加了室内有效使用面积，同时降低混凝土用量约 6000m^3。

（三）机电优化设计

依据各专业最新深化图纸复核，对原建筑图上管井开洞面积进行优化，一次浇筑完成，减少管井开洞尺寸，减少二次浇筑的工程量及费用。

此外，原招标图纸中，F9～F66（除设备层）每层 VAVBOX 设备数量为 80 台，通过深化设计优化计算，每层设备数量减少 2 台，共计 57 层，实现效益 28 万元；原招标图纸中，发电机的散热水箱放置与发电机组一体化，为了优化发电机房的空间，将发电机的远置水箱全部深化移至远置水箱房，缩短管道距离，减少排烟管等的布设，实现效益约 10 万元；在满足相关消防规范的条件下，取消中庭中空部位原设计的自动喷淋系统，仅保留大智能空间灭火系统，节省喷淋管路及喷头约 4 万元。

（四）隔井钢梁优化设计

电梯井混凝土隔梁优化为钢梁，节省安装人力、混凝土用量、设备投入、混凝土楼层间运送，安装方便，为项目节省工程成本（施工措施加工期）约 154 万元（图 4-9）。

图 4-9　电梯井钢制隔梁

材料垂直运输方面，每道混凝土隔井梁将增加电梯运次 4～5 次，共计增加电梯运次 10820～13525 运次；钢梁重量较轻运输方便，电梯每次可运输约 10 条钢梁，即运次需求约 300 次，将大大降低施工电梯的运次。

采用混凝土梁施工工序较多，需要支模架搭拆、钢筋绑扎、混凝土浇捣等施工作业；采用钢梁只需对洞口防护架体作少量改动即可，可减少作业工序及工程量数量，加快施工进度。

（五）基坑支护优化

项目场地狭小，周边环境复杂，针对不同的难点，项目综合利用边坡土钉喷锚＋搅拌桩/高压旋喷桩＋混凝土灌注支护桩＋内支撑/预应力锚索＋岩层土钉墙的复合支护技术。

为减少对裙楼 A 区北侧地铁口的扰动，将北侧原地铁上部的地下空间支护桩作为现场基坑的支护桩，减少了打桩的投入，且保证了结构的安全（图 4-10～图 4-12）。

人工挖孔桩包括人工费用、材料费。每根桩单价费用为 15172 元，现统计共有 58 根老桩可以作为 A 区基坑的支护，共计节约成本 58×15172＝88 万元。

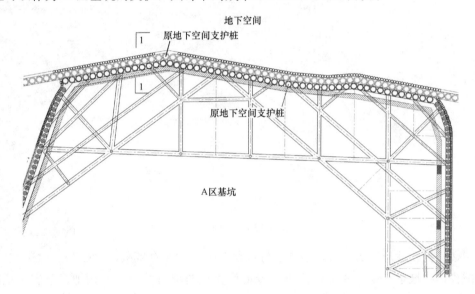

图 4-10　北面 A 区局部支护设计平面图

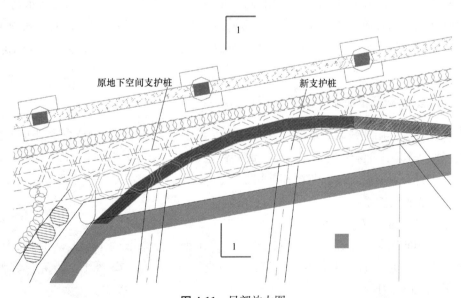

图 4-11　局部放大图

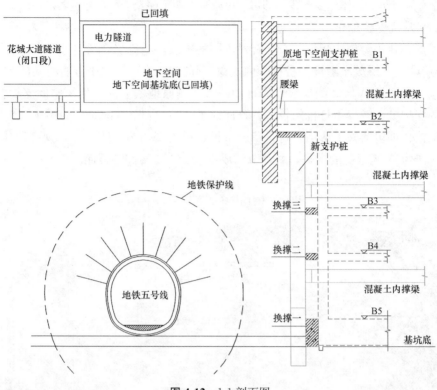

图 4-12 1-1 剖面图

裙楼支护设计应用吊脚桩，节省了材料和工期，节省约 256.3 万元。

减少出土坡道长度，并将 C 区出土坡道优化至两项目间的公共用地，节省 3 道打锚索时间以及收坡时间，共 40 天。

在基坑支护和土方开挖阶段，利用搅拌桩、旋喷桩等止水帷幕，将地下水与基坑隔离，保持场地外原有地下水水位、水压、水质等形态，不破坏地下水。同时，实现地下室边线外扩设计，减少土方回填，在最大限度减少对土体扰动的同时，扩大了项目临时可用面积。

三、新型设备及措施的研发及应用

本工程大量应用工效高、节能环保的施工新型设备、新工具，包括自主研发的智能顶模系统（图 4-13）、变频高速施工电梯、成品铝合金脚手架等，并对已有的施工设备结合施工需要进行升级研发，进一步提高使用效用。

（一）智能顶模系统

1. 智能顶模系统施工速度快

共顶模 106 次，使用顶模每次可以节约一天工期，故总节约 106 天，每天费用约 17 万（塔吊 6.8 万元，电梯 1.2 万元，管理人员费 5.48 万元，电费 1.5 万元，其他 2 万元），共节省 106×17＝1802 万元。

2. 智能顶模系统电能驱动高效节能

图 4-13 东塔顶模系统外观

本工程 F4～F111 层采用低能耗高效率的顶模系统代替常规爬模系统。

使用常规爬模系统时每层提升需消耗电 4100kW·h，F4～F111 层的费用为：4100×108×0.9＝39.85 万元。

使用顶模系统时每层提升耗电量 22kW·h，F4～F111 费用为：22×108×0.9＝0.22 万元。

3. 喷淋养护系统

在顶模系统上设计布置喷淋养护系统，采用定期喷雾养护的方式，避免了浇水养护所造成的大量水资源的浪费，在节水、省人工的同时，满足混凝土养护要求（图 4-14）。

图 4-14 喷淋系统

（1）喷淋系统在钢模板上、下沿混凝土墙两面布置两层喷淋头，喷淋头布置在挂架走道翻板下面。

（2）顶模挂架共布置4面，每面共布置30个喷头，分为3条管网供给，每条管网均设置 $DN50$ 闸阀、电动蝶阀、金属软管，每个闸阀控制10个喷头（图4-15）。

（3）喷头采用 60° 水雾喷头，实现节约养护用水。

（4）因采用了电动蝶阀，该系统操作只需一人即可实现，在使用喷淋系统时可根据现场情况，灵活分段喷淋养护，避免对下面楼层的钢梁、塔吊牛腿等钢结构焊接施工（包括焊缝自然冷却）造成影响。

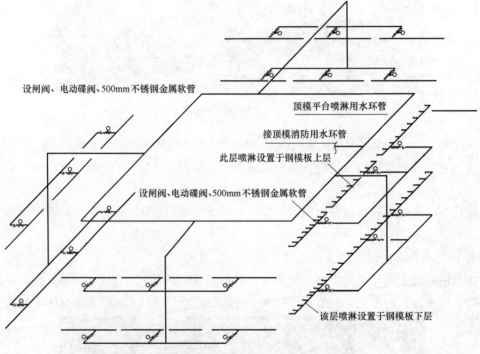

喷头设置参数：环管、水平管接出 $DN15$ 镀锌钢管短管 $L=20$cm 接喷头。
喷头间距为1000mm，喷头型号待定。
喷流角度为60°，其余环管、喷头设置同理

图4-15　喷淋系统设计图

喷淋养护系统效益分析见表4-8、表4-9。

人工养护用水分析　　　　　　　　　　　　　　　　　　　　　表4-8

喷头数量	每个喷头水量	每天喷淋养护用水量	水费	每天喷淋养护水费
800 个	2.6L/min	800×2.6/60×10×24＝8.32m³	3.46 元/m³	28.8 元

养护用水分析　　　　　　　　　　　　　　　　　　　　　表4-9

软管流速	软管直径	每天人工养护用水量	水费	每天喷淋养护水费
2m/s	30mm	2×3.14×0.015×0.015×16×3600＝81.39m³	3.46 元/m³	281.6 元

本项目自2012年7月开始采用顶模喷淋系统对核心筒混凝土养护，与传统人工养护

对比，每天节约用水量 $81.39-8.32=73.07\text{m}^3$，每天节约水费 $73.07\times3.46=252.82$ 元，按结构 2014 年 6 月底封顶，19 个月计算：总节水量为 $73.07\times19\times30=41649.9\text{t}$；总节约水费 $41649.9\times3.46=14.4$ 万元。

喷淋养护系统制作安装费用共耗费约 20 万元，投入使用后不需要增加额外的人工费用，若采用人工养护，每天 4 人专职养护，每天工资费用 $150\times4=600$ 元，按 19 个月计算，人工费为 $600\times19\times30=34.2$ 万元。

通过对比分析，结论如下：

项目采用喷淋系统，比人工养护能节约费用共 $34.2-20+14.4=28.6$ 万元。

4. 顶模支撑系统埋件的节约

本项目顶模系统不用钢结构支撑系统，故不需要做埋件、牛腿。根据设计要求，每层应设计两套埋件牛腿，1 号埋件牛腿单重 0.17t，2 号埋件牛腿单重 0.27t，每层 1 号埋件牛腿有 24 件，2 号埋件牛腿 4 件。共 111 层，总用钢量为：$(0.17\times24+0.27\times4)\times111=572.76\text{t}$；钢材按每吨 10000 元计算，故省 572.76 万元。

5. 大钢模板替代传统木模的节约

本工程 F4～F111 采用的是钢模板，B5～F3 采用木模板。

使用木模板时：整层楼模板用量：$M=$ 墙身长度×墙身高度×2=$181.78\times2\times4.5=1636.02\text{m}^2$，木模板周转使用次数 8 次，F4～F111 层采用木模板用量：$1636.02\times108/8=22086.27\text{m}^2$，费用：$22086.27\times63/1.67=83.32$ 万元。

根据统计，每 100m^2 模板的木枋损耗量为 0.281m^3，模板配套木枋使用损耗：$22086.27\times0.281/100=62.06\text{m}^3$。

木枋单价 2275 元/m^3，木枋损耗费用：$62.06\times0.2275=14.12$ 万元。

故 F4～F111 使用木模板损耗费用：$83.32+14.12=97.44$ 万元。

使用钢模板时：

钢模板周转使用次数 200 次。

钢模板损耗钢量：$V=$ 墙身长度×模板高度×模板厚度×2×使用次数/周转使用次数 $=181.78\times4.7\times0.005\times2\times108/200=4.61\text{m}^3$。

每吨钢材按 10000 元，费用：$4.67\times10000=4.67$ 万元。

故采用钢模板后节约费用：$97.44-4.67=92.77$ 万元。

故顶模系统共节材 $92.77+572.76=665.53$ 万元。

6. 大钢模板整体支拆

大钢模板是整体支拆，无需人工转运；一天一个工人装运 46.3m^2 木模，一层竖向结构需装运 1636.02m^2 木模，于是需要人工：$1626.02/46.3=36$ 个；每个人工费一天 300 元，故一层节省费用：$36\times300=1.06$（万元）；所以共节省人工费：$1.06\times111=117.66$ 万元。

综上所述，顶模系统合计节约总费用：2041.25 万元。

（二）塔吊选型及支撑系统优化设计

1. 核心筒塔吊选型

塔楼施工使用 3 台低能耗塔吊，利用柴油驱动，共节省用电 165449kW・h。

主塔楼 3 台塔吊单层总耗油量约 5238L，总费用共：5238×0.00075＝3.93 万元；若此能耗转化为用电量，总用电共需约 165449kW・h，费用总计 165449×0.95＝15.72 万元。

以电能作为塔吊驱动能源时，电能线损量计算：165449×（420－380)/380＝17415.68kW・h。

单层总用电量为：165449＋17415.68＝182864.68 kW・h。

费用总计：182864.68×0.95＝17.37 万元。

使用柴油大型动臂式塔吊单层节省费用 17.37－3.93＝13.44 万元，若平均考虑 116 层，则总共节省费用 116×13.44＝1559.04 万元。

2. 自主研发塔吊辅助拆装措施

使用自主研发的塔吊辅助拆装措施，节省吊次及能耗，提升塔吊使用效率，共计节省柴油消耗 14400L，见表 4-10。

塔吊辅助拆装系统耗能分析　　　　　　　　　　　表 4-10

	单台构件数量	塔吊数量	拆装总次数	安装措施前塔吊支撑单次拆装所用吊次	单吊次耗时(min)	单吊次耗柴油(L)	爬升次数	总耗时(d)	总耗能(L)
塔吊水平支撑措施	6	3	2	18	40	11.12	27	13	10810
塔吊牛腿	4	3	1	12	40	11.12	27	9	3600

根据表 4-5 统计可得，使用塔吊辅助拆装系统（图 4-16），可节省共计 22 天台班，节省能耗 14.4 千升，柴油按 7.5 元/L 计；另外，按塔吊月租赁金 68 万元，日租金 68/30＝2.27 万元计，共节省费用：

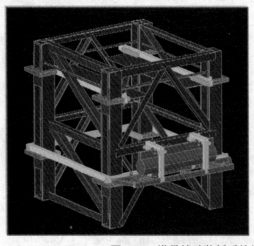

图 4-16　塔吊辅助装拆系统设计及实际应用

22×2.27＋14400×0.00075＝60.67 万元。

此外，合理制订塔吊每天的使用计划（细化至小时），合理分配吊次，提高塔吊使用效率。综合分析吊重吊次，合理深化钢结构分节，减少焊接量，节省能耗。这些都属于通过精细化管理实现节能的方式。

（三）高速变频施工电梯

使用 8 台高速变频施工电梯，效率较普通电梯提高 50% 以上，极大地节省电能消耗。

变频高速电梯功率 $2×3×18.5$KW，普通电梯功率 $2×3×11$KW，提高施工效率，缩短工作时间 $(1/18.5)/(1/11)＝60\%$。

电梯租赁费用约 46000 元/月，人工费 2000 元/月，3 人/笼，安拆进退场加措施费 $40000＋24000＋45000＋3000＝112000$ 元，则节省设备费用：

$6×0.6×[(46000＋2000×3)×1554/30＋112000]＝1010.02$ 万元。

电费方面，预计工期期间共节省电费：

$0.9×1554×12×6×(2×3×11×1.6－2×3×18.5)＝－54.38$ 万元。

共节省费用：$1010.02－54.38＝955.64$ 万元。

（四）铝合金成品脚手架

应用铝合金成品脚手架，用于巨柱防火砂浆的施工，提高材料的安拆及周转效率，极大节约了人工费用，约 126.2 万元。

（五）专用场地清洁车

工程施工期间对场地内道路、材料堆放场进行定期洒水清扫，去除积灰，避免遇风造成扬尘超标，专门购置了适合场地清洁的清扫车（图 4-17）。项目还在主要出土、材料等运输车辆出入口设置洗车槽，利用中水清洗车辆，抑制扬尘。

图 4-17　清扫机

（六）LED 灯代替水银灯

用 LED 灯代替水银灯（图 4-18），结构施工阶段节省用电约 109.2 万 kW·h，同时，其还具有无灯丝，无玻璃泡，不怕震动，不易破碎，寿命可达 5 万 h（普通白炽灯使用寿命仅有 1000h）的显著优点。

（七）超高压混凝土泵隔声棚

项目还在与超高压泵机供应商的合同条款内注明噪声限制条款，并通过设计及搭设隔声棚（图 4-19），切实降低超高压输送泵运行时对周边环境的噪声影响。

（八）先进的钢筋锯切机

应用先进的钢筋锯切机，实现钢筋齐断面切割，减少废料的产生（图 4-20）。

图 4-18　LED 节能灯

图 4-19　隔声棚现场实景　　　　　　　　图 4-20　钢筋锯切机

（九）标准化可周转的防护措施

应用标准化可周转的防护措施，例如标准化的钢结构安全通道、楼梯防护栏杆、临边防护等，分区分项目反复周转，在保证施工现场各工作面安全的同时，节省材料，降低成本。

四、先进工艺的研究与应用

（一）地下室跳仓法施工

通过研究并应用地下室"跳仓法"施工，免除地下室底板、楼板的后浇带封闭、钢筋连接套筒、止水钢板、施工缝处理，减少材料使用，节省工期，同时解决了大体积混凝土裂缝产生的问题，避免了因施工质量问题带来的材料浪费（表 4-11、表 4-12）。

后浇带处理费用　　　　　　　　　　　　　　　表 4-11

工序 \ 费用	后浇带与跳仓法施工综合差价	工程量	费用
后浇带施工缝处理	160 元/m	600m	96000 元
后浇带混凝土浇筑	20 元/m³	2250m³	45000 元
后浇带附加钢筋	6630 元/t	144.9t	960687 元
清理及人员设备			200000 元

跳仓法施工缝处理费用　　　　　　　　　　　表 4-12

费用 工序	后浇带与跳仓法施工综合差价	工程量	费用
施工缝处理	50 元/m	9355.58m	467779 元

优化前后影响对比：节约费用＝9600＋4500＋960687＋200000＋467779＝1769466 元。

（二）楼面混凝土一次成型技术

及时抹平收光，终凝前打磨压实，浇捣一次成型，提高混凝土表面平整度，免除找平层，在简化了工序的同时，减少了砂浆用量。

减少砂浆约 20mm 厚，砂浆按 180 元/m³ 计算，则每平方米节约 3.6 元左右，采用一次压光成型的建筑面积为 40.3 万 m²（塔楼 36.1 万 m²，裙楼 4.2 万 m²），扣除墙柱等部位，楼面面积约 0.9×40.3＝36.3 万 m²，节约费用 36.3×3.6＝130.57 万元。

（三）内支撑绳切

针对内支撑原有打凿拆除方式噪声大、扬尘高、对场内和周边环境污染大的问题，项目优选绳切的方法，不但目测无扬尘、无噪声，而且高效节能（图 4-21）。

图 4-21　内支撑绳切

（四）三维数字化钢结构加工生产

本项目钢结构采用钢结构计算辅助设计软件（如 Tekla、Midas）进行结构内力分析、构件强度稳定验算、结点设计、截面优化，与常规设计对比，大大减少了钢材的浪费，从而起到节材的作用；利用钢结构计算机辅助设计软件对钢结构桁架进行预拼装，精确地梳理出桁架拼装顺序，根据拼装顺序，对桁架的进场进行严格控制，减少了拼装场地的利用，从而起到节地的作用；利用钢结构计算机辅助设计软件对钢结构桁架进行模拟预拼装，避免了加工厂内实体预拼工作，减少了预拼过程中，塔吊或汽车吊等能源的消耗，从而起到节能的作用（图 4-22）。

五、新型材料的研发及应用

新型高性能、绿色、低碳、环保建筑施工材料的研发及应用是本工程绿色施工实践的一项重要内容，包括"三高三低"高性能绿色混凝土、膨润土防水毯等。

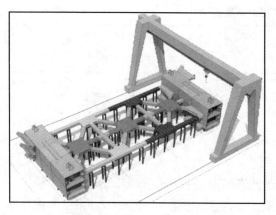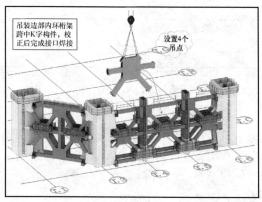

图 4-22 数字化加工及模拟预拼

（一）三高三低高性能绿色混凝土

本工程研发并应用的"高强度、高泵送、高稳定、低热、低收缩、低成本"C80 绿色混凝土，在高泵送性能、混凝土裂缝控制及降低原材成本三个方面带来了直接的效益。

1. 高泵送性能对比

（1）混凝土泵送所需压力计算方法

混凝土泵送所需压力 P 包含三部分：混凝土在管道内流动的沿程阻力造成的压力损失 P_1、混凝土经过弯管的局部压力损失 P_2，以及混凝土在垂直高度方向因重力产生的压力 P_3。

1）混凝土水平管压力损失 P_1：

$$P_1 = \Delta p_l \cdot l = \frac{4}{d}\left[k_1 + k_2\left(1 + \frac{t_2}{t_1}\right)V_2\right]\alpha_2 \cdot l$$

式中　Δp_l——单位长度的沿程压力损失；

　　　l——管道总长度；

　　　k_1——黏着系数，取 $k_1 = (3.0 - 0.10S)\times 10^2$（Pa），$S$ 为坍落度；

　　　d——混凝土输送管直径；

　　　k_2——速度系数，取 $k_2 = (4.0 - 0.10S)\times 10^2$（Pa/m/s）；

　　　$\dfrac{t_2}{t_1}$——混凝土泵分配阀切换时间与活塞推压混凝时间之比；

　　　V_2——混凝土在管道内的流速；

　　　α_2——径向压力与轴向压力之比。

2）混凝土弯管压力损失 P_2：

$$P_2 = r_1 q_1 + r_2 q_2 + r_3 q_3$$

式中：r_1、r_2、r_3——分别为每个 90°弯管、45°弯管分配阀的压力损失；

　　　q_1、q_2、q_3——分别为每个 90°弯管、45°弯管分配阀的数量。

3）混凝土竖管中混凝土自重压力损失 P_3：

$$P_3 = \rho g H$$

式中 ρ——混凝土密度；

g——重力加速度 9.8m/s^2；

H——泵送高度。

（2）三高三低 C80 绿色混凝土泵送所需压力计算

1）三高三低 C80 绿色混凝土水平管压力损失 P_1

本工程垂直高度按 530m，加上布料机长度及水平管道部分，l 按 680m 计；$S=$24cm，则 $k_1=(3.0-0.10\times24)\times10^2=60$（Pa）；$d$ 为 125mm；$\dfrac{t_2}{t_1}$ 约为 0.3；当排量达 40m^3/h 时，V_2 约 0.65m/s；α_2 约为 0.95。计算得 $P_1=4.03$MPa。

2）三高三低 C80 绿色混凝土弯管压力损失 P_2

本项目 90°弯管（含地面水平弯管、竖向缓冲弯管及布料机弯管）约 26 个；45°弯管 2 个，每套管道设置 2 个截止阀；分配阀压力损失 0.2MPa。计算得 $P_2=3$MPa。

3）三高三低 C80 绿色混凝土自重压力损失 P_3

取 $P=2400$kg/m^3；H 按 530m 计算。则 $P_3=12.4$MPa。

计算结果：三高三低 C80 绿色混凝土泵送混凝土高度 530m 时理论计算所需要的压力

$$P=P_1+P_2+P_3=4.03+3+12.4=19.43\text{MPa}$$

（3）普通 C80 混凝土泵送所需压力计算

1）普通 C80 混凝土水平管压力损失 P_1：

本工程 l 按 680m 计；$S=18$cm，则 $k_1=(3.0-0.10\times18)\times10^2$（Pa）$=120$（Pa）；$d$ 为 125mm；$\dfrac{t_2}{t_1}$ 约为 0.3；V_2 约为 0.65m/s；α_2 约为 0.95。计算得：$P_1'=4.93$MPa

2）弯管压力损失 P_2：参数及计算同三高三低 C80 绿色混凝土。$P_2'=3$MPa。

3）竖管中混凝土自重压力损失：

取 $\rho=2500$kg/m^2，H 按 530m 计算。

$$P_3'=2500\times9.8\times530\times10^{-6}=13.3\text{MPa}$$

计算结果：泵送混凝土高度 530m 时理论计算所需要的压力

$$P'=P_1'+P_2'+P_3'=4.93+3+13.3=21.23\text{MPa}$$

（4）效益分析

采用三高三低绿色混凝土可降低泵送所需压力为：$p=P-P'=21.23-19.43=1.8$MPa。

根据东塔泵送经验看，三高三低绿色混凝土 HBT90 泵送一方混凝土需要耗油量 2.5L，如果采用普通混凝土泵送则每方混凝土需耗油 $2.5\times21.23/19.43=2.73$L。而东塔 C80 混凝土总量约为 3.71 万 m^3，由此得出采用三高三地绿色混凝土可节省柴油 $(2.73-2.5)\times3.71\times10^4=8533$L，柴油费用为 7.5 元/L，可知节约费用 $8533\times7.5=6.4$ 万元。

2. 混凝土裂缝控制

裂缝控制技术使主塔楼和裙楼的结构安全性得到足够的保证，外观美观整洁，节省了大量裂缝修补费用：因 16 层以下结构为双钢板剪力墙结构，根据首层、二层、三层核心筒墙体结构裂缝产生的情况，每层结构裂缝大概有 500 条左右，裂缝总长度估计为 100m，主体结构修补裂缝费用约 100 元/m，则节约常规工程裂缝修补费用约 100×100×13＝13 万元。

3. 降低原材成本

东塔采用三高三低绿色混凝土水泥用量较之普通混凝土由 400kg/m³ 降至 320kg/m³，其中多出的 80kg/m³ 为外掺料，外掺料主要成分为粉煤灰。根据 2013 年市场价 52.5 水泥价格为 800 元/t，粉煤灰价格为 260 元/t，东塔三高三低 C80 绿色混凝土用量为 3.71 万 m³。因此采用三高三低绿色混凝土较之普通混凝土共节约

水泥费用减少：$3.71×10^4×(400-320)×800×10^{-3}=237.44$ 万元；

掺合料费用增加：$3.71×10^4×(400-320)×260×10^{-3}=77.17$ 万元；

节约费用计：$237.44-77.17=160.27$ 万元。

综上所述，三高三低绿色混凝土技术总计节省费用为 $6.4+13+160.27=179.67$ 万元。

（二）膨润土防水毯的选择

本工程地下室外墙原设计采用聚氨酯＋渗透结晶型水泥基涂膜防水，而北侧地下室施工阶段外墙边线发生变更，已有的支护桩距离变更后的外墙间距无法满足涂膜防水层的施工工艺要求。通过比选各种防水做法的防水效果、施工可行性及环境友好与否，最终确定了采用膨润土防水毯外防内贴在基层处理的支护桩侧壁上的施工工艺。

膨润土防水毯是由上下两层土工布以及中间的膨润土组成（图 4-23）。膨润土是一种天然矿物，主要成分是一种称为蒙脱土的黏土矿物。它是由火山爆发的火山灰，经过变质作用（温度、压力与时间的变化）之后形成的。

膨润土防水毯具有下列突出优点：

（1）防水性能优异，遇水止水，具有很高的抗静水压，优异的防水抗渗性能。

（2）施工简便，对基层要求低，且不受施工环境温度与天气变化的限制。

（3）独有的自愈性，具有遇水膨胀的特点，可实现防水层缺陷或破损的自动"愈合"，从而取得完美的防水效果。

（4）抗变形能力强，采用自然搭接，能够更好地适应基础不均匀沉降，确保防水系统

图 4-23　防水毯样板试验

有效防水。

（5）耐久环保，膨润土属于无机材料，不老化，埋于地下不污染土壤，具有环保效果。

六、建筑垃圾控制及回收再利用

根据项目拟定的建筑垃圾控制指标——每万平方米的建筑垃圾不超过 400t。为保证上述目标的实现，我们在两个方面进行了控制。

（1）通过实施精细化的材料提量管理，减少超提浪费的情况。例如，塔楼共 111 层，每层的机电设备材料可在 BIM 建筑机电模型里精确提取，避免了材料计划超提，余下材料成为建筑垃圾的情况。

（2）对建筑垃圾按来源及类型进行分类，按分类建筑垃圾进行回收再利用（表 4-13）。其中废旧钢筋、割除的钢构连接板、内支撑钢格构柱等废钢材，可再利用制作成施工电梯防护门、洗车槽格栅、钢筋马凳、临时工具箱等，其他全部由社会部门回收。废旧木材部分可再利用制作成消防栓槽木盒、临边防护踢脚板、灭火器木盒等。另外，本工程还尝试了短木枋接长，混凝土废料回填道路，剩余砂浆制作混凝土垫块等，减少材料的浪费（图 4-24）。

建筑垃圾回收再利用统计表　　　　　　　　　　　　　表 4-13

回收材料类别	回收用途	回收量	单价	节约成本总价（万元）
废旧钢筋	电梯防护门	1527t	1700 元/t	259.6
	洗车槽格栅			
	制作马凳			
	临时工具箱			
	折价出售			
钢构连接板	折价出售	463.2t	1700 元/t	78.7
基坑支护格构柱	其他基坑支护	45t	10000 元/t	45.0
废旧木材	消防栓槽、管线槽木盒制作	5744m²	38 元/m²	21.8
	楼层临边防护踢脚板	8320m²	38 元/m²	31.6
	施工楼层灭火器箱	523m²	38 元/m²	2.0
合计				438.7

图 4-24　砂浆回收及短木枋接长

七、"四新"技术应用

本工程共应用 32 项"新材料、新工艺、新设备、新技术",其中有 22 项应用对绿色施工发挥了积极的作用(表 4-14)。包括:墙体自保温体系、钢筋机械连接技术、种植屋面技术、膨润土防水毯应用技术、地下金属管线探测技术、循环水洗车技术、高性能混凝土技术、SC、SS 型施工升降机垂直运输技术、预拌混凝土技术、钢结构计算机辅助设计软件、混凝土高效减水剂、商品砂浆应用技术、HRB400 级钢筋应用技术等。

32 项"四新"的应用 表 4-14

1	墙体自保温体系	17	钢筋机械连接技术
2	种植屋面技术	18	膨润土防水毯应用技术
3	VAV 变风量空调技术	19	聚氨酯防水涂料
4	基坑工程的信息化施工技术	20	聚合物水泥防水涂料
5	土钉墙支护技术	21	单组分聚氨酯泡沫填充剂
6	箱式变压器供配电技术	22	建筑用硅酮结构密封胶
7	地下金属管线探测技术	23	真空垃圾处理系统
8	循环水洗车技术	24	外脚手架工具式连墙技术
9	建筑中水回用系统	25	配电箱和开关箱
10	高性能混凝土技术	26	SC、SS 型施工升降机垂直运输技术
11	预拌混凝土技术	27	群塔作业防止碰撞防护技术
12	自密实混凝土技术	28	塔式起重机安全监控管理系统
13	大掺量粉煤灰在大体积泵送混凝土中的应用技术	29	钢结构计算机辅助设计软件
14	混凝土高效减水剂	30	虚拟施工技术
15	商品砂浆应用技术	31	三维可视化工程量智能计算系统
16	HRB400 级钢筋应用技术	32	建筑施工现场设备信息管理系统

下文选取 2 项具有代表性的"四新"技术应用进行介绍。

(一)地下管线探测技术

东塔项目对地下管线探测采用地下金属管线探测技术,采用此探测技术可探测深度(h)大于 5m、平面定位误差≤0.05m+0.05h、深度定位误差≤0.05m+0.1h 的管线,确保在土方开挖时避开市政管线(水管、煤气管道、电缆等),避免了市政管线对环境造成的污染,从而起到环境保护的作用(图 4-25)。

(二)VAV 变风量空调技术

本工程在 F9~F66 层办公楼层段采用了 VAV 变风量空调技术,有效地降低了建筑投入运营后空调风机能耗。

变风量系统(Variable Air Volume System,VAV 系统)可根据室内负荷变化或室内

图 4-25 地下管线探测

要求参数的变化，保持恒定送风温度，自动调节空调系统送风量，从而使室内参数达到要求的全空气空调系统。VAV 系统追求以较少的能耗来满足室内空气环境的要求。

VAV 系统有如下优点：

（1）由于 VAV 系统通过调节送入房间的风量来适应负荷的变化，在确定系统总风量时还可以考虑一定的同时使用情况，所以能够节约风机运行能耗和减少风机装机容量。有关文献介绍，VAV 系统与 CAV 系统相比大约可以节约风机耗能 30%～70%，对不同的建筑物同时使用系数可取 0.8 左右。

（2）系统的灵活性较好，易于改、扩建，尤其适用于格局多变的建筑，例如出租写字楼等。当室内参数改变或重新隔断时，可能只需要更换支管和末端装置，移动风口位置，甚至仅仅重新设定一下室内温控器。

（3）VAV 系统属于全空气系统，可以利用新风消除室内负荷，能够对负荷变化迅速响应，室内也没有风机盘管凝水问题和霉菌滋生问题。

第五节　绿色施工实施成果

一、量化统计数据

2011 年 8 月开工至结构封顶阶段，项目经过精细的算量、放样、提高周转率等措施，各种材料的损耗率显著降低，其中钢筋损耗率降低 23%，木枋损耗率降低 35%，混凝土损耗率降低 35%，模板损耗率降低 44%，砌体损耗率降低 22%。

在资源消耗量方面，每万平方米耗水 $1.11m^3$（其中施工现场 $0.91m^3$，生活区 $0.20m^3$），耗电 16.28kW·h，耗柴油 2.35L。

经过用电无线监控计量系统测得的耗电情况为：土建 527.25 万 kW·h，钢构 141.71 万 kW·h，幕墙 0.34 万 kW·h，机电 2.04 万 kW·h，办公区 84.58 万 kW·h，生活区 70.50 万 kW·h。

二、绿色施工指标完成情况

经过详尽的数据记录和分析，通过与拟定控制指标的对比，所有实际值皆优于基准值（表 4-15、表 4-16）。

节材、节水、节能、节地效果统计表　　　　　　　　　　　　　　　表 4-15

名　称		基　准　值	实　际　值	节省幅度
节材	钢筋损耗率	3.00%	2.30%	23.33%
	混凝土损耗率	1.00%	0.65%	35.00%
	木方损耗率	5.00%	3.25%	35.00%
	模板周转次数	平均周转次数为 6 次	7 次	优于基准值
节水	现场用水（m³/万元产值）	2.94	2.26	23.13%
	生活区用水[m³/（人·月）]	6	4.58	23.33%
节能	现场用电（kW·h/万元产值）	100	36.8	63.20%
	生活区用电[kW·h/（人/月）]	105	48	74.4%
节地	施工占地	临时设施占地面积有效利用率大于 90%	各工况下平均占地面积有效利用率 94%	4.44%
环保	建筑垃圾（t/万 m²）	400	319.4	20.15%
	噪声	早 6 时至夜 22 时为 70dB，晚 22 时至次日早 6 时为 55dB	早 6 时至夜 22 时为 67dB，晚 22 时至次日早 6 时为 52dB	优于基准值

节电、节水汇总表　　　　　　　　　　　　　　　　　　表 4-16

类别	小项	节约量	总用量	节电（水）率	节电（水）指标
用电（万 kW·h）	LED 灯	109.2	826.42	25.80%	3%
	变频式高速电梯	60.4			
	职能顶模系统	44			
	小计	213.6			
用水（万 m³）	顶模喷淋系统	4.2	56.27	38.40%	40%
	中水回收	11			
	节水龙头	6.4			
	小计	21.6			

三、绿色施工所带来的经济价值

通过设计优化、自主创新技术和多项"四新"技术的研究与应用，项目在绿色施工的能源、材料、水等方面取得了较为突出的成效，产生了显著的经济效益。经统计，共计节约 1.47 亿元（表 4-17）。

绿色施工经济效益统计表　　　　　　　　　　　　表 4-17

项目	措施名称	节约费用（万元）	项目	措施名称	节约费用（万元）
节材	三高三低绿色混凝土	179.67	节材	主裙楼机电预留洞尺寸优化	45.80
	整体钢结构优化	7000.00		F5 层中庭中空部位消防系统优化	4.00
	老桩新用	88.00			
	地下室跳仓法施工	176.90	节能	低能耗高效率顶模系统能	1959.10
	楼地面一次抹光	130.57		低能耗大型动臂式塔吊	1559.04
	应用吊脚桩	256.30		变频式高速施工电梯	955.60
	顶模系统材料高周转，且无需埋件、牛腿、爬锥等辅助钢构件	665.53		节能 LED 灯具	98.26
				塔吊辅助拆装措施	60.70
	电梯井隔梁	154.20		无水平侧撑塔吊鱼腹梁	610.20
	铝合金脚手架	126.20	节水	中水回收	50.71
	建筑垃圾再利用	438.7		喷淋养护系统	28.60
	VAV-box 箱数量的优化	28.00		生活区节水	38.47
	B2 层远置水箱房内水箱优化移位	10.00			
总计	14664.55 万元				

第五章 复杂环境下超深基坑支护与施工

第一节 基坑工程概述

一、东塔深基坑简介

广州东塔（二期）基坑支护与土方开挖施工范围为裙楼工程所在处，占地面积约 1.62 万 m²，基坑支护施工总周长约 608m。±0.00 相当于绝对标高 10.10m，基坑开挖底标高为 −28.30m，基坑顶面标高为 −1.70m，开挖深度为 26.60m，土石方量约为 43.7 万 m³（图 5-1）。

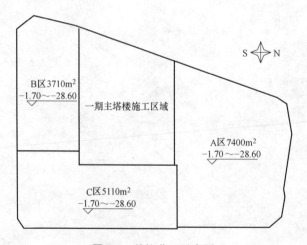

图 5-1 基坑分区示意图

二、特殊地理条件简介

（一）周边道路现状

本工程位于珠江东路东侧，冼村路西侧，北望花城大道，南帖花城南路；与对面已经封顶的西塔一起形成双子塔，分别位于新城市中轴线两侧，中间由地下空间连通双塔的地下室；场地北、西侧市政道路已投入使用，南侧花城南路正在进行管线及道路施工，东侧靠北段为合景房地产公司用地（基坑开挖完成，工程桩正在施工），靠南段为富力房地产公司用地，中间为规划道路，周边地势平整（图 5-2、图 5-3）。

图 5-2　场地周边总体情况照片

图 5-3　场地西南侧、西侧（珠江东路）、北侧（花城大道）、东侧（J2-2 和 J2-5 地块）

（二）周边建筑概况

场地位于珠江新城中心区，周边环境非常复杂：

（1）基坑西侧为珠江东路，珠江东路已建地下城市空间（深约 7.5m），地下室距地下空间约 2～23m，项目西北角负一层将与地下空间接通。

（2）基坑北侧为花城大道，花城大道下为一层已建地下城市空间（深约 7.5m），城市空间下有已建在使用地铁 5 号线，5 号线埋深约 15.3～18.4m，距拟建地下室约 9.2～12.6m。

（3）基坑东侧分别为合景 J2-2、富力 J2-5 项目，其中北侧 J2-2 项目基坑挖深约 21m，距本工程地下室约 6～15m，J2-2 基坑已开挖到底，主要采用桩撑及桩锚支护；南侧 J2-5 规划地下室深 18m，距本工程地下室约 16.5m，J2-5 项目还在方案设计阶段。

（4）基坑南侧为花城南路，路对面为广州市图书馆，图书馆主体已完工，正在进行装修工程施工，其基坑深约 14m，已回填，基坑支护采用桩锚及桩撑支护。

（三）特殊地质条件简介

场地地形较平坦，地貌单元属珠江冲积平原，据钻探资料显示，场区内覆盖层自上而下依次为第四系人工填土层（1）、冲积层（2）、残积层（3），下伏基岩为白垩系大朗山组黄花岗段沉积岩（4）（图 5-4）。

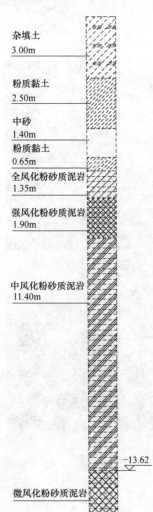

杂填土
3.00m

粉质黏土
2.50m

中砂
1.40m
粉质黏土
0.65m
全风化粉砂质泥岩
1.35m

强风化粉砂质泥岩
1.90m

中风化粉砂质泥岩
11.40m

−13.62

微风化粉砂质泥岩

图 5-4　土层示意图

1. 人工填土（层号 1）

该层主要为杂填土，全部钻孔均有分布。杂色，由黏性土、碎石、砖块及混凝土碎块等建筑垃圾堆填而成，稍湿，结构松散，为新近填土。

2. 冲积层

冲积层主要为粉质黏土夹砂层，局部夹淤泥质土透镜体，根据其工程特性，可分为 4 个亚层：

（1）淤泥质土：局部钻孔分布，深灰、灰色，饱和，流塑，有腥臭味，局部夹腐木，含粉砂。

（2）粉质黏土：场地普遍有分布，棕红、红褐、灰白、灰、浅灰等色，局部呈花斑状，可塑为主，局部硬塑或软塑，黏性较好，土质不均匀，手捏有砂感，局部夹砂层及淤泥质土透镜体。

（3）砂层：主要为中粗砂，局部夹粉细砂，仅在场地中东部的部分钻孔中钻遇。浅黄、灰白、浅灰、灰黄、黄、褐黄等色，饱和，稍密～中密，级配差～一般，次棱角状，局部级配良好，含黏粒，稍具黏性，砂质成分以石英为主。

（4）淤泥质土：该层仅在局部钻孔钻遇，深灰、灰等色，饱和，流塑，有腥臭味，局部夹腐木，含粉细砂。

3. 残积层

粉质黏土：该层在场地断续分布，仅在部分钻孔中钻遇。红褐、褐红、棕黄等色，可塑～硬塑，黏性一般～好，为泥岩风化残积土，湿水后易软化。

4. 黄花岗段沉积岩

（1）全风化岩：主要为粉砂质泥岩，在场地分布不连续，仅在部分钻孔中钻遇。红褐色，风化剧烈，岩石结构已基本破坏，岩芯呈坚硬土柱状，湿水后易软化。

（2）强风化岩：主要为粉砂质泥岩，局部夹砂岩，在场地分布不连续，在大部分钻孔中有钻遇。红褐色，岩石风化强烈，岩石结构大部分已破坏，岩芯呈半岩半土状、碎块状，风化不均匀，夹中风化岩。

（3）中风化岩：主要为粉砂质泥岩，局部夹砂岩，在场地分布普遍，各孔中均有钻遇。红褐色，泥质胶结，裂隙较发育，岩石较破碎，岩芯呈柱状及块状，风化明显，色泽暗淡。

（4）微风化岩：主要为粉砂质泥岩，局部夹砂岩，红褐色，泥质胶结，裂隙不发育，岩石较完整，岩芯呈柱状，节长 3～60cm，柱面光滑，风干后易开裂。

5. 水文地质条件

场区内所遇地下水为第四系孔隙承压水和基岩裂隙水。第四系素填土、粉质黏土及淤泥质土为相对隔水层，砂层主要为含水层，厚度较小，分布广，地下水对混凝土结构无腐蚀性，对钢筋混凝土结构中的钢筋无腐蚀性，对钢结构具弱腐蚀性。

第二节　总体施工部署

业主将本工程分为两期进行，一期施工主塔楼基坑、底板和主塔楼核心筒负五层墙体，二期施工剩余工程。一期已经由我们在指定的工期内顺利完成，在此基础上，开始二期施工。为保证主塔楼地下室和上部结构施工的有效堆场和施工的持续进行，我们采用分区施工的总体部署，将项目分为塔楼区域和非塔楼区域，非塔楼区域又分为 A、B、C 三个区域，先施工 A、B 区基坑支护与土方开挖工程，利用 C 区作为堆场；待 A、B 区地下室结构封顶后再行施工 C 区。

一、A 区基坑支护部署

A 区基坑施工过程中，东面相邻的 J2-2 项目同时也在进行基坑开挖作业（图 5-5）。

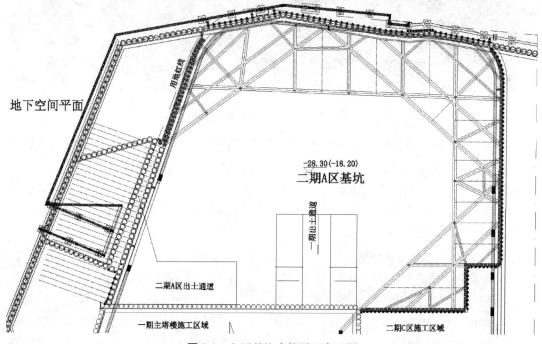

图 5-5　A 区基坑支护平面布置图

为保证两个基坑的安全，将内支撑设计的位置对应 J2-2 的内支撑，实现相邻基坑与已有土体和结构的对撑，保证了两个基坑的稳定性。

（一）北侧支护部署

A 区北侧临近已有地下空间及地铁 5 号线，项目采用不破除原有 A 区北侧地下空间老桩，而是利用其作为东塔基坑支护桩，将地下室外边线外扩，并在老桩下部进行人工挖孔桩施工，采用复合桩＋内支撑支护形式，很好地解决深基坑支护及土方开挖施工对地下空间及地铁运营的影响（图 5-6）。

图 5-6　A 区北侧复合桩支护

为避免因结构外墙紧邻支护桩，造成后期外墙防水及回填施工困难，项目采用将裙楼 A 区北侧结构外墙边线外扩，使结构外墙紧邻支护桩，并在结构外墙施工前，在已有支护桩表面布设新型钠基膨润土防水毯，作为外墙防水，施工方便快捷（图 5-7）。防水毯施工完后，采用单边支模完成外墙浇筑，既解决了狭小空间内结构外墙防水问题，同时外墙与老桩之间亦无需回填。

（二）西侧及东侧支护部署

西侧采用搅拌桩＋边坡喷锚＋旋挖桩吊脚＋4 道内支撑＋2 道土钉墙、人工挖孔桩吊脚＋4 道预应力锚索支护（地下空间区域为拉板）＋2 道土钉墙，南侧与 C 区交界处采用桩间旋喷桩＋边坡喷锚＋旋挖桩吊脚＋4 道内支撑＋2 道土钉墙，东侧采用桩间旋喷桩＋混凝土挡土墙＋旋挖桩吊脚＋4 道内支撑支护＋2 道土钉墙（图 5-8）。止水主要采用搅拌

图 5-7　裙楼 A 区结构外墙与支护桩示意图

桩、桩间旋喷桩（北侧、东侧、南侧）。

由于基坑西侧紧邻地下空间，无法采用桩锚支护形式施工，所以采用将东塔支护桩与地下空间支护桩利用拉板相连，顺利解决了无法采用桩锚支护形式问题，并且加快了基坑及地下结构施工进度。

支护主要设计形式及参数如下：

（1）单排搅拌桩设计参数为 $\phi550@350$，穿过不透水层不少于 2m，桩长约 9m。

（2）双管旋喷桩设计参数为 $\phi600@400$/桩间，穿过不透水层不少于 2m，北侧桩间旋喷桩长度约为 13m、东侧桩间旋喷桩长度约为 12m、南侧桩间旋喷桩长度约为 10m、西侧桩间旋喷桩长度约为 9m。

（3）旋挖桩设计参数 $\phi1000@1200$，混凝土强度 C30，桩长约 20.6m。

（4）人工挖孔桩设计参数 $\phi1200@1400$（1600），混凝土强度 C30，桩长约 13.1m、17.6m、21m。

（5）钢格构柱采用旋挖桩，设计参数为 $\phi1200$，桩长约 28.6m（标高为 $-1.7\sim -30.3m$），实桩长 2.0m（混凝土为 C30）；钢柱尺寸为 700mm×700mm，支撑梁尺寸为 1000mm×1000mm、800mm×800mm、600mm×600mm，混凝土强度为 C40。

（6）预应力锚索设计参数 $3/4/6\phi15.2@1600$，设计长度 25m、20m，成孔直径 150mm。

图 5-8 西侧基坑支护示意图

（7）锚杆设计参数为 Φ20 钢筋杆体@1500，设计长度为 8m、6m，成孔直径为 130mm。

（8）吊脚桩挂网喷锚，设计参数为 Φ8@200×200 钢筋网，混凝土为 C20，厚 100mm。

（9）钢筋混凝土内撑梁分别位于西北角、东北角和东南角三个角部，整体成 U 字形，于 −3.00m，−9.20m，−15.70m，−22.30m 处各设置一道钢筋混凝土内撑梁，共 4 道，混凝土等级为 C40，钢筋为 HRB400 级，内撑梁有 L1：1000mm×1000mm，L2：800mm×800mm，L3：600mm×600mm 三种截面形式。

二、B 区基坑支护

B 区根据周边环境情况，原设计主要采用搅拌桩＋边坡喷锚＋人工挖孔桩吊脚桩＋4 道预应力锚索支护＋5 道土钉墙，止水主要采用搅拌桩（图 5-9）。

支护主要设计形式及参数如下：

（1）单排搅拌桩设计参数为 ϕ550@350，穿过不透水层不少于 2m，桩长约 7m。

（2）人工挖孔桩设计参数 ϕ1200@1500（1600），混凝土强度 C30，桩长约 16m。

（3）预应力锚索设计参数 3（4、5）ϕ15.2@1500（1600），设计长度 25m、20m、16m，成孔直径 150mm、200mm。

（4）锚杆设计参数为 Φ25、Φ20mm 钢筋杆体@1500，设计长度 10m、8m、6m，成孔直径为 130mm。

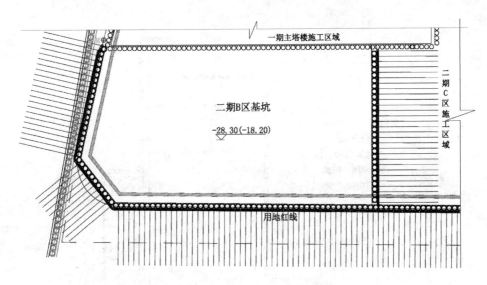

图5-9 B区基坑支护平面布置图

（5）吊脚桩挂网喷锚，设计参数为Φ8@200×200钢筋网，混凝土为C20，厚100mm。

由于基坑表层地质条件不理想，原设计锚索锚固力不足，为解决这一问题，同时保证工期，如期实现堆场转移，将支护设计改为破除B区与C区交界处局部支护桩，采用桩锚＋放坡的复合支护形式；此外，将B区、C区普通锚索改为直径500mm的侧旋喷锚索，并在B区已完成的第一道锚索下面新增一道侧旋喷锚索，而基坑底部留存反压土的形式。

三、C区基坑支护

C区南面临近花城南路，主要采用人工挖孔桩＋双管旋喷桩止水帷幕＋岩石锚杆墙，东南侧出土坡道主要采用人工挖孔桩＋预应力锚索＋岩石锚杆墙，东北侧采用人工挖孔排桩＋预应力锚索＋内支撑＋岩石锚杆墙（图5-10）。

支护主要设计形式及参数如下：

（1）双管旋喷桩穿过砂层（透水层）设计参数为ϕ600@1500，穿过砂层（透水层）进入不透水层不应小于2000mm，桩长约7000mm。

（2）人工挖孔桩设计参数ϕ1200@1600，混凝土强度C30，桩长约14000mm。

（3）预应力锚索设计参数ϕ15.2，一桩一锚，锚索设计长度18m、16m，成孔直径150mm，其中部分土体达不到抗拔承载力要求，采用侧旋喷成孔以加大与周围土体接触面和摩阻力，抗拔承载力也更大，成孔直径为500mm。

（4）锚索设计参数为Φ20、Φ25杆体@1500mm，设计长度为10m、8m、6m，成孔直径为130mm。

（5）支护桩见及放坡挂网喷锚，设计参数为Φ8@200×200钢筋网，100mm厚C20混凝土。

裙楼C区基坑南侧因土体存滑移面，发生整体土方沿滑移面整体滑动现象，导致了

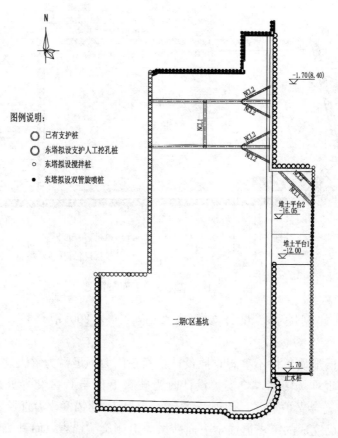

图 5-10　C 区基坑支护平面布置图

基坑支护桩变形偏大。经现场考察并且对变形监测数据进行分析，采用立即停止相应位置的土石方开挖，加斜撑临时回顶支护结构，尽快完成裙楼 C-1 区 B3 结构施工抵撑支护结构等处理措施。

第三节　复杂深基坑施工技术重难点解析

通过对场地内地质条件的掌握和对周边复杂环境的深入分析，我们结合常规的施工工艺，研究应用先进的施工方法，利用已有的支护和道路，用高效的施工和低廉的成本，成功地解决了基坑施工过程中的所有重难点（图 5-11）。

一、临近地铁及地下空间

（一）重难点解析

裙楼 A 区北侧紧邻地下空间及正在运营的地铁 5 号线，且地下空间原有老桩侵入东塔项目红线，故 A 区支护需破除原有老桩。但地下空间与东塔项目之间的土体内埋设有大量管线，一旦开始老桩破除，极有可能破坏已有管线和地下空间外墙防水，并且会造成

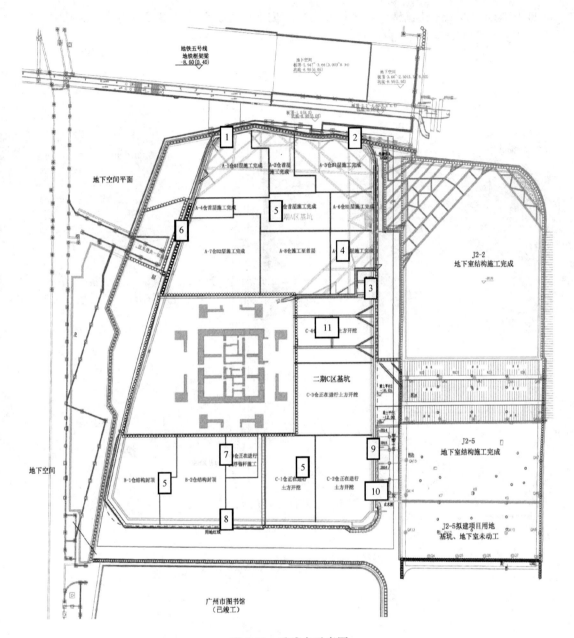

图 5-11 重难点示意图

土体扰动。此外，原有支护设计的冲孔钢管桩施工也会造成土体扰动，影响地铁安全；而旋挖桩对应厚硬岩层施工功效低，进度慢；人工挖空桩开挖深度又超过了规定允许的 25m 深度。裙楼 A 区北面深基坑支护及土石方开挖面临极大困难。

（二）解决部署

针对此施工难点，项目采用不破除原有 A 区北侧地下空间老桩方式，利用其作为东塔基坑支护桩，将地下室外边线外扩，避免破坏土体内原有管线及地下空间外防水。并且，为避免冲孔钢管桩造成的土体扰动对临近地铁的影响及旋挖桩对施工进度的影响，在老桩下部选用人工挖孔桩施工，采用复合桩＋内支撑支护形式，很好地消除了深基坑支护及土方开挖施工对地下空间及地铁运营的影响（图 5-12、图 5-13）。

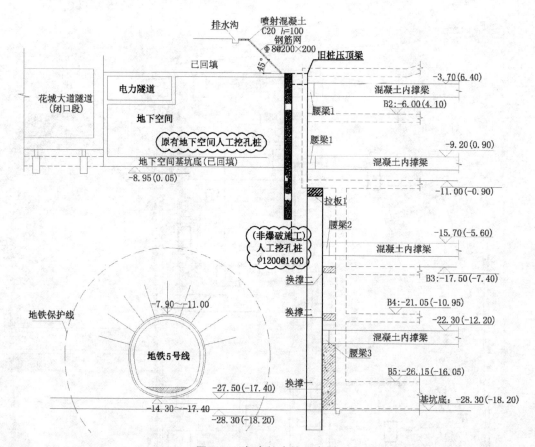

图 5-12 复合桩支护示意图

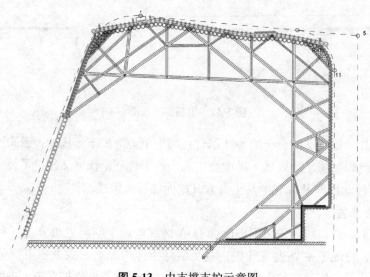

图 5-13 内支撑支护示意图

二、外墙与支护桩间距过窄

（一）重难点解析

根据广州珠江新城东塔项目图纸，裙楼 A 区地下室北侧结构外墙与支护桩间距仅为 300～1000mm，如此狭小的空间对后期外墙防水及回填施工造成了极大的施工难度，并且地下室 B2 层以上地下室结构外边线外扩，外墙外侧模板支设，以及脚手架搭设、拆除、周转极为困难。

（二）解决部署

将裙楼 A 区北侧结构外墙边线外扩，使结构外墙紧邻支护桩，并在结构外墙施工前，采用单边支模，对已有支护桩表面进行凿毛，并在支护桩间空隙内浇筑混凝土，最后在其表面布设新型钠基膨润土防水毯作为外墙防水，施工方便快捷（图 5-14～图 5-16，表 5-1）。防水毯施工完后，采用单边支模完成外墙浇筑，既解决了狭小空间内结构外墙防水问题，同时外墙与老桩之间亦无需回填。

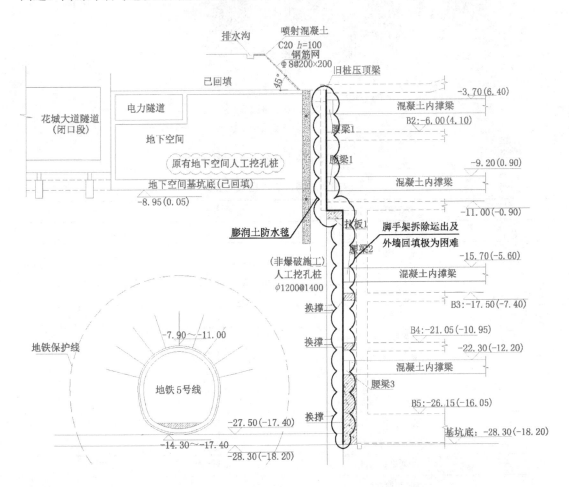

图 5-14　裙楼 A 区结构外墙与支护桩防水毯施工示意图

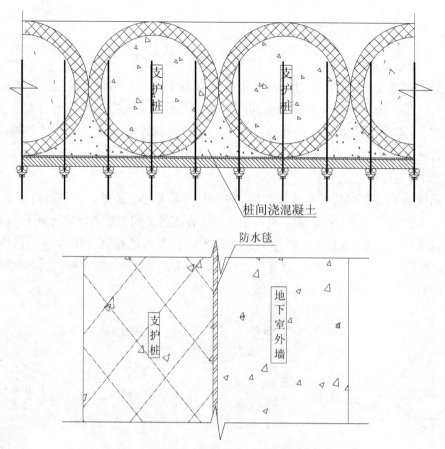

图 5-15 防水毯施工示意图

覆膜钠基膨润土防水毯性能参数   表 5-1

物理技术性能	指 标
膨润土单位面积含量(kg/m²)	≥5.5
膨润土膨胀指数(mL/2g)	≥26
吸蓝量(g/100g)	≥30
抗拉强度(N)	≥900
延伸率(%)	≥12
剥离强度(N/100mm)	≥75
渗透系数(m/s)	≤5×10⁻¹²
滤失量(mL)	≤18
抗净水压,0.6MPa/60min	无渗漏现象
抗净水压(搭接部位),0.6MPa/60min	无渗漏现象
穿刺强度(N)	≥600
低温柔韧性	-32℃无影响
PE膜厚度(mm)	≥0.2 黑色
PE膜与无纺布剥离强度(N/10cm)	≥65

图 5-16　防水毯施工现场实例

三、相邻项目在建基坑施工影响

（一）重难点解析

广州东塔东侧，相邻 J2-2 项目基坑支护施工时，其锚索伸入东塔项目地下室结构边线内，导致裙楼东侧地下室外墙无法施工。

（二）解决部署

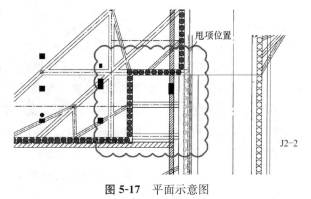

为避免基坑支护及后续外墙施工时对相邻 J2-2 项目锚索影响，针对此处位置基坑施工采用支护结构内收方式，对该部位进行甩项，待 J2-2 项目地下结构施工完成后，进行裙楼 C 区基坑施工时再进行施工（图5-17）。

图 5-17　平面示意图

四、相邻项目在建基坑安全影响

（一）重难点解析

裙楼 A 区基坑施工过程中，基坑东侧分别为合景 J2-2、富力 J2-5 项目，其中北侧 J2-2 项目基坑已挖深约 21m，距本工程地下室约 6～15m，J2-2 基坑已开挖到底，主要采用桩撑及桩锚支护；南侧 J2-5 规划地下室深 18m，距本工程地下室约 16.5m，因此如何保证相邻项目在施工过程中的基坑安全尤为重要。

（二）解决部署

1. 内支撑施工部署

为保证两个基坑的安全，将内支撑设计的位置对应 J2-2 的内支撑，实现相邻基坑与已有土体和结构的对撑，保证了两个基坑的稳定性（图 5-18）。

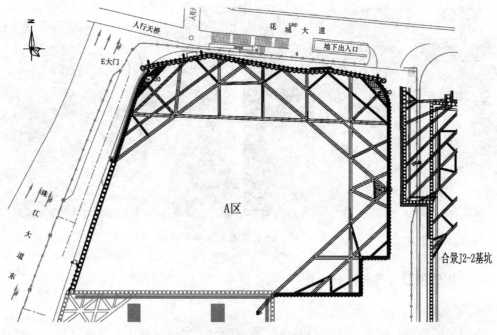

图 5-18 基坑内支撑示意图

2. 土方开挖部署

A 区土方在支护桩达到设计强度后,共 5 道内支撑分 9 层开挖土方,土方量共计约 20 万 m^3,其中石方量约为 12.3 万 m^3,需 240 天完成土方及坑内周边支护工程(具体的以施工总进度计划为准)。因 A 区北侧临近地铁 5 号线,土方工程不采用爆破施工。

为了便于北侧第二道内支撑下的人工挖孔支护桩钢筋笼安放,经设计沟通,将第一道内支撑标高提高 700mm,与北侧旧压顶梁顶标高相平(-3.0m),内支撑范围内的压顶梁高度改为 1700mm,内支撑钢构柱接长 700mm。

(1)土方开挖原则。本工程采用分层大开挖的方式进行土方开挖,支护与土方开挖同步进行,边挖边撑,遵循对称均衡、先撑后挖,"分层、分段、对称、平衡、限时"的原则,保证基坑施工安全。

(2)开挖工况。第一次土方开挖到-4.0m。首先进行西北侧 N-1 区内支撑处的土方开挖,该处土方开挖完后清理桩头,即可施工支撑梁、腰梁等。同时开挖本层其他位置(N-2、N-3 区)土方。本层土方量约为 1.7 万 m^3,土方开挖量 2000m^3/d,工期约为 10d(含交叉施工时间)。考虑每道混凝土支撑施工及养护时间为 18d;在施工等待期,锚索及内支撑位置留一道土台,开挖中部下一层土方;另对基坑内原旧承台进行破除,工期 7d。此次土方开挖与基坑支护施工时间为 35d。西侧锚索段处,先在支撑梁附近作为第一道土方开挖临时坡道,靠近塔楼处开挖至-4.7m,施工此处的压顶梁及锚索(后张拉),然后坡道移至永久出土坡道处位置,施工此处的第一道锚索(图 5-19)。

第二次土方开挖到第二道内支撑底位置(-10.20m,分 2 层开挖:第一层 3.1m,第二层 3.1m,含一期北侧支护桩拆除)。在第一道支撑梁养护等待期间,开挖支撑范围外 5m 土方,挖掉一层土后,支撑梁达到强度后,底部土方用小型挖掘机掏挖,直至挖至下

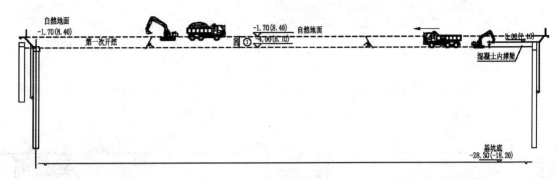

图 5-19 剖面示意图

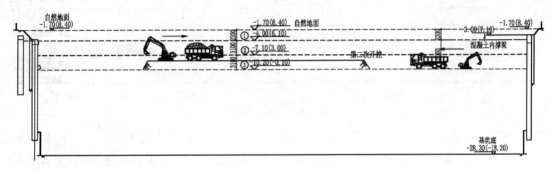

图 5-20 剖面示意图

一道支撑梁底（图 5-20）。然后对北侧长短支护桩进行施工，分两批共 45d 完成，完成后进行第二道内支撑施工。在出土坡道处的土方分两批开挖至第二道锚索处，施工完成后锚索、腰梁后回填土方（后张拉）。本次土方量约为 4.6 万 m³，开挖深度 6.2m，分两层开挖，按 3000m³/d，工期约为 14d。考虑每道混凝土支撑施工及养护时间为 15d，同时施工拉板等。此次土方开挖与基坑支护施工时间为 70d。北侧支护桩分批施工时，第三方监测单位（2 家）、项目部测量部加密对 A 区基坑的监测，特别是北侧区域（1 次/d）。

第二次土方挖完后，按照同样的方法依次进行第三次土石方开挖（分 2 层挖至 −16.7m，第一层 3.1m、第二层 3.4m，含一期北侧支护桩拆除），基本顺序相同（图 5-21）。第三次土方量约为 4.81 万 m³，土方开挖量 3000m³/d，工期约为 16d。考虑每道混凝土支撑施工及养护时间为 19d；在施工等待期，锚索位置留一道土台，并开挖中部下一层土方。此次土方开挖与基坑支护施工时间为 35d。

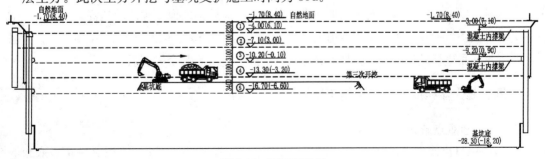

图 5-21 剖面示意图

第三次土石方开挖完后，按照同样的方法依次进行第四次土石方开挖（分 2 层挖至 −23.3m，第一层 3.3m，第二层 3.3m，含一期北侧支护桩拆除），基本顺序相同（图 5-22）。其中第四次土方量约为 4.884 万 m³，土方开挖量 2500m³/d，工期约为 20d。考虑每道混凝土支撑施工及养护时间为 18d；在施工等待期，锚索位置留一道土台，施工桩间喷锚、土钉墙并开挖中部下一层土方。此次土方开挖与基坑支护施工时间为 35d。

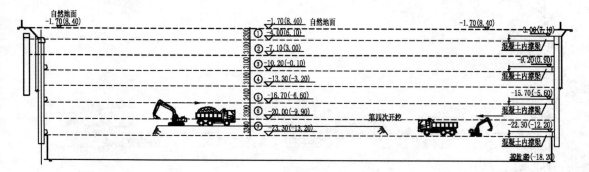

图 5-22　剖面示意图

第四次土石方开挖完后，按照同样的方法依次进行第五次土方开挖（分 2 层开挖至 −28.3m，第一层 3.3m，第二层 1.7m，含一期北侧支护桩拆除），基本顺序相同（图5-23）。第五次土方量约为 3.7 万 m³，土方开挖量 2000m³/d，工期约为 15d。同时分层开挖至土钉墙标高下 300mm，进行土钉墙、喷锚的施工，此次土方开挖与基坑支护施工时间为 20d。

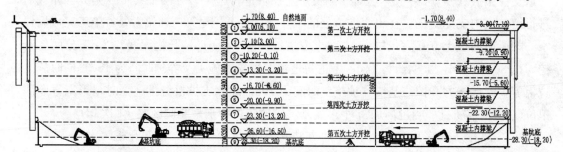

图 5-23　剖面示意图

第六次开挖。由于 A 区占地 7400m²，土石方量约达 20 万 m³。为了满足工期要求，A 区土方外运设置 12m 宽的出土坡道，以保证 2 辆车的通行，土方由西侧 D 大门外运出场地。其余区域开挖至基坑底后，对出土坡道进行退挖，同时施工坡道处预留的基坑支护及剩下的一期北侧支护桩拆除。A 区出土坡道的土石方量约为 3 万 m³，最后土石方用 18m 臂长及塔吊或者汽车吊进行转运土方，再加上其他的支护施工，最后剩余坡道需 35d 完成。

五、超大体积混凝土底板施工困难

（一）重难点解析

东塔项目裙楼（A 区、B 区、C 区）地下室底板厚 1.2m，属大体积混凝土，底板收缩裂缝成为最大问题，且地下室结构工期紧张，按正常施工方法无法满足节点要求工期。

（二）解决部署

由于本工程基础底板钢筋及混凝土工程量大，基坑较深，工程难点多，鉴于基础底板的重要性，方案编制准备阶段我们仔细分析底板结构特点、混凝土配合比设计等内容，以确保本工程底板施工组织、技术方案的科学性和先进性，从而保证底板施工质量。

同时，经与国内相关专家顾问协商沟通，采用新型跳仓法施工工艺，有效地消除底板的后浇带，并很好地解决了裙楼地下室底板裂缝的问题，同时通过地下室结构的跳仓施工，实现了地下室按工期要求的顺利封顶。

六、底板施工规划

（一）A区底板施工规划

裙楼A区共分9个仓，分别为1～9仓，在裙楼A区底板基础浇筑时，先浇筑A5（A区负五层）的2、4、6、8仓底板，后浇筑A5（A区负五层）的1、3、5、9、7底板（图5-24）。

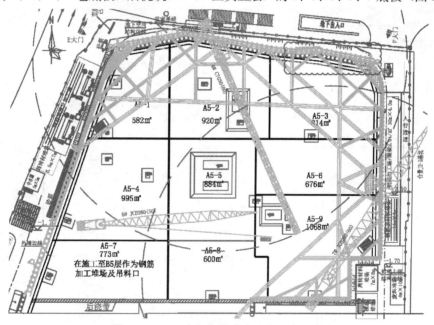

图5-24　A区底板浇筑跳仓法施工布置图

（二）B区底板施工规划

裙楼B区共分2个仓，分别为1～2仓，在裙楼B区底板基础浇筑时，先浇筑1仓底板，后浇筑2仓底板（图5-25）。

（三）C区底板施工规划

裙楼C区共分4个仓，分别为1～4仓，在裙楼C区底板基础浇筑时，先浇筑2仓底板，后浇筑1、3仓底板，最后浇筑4仓底板（图5-26）。

（四）混凝土浇筑施工组织

裙楼A区、B区、C区基础底板混凝土总量约18067m³（A区8727m³，B区3992m³，C区5349m³），由于裙楼A区、B区、C区均采用跳仓法施工，故裙楼A区、B区、C区基础底板混凝土均分两次浇筑，且先后浇筑时间间隔为7～10d。

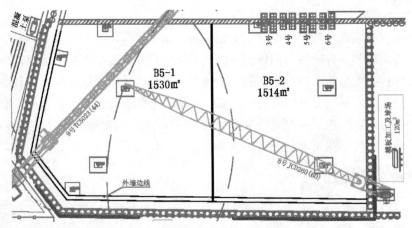

图 5-25　B 区底板浇筑跳仓法施工平面布置图

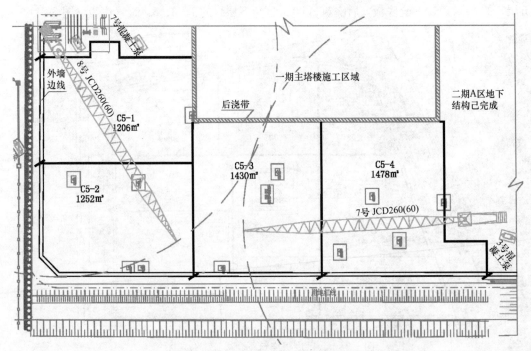

图 5-26　C 区跳仓法施工平面布置图

在混凝土浇筑时，由于混凝土浇筑量较大，现场计划 A 区布置 4 台地泵，B 区布置 3 台地泵，C 区布置 3 台地泵（图 5-27～图 5-29）。

本工程为基础工程，混凝土浇筑是工程的主要内容，所以浇筑施工时计划采取如下组织措施来保证混凝土的浇筑质量：

（1）选择实力雄厚，生产能力、技术能力强的混凝土供应商；特别要求浇筑的混凝土只能采用同一个配合比和同一种混凝土原材。混凝土供应商要编制合理的混凝土供应方案，满足工程需要。

（2）合理布置混凝土泵车的位置，场内车流方向，选择场外最佳运输路线，场外设专职混凝土车调度人员，负责混凝土车和泵车之间的调度，做好场内外的协调工作。

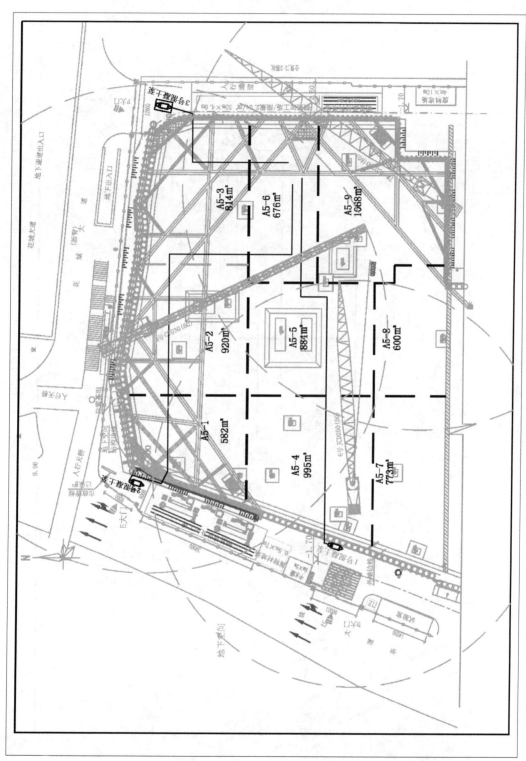

图 5-27 A 区地下室底板结构混凝土施工平面布置图

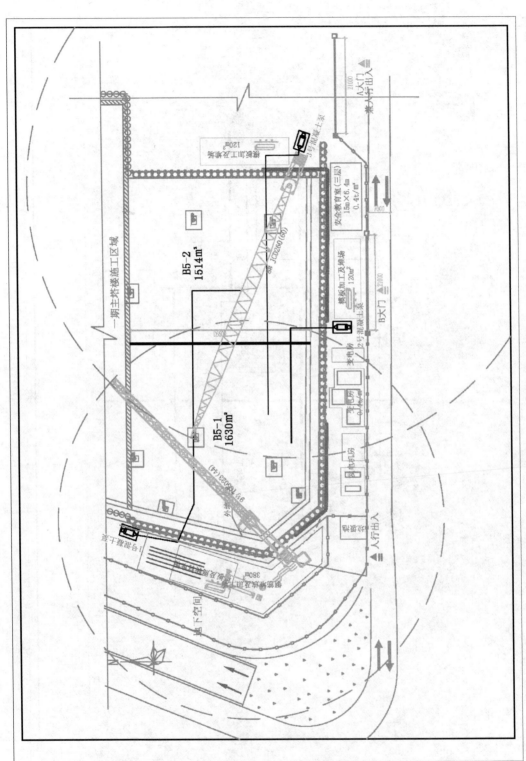

图 5-28　B 区地下室底板结构混凝土施工平面布置图

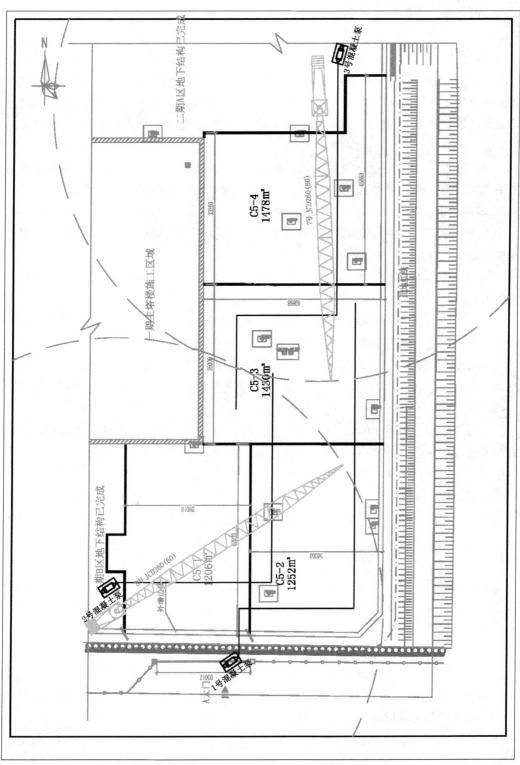

图 5-29　C 区地下室底板结构混凝土施工平面布置图

（3）确定混凝土的浇筑方向及浇筑方式，保证浇筑过程不产生冷缝。

（4）做好施工人员的值班安排和现场调度，保证混凝土浇筑工作有序地进行。

（5）原材及混凝土配合比：

1）原材料

本工程底板混凝土浇筑量大，时间紧，混凝土的强度等级和抗渗要求较高，既要减少混凝土的收缩，保证混凝土的强度，又要降低混凝土内部水泥水化反应产生的巨大热量。因此混凝土供应商提供混凝土供应方案时，应在水泥以及外加剂的选择上制定相关的措施。

① 水泥：混凝土供应商必须采用同一水泥生产厂家同强度等级的水泥，所有水泥必须采用密封容器运送至搅拌站。水泥应为通用硅酸盐水泥并符合国标《通用硅酸盐水泥》GB 175 规范要求。

② 粗骨料：混凝土供应商必须采用同一石场、同一产地的石子，并满足工程混凝土技术要求。

③ 细骨料：混凝土供应商必须采用同一砂场、同一产地的河砂，砂子需满足设计的技术要求。

④ 水：必须干净没有污染，如果没有自来水必须使用其他水源，须向总包单位提交审批进行水质化验，其化验结果报甲方批准后，方可使用。

⑤ 外加剂：外加剂必须由混凝土供应商向总包单位提交申请，总包单位审核后报甲方批准，甲方同意后，混凝土供应商才可以使用获批准的外加剂，但配合比和试拌结果要预先获得甲方批准。

⑥ 粉煤灰：选用Ⅰ级粉煤灰（替代部分水泥，降低水化热；搅拌站在选定后，不能随意改变粉煤灰种类）。掺合料粉煤灰磨细的细度达到水泥细度标准，通过 0.08mm 方孔筛的筛余量不得超过 15%，SO_3 含量小于 3%，烧失量小于 8%。

⑦ 缓凝剂：与减水剂复配，调整混凝土的凝结时间，通过缓凝的方法既可以为大体积混凝土施工争取时间，减少混凝土冷缝，又可以延缓混凝土水化热的释放，推迟混凝土热峰出现的时间及峰值。

2）配合比设计方案

根据工程特点和设计要求，由搅拌站分别提交混凝土配合比，混凝土配合比必须符合相关规范及设计技术要求，经总包单位审核后报甲方批准。在得到甲方批准后，选择甲方认为合适的混凝土配合比由搅拌站进行模拟生产和试验。所有的试拌结果必须在工地开始进行混凝土工程之前交给甲方审核并通过认可。

混凝土试拌应在与实际供货相同的混凝土搅拌站和供货的混凝土搅拌站进行 5 次试拌，每次试拌在不同日进行，每次生产不小于 $3m^3$ 混凝土，每次试拌开始、中间、结束时分别进行下列检测并取样：

① 温度。

② 坍落度。

③ 6 个立方体试块，用于测试 7d、14d 和 28d 的抗压强度。

④ 底板混凝土配合比（表 5-2）。

底板混凝土配合比参数　　　　　　表 5-2

名称	水	水泥	砂	石	掺合料 1	掺合料 2	外加剂
品种规格	饮用水	42.5R	中砂	5～25mm	二级粉煤灰	矿渣粉	Z0B-3001 缓凝高效减水剂
材料用量（kg/m³）	163	230	740	1042	100	75	6.28

注：混凝土水胶比 0.4。

地下室基础筏板混凝土强度等级为 C40 P10，其中原材料满足以下条件：

① 水泥：强度等级 42.5R。

② 砂：含泥量 0.6%，细度模量 2.6，表观密度 2640kg/m³，堆积密度 1550kg/m³。

③ 石：花岗石 5～25mm，针状颗粒含量 5%，含泥量 0.1%。

七、临近地下空间

（一）重难点解析

广州东塔地块西邻花城广场地下空间，地下室距地下空间约 2～23m，项目西北角负一层将与地下空间接通，因此，若采用桩锚支护形式进行施工，势必会影响地下空间的正常使用及结构安全。

（二）解决部署

将东塔支护桩与地下空间支护桩利用拉板相连，解决无法采用桩锚支护形式问题，从而加快基坑及地下结构施工进度（图 5-30）。

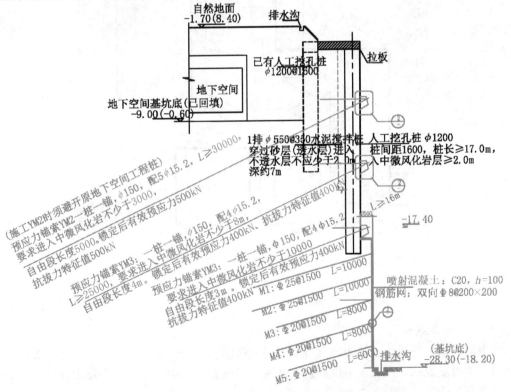

图 5-30　A 区西侧基坑支护示意图

八、表层地质存在未勘测显示的砂层

（一）重难点解析

在东塔项目开工前，根据勘测院地勘报告显示主塔楼东侧、南侧裙楼基坑地质条件良好，但在现场实际施工时，发现基坑表层地质并不理想，在−9.2m位置遇到砂层，使原设计锚索锚固力不足以满足基坑施工要求，对现场基坑施工带来极大安全隐患，并且因南邻新建广东省图书馆，对图书馆结构安全也会造成极大隐患。

（二）解决部署

为克服锚索锚固力不足的问题，同时保证工期，如期实现堆场转移，将支护设计改为破除B区与C区交界处局部支护桩，采用桩锚＋放坡的复合支护形式；此外，将B区、C区普通锚索改为直径500mm的侧旋喷锚索，并在B区已完成的第一道锚索下面新增一道侧旋喷锚索，而基坑底部留存反压土的形式（图5-31、图5-32）。

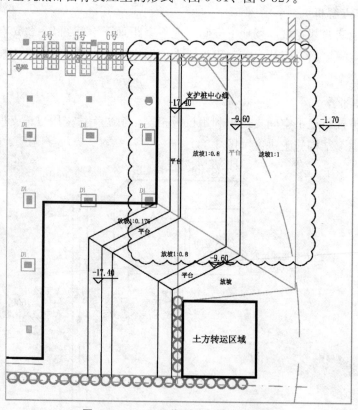

图 5-31　B、C 区软弱砂层支护示意图

九、中、微风化岩层存在断层

（一）重难点解析

主塔楼东南侧裙楼基坑土方开挖过程中，当施工至−20～−23m时，项目部在进行例行监测时发现基坑出现水平位移过大情况，经研究发现中、微风化岩层出现断层，对现场基坑施工带来极大安全隐患。

（二）解决部署

在裙楼 B 区与 C 区地质条件差，普通锚索锚固力不足的情况下，为克服断层问题，保证基坑整体稳定性，将 C 区 1 仓 B3 层结构梁、板提前施工，实现基坑与已有结构的回顶，并局部逆作，完成 1 仓剩余土方及结构施工，在很好地解决基坑整体稳定性的同时，提前完成了业主要求的工期节点。

1. 钢管斜撑回顶支护

采用直径 600，壁厚 12mm 的钢管斜撑对南侧变形较大区域支护结构进行临时回顶，间距为 4m 一根，一

图 5-32　B、C 区软弱砂层支护现场实例

端在现有基坑底（滑移面高度以下），一端在第四道腰梁下口，撑住岩层滑移面上部土体，保证回顶可承受整个土体的滑动荷载，可在锚索破坏的情况下，保证基坑安全（图 5-33、图 5-34）。

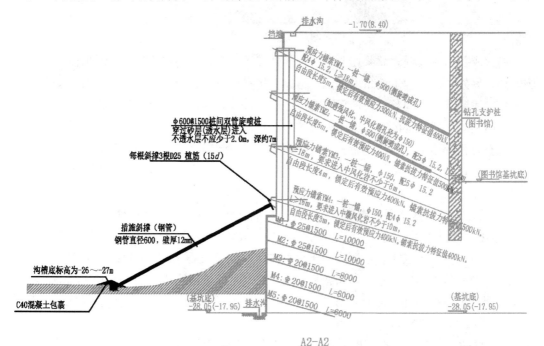

图 5-33　钢管斜撑支护大样图

2. 永久结构提前施工支护

一般情况下，遇到支护桩底岩体存在软弱夹层的情况，可采取在靠近支护桩位置内排补做一排支护桩穿过软弱夹层，并增加锚索排数加固支护体系的方法处理。考虑本工程实际，支护桩内侧土石方已经完全挖除，在当前的工况下如再增加一排支护桩，桩成孔作

图 5-34　钢管斜撑现场实例

业、锚索成孔作业及锚索灌浆作业均有可能破坏当前支护体系与土体的脆弱平衡，影响基坑安全。另外，从工程工期角度来说，增加一排支护桩及锚索（桩成孔、锚索强度发展等工艺关键线路工序时间长）将严重影响裙楼施工进度。因此不考虑采用该方法。

当前临时支撑底部的土石方尚未开挖至底板地面标高，但临时支撑杆已经受力，无法进行土石方开挖施工及后续施工。综合考虑基坑安全与工程进度，决定采取提前施工 B3 层结构楼板，由其抵住南面滑动土体后，拆除临时钢构斜撑，继续后续工程施工的方案。

3. 柱施工

B3 层楼板提前施工必须有柱作为支撑，根据现场工况，将该区域柱分为如下 3 类。

1 类柱位置开挖深度小（至基坑底还有 4～5m）、距离支护桩较近，土石方量大而又不适合大型机械开挖破土。不适合采用提前施工结构柱支撑 B3 层梁板结构的形式。项目组拟在原结构位置布置 4 根钢管格构柱，每根格构柱 8 根钢管柱（127mm×8mm），在当前土石层位置直接钻孔至底板底以下 1m。格构柱上端承托 B3 层结构梁。结构柱 B5-B3 段bef**B4 层梁板同时施工。

2 类柱暂不施工，根据相应节点大样预留 B3 板向下柱钢筋。

3 类柱位置土石方局部已开挖至底，拟采取先施工柱底底板，作为结构柱基础，并直接施工上述 4 根结构柱至 B3 层，作为 B3 层梁板支撑。

完成 B3 层结构梁板施工，混凝土强度实现后，B3 层以上 1、3 类柱随上部梁板正常施工，2 类柱及其附近梁板暂不向上施工。

4. 梁板施工

图 5-35　结构提前施工现场实例

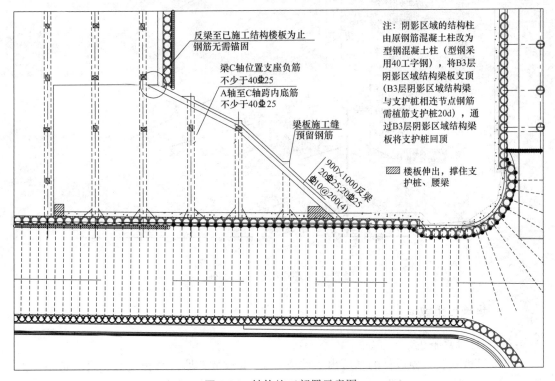

图 5-36　结构施工部署示意图

　　为满足传递支护桩水平侧压力的要求，B3 层南北向框架梁（1200mm×800mm）需全部外伸，以放大头的形式连接在支护桩上传递水平力。完成 B3 层梁板施工，混凝土强度达到设计值后，方可往上正常施工 B2～F1 层梁板结构。

　　结构底板及 B4 层梁板需待 B3 梁板施工完成，混凝土强度达到要求，拆除临时钢管斜撑，土石方开挖完成后方可进行施工。

　　5. 外墙施工

　　B3～F1 层外墙：待 B3 层梁板施工完成，混凝土强度达到设计值，方可进行 B3～F1 层外墙施工，采取与 B2～F1 梁板同步施工的方式。

B5-B3 层外墙：为保证 B3～F1 层外墙与其楼板同步施工，B3 层外伸框架梁需承担 B3～F1 层外墙全部荷载，其中约一半荷载会传递至支护桩及桩底微风化岩体。为保证支护桩下岩体的完整性，避免施工开挖、打凿作业带来对岩体的不利影响，B5～B3 层土方开挖边线调整到齐外墙边，并对 B3 层以下已经开挖打凿边线超出外墙边线位置的岩体采用 C35 混凝土填实。相应地，外墙防水需改用防水毯施工（图 5-37）。

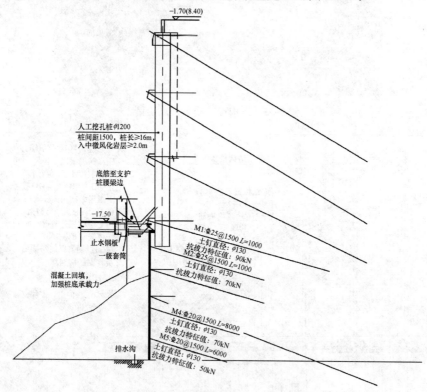

图 5-37　逆作法施工示意图

十、超长出土坡道

（一）重难点解析

裙楼 C 区狭长，原设计的基坑出土坡道为 1：6 放坡，坡道总长度大，且坡道位于红线内，影响开挖和施工进度。

（二）解决方案

利用拉板将相邻地块支护桩与东塔项目支护桩相连，稳固基坑间土体（东塔红线外），同时利用此土体放坡作为出土坡道，成功将出土坡道转移至基坑外，采用放坡＋拉板＋相邻地块支护桩＋转移出土坡道的方法，节省出土坡道开挖的时间，保证工期，解决狭长形基坑出土难度大的问题（图 5-38～图 5-40）。

1. 开挖部署

C 区位于工程东南侧，占地 6290m²，土石方量约为 17.3 万 m³。C 区采用分层开挖土方，土方主要从南侧大门外运，根据支撑梁位置及预应力锚索位置共分为 5 次进行开挖，第六次退挖坡道。

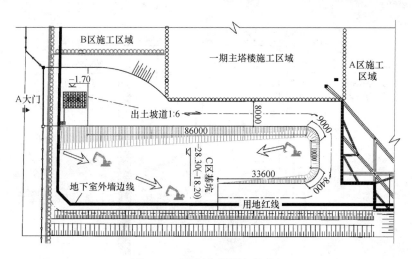

图 5-38 原设计出图坡道示意

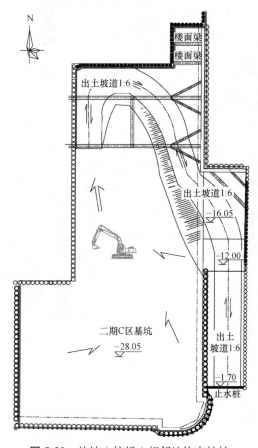

图 5-39 放坡＋拉板＋相邻地块支护桩

2. 开挖原则

本工程采用分层大开挖的方式进行土方开挖，支护与土方开挖同步进行，边挖边撑，遵循对称均衡、先撑后挖，"分层、分段、对称、平衡、限时"的原则，保证基坑施工安全。

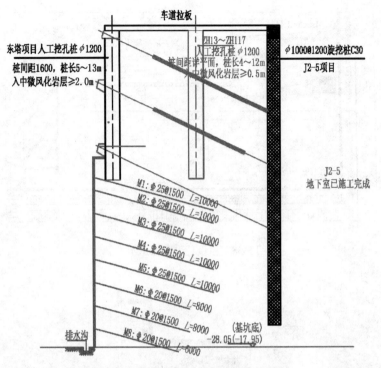

图 5-40 放坡＋拉板＋相邻地块支护桩

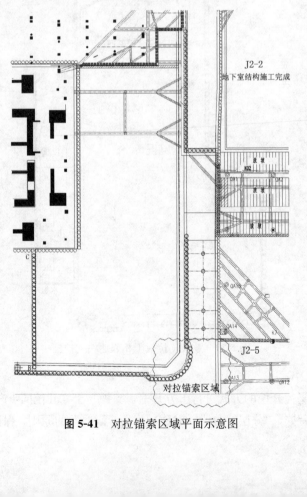

图 5-41 对拉锚索区域平面示意图

十一、与相邻在建基坑支护体系矛盾

（一）　重难点解析

项目东南角基坑支护采用桩锚无内撑的形式，与相邻 J2-5 项目即将开挖区域的东西向内支撑方案相矛盾，土体内力无法传递；项目用地红线与 J2-5 支护桩间距离仅有 3m，若采用桩锚支护，则无法解决两基坑间 3m 土体的稳定问题；此外，若采用从 J2-5 基坑边开始放坡的形式，又无法保证 J2-5 基坑开挖后的稳定性。

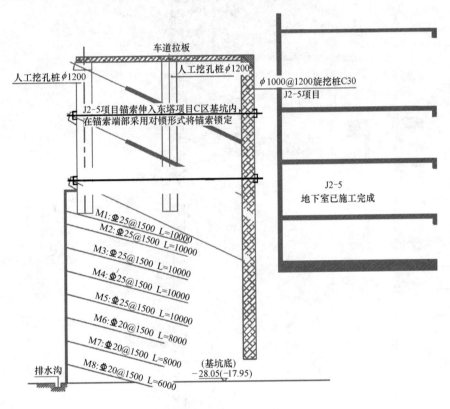

图 5-42　对拉锚索剖面大样

（二）　解决方案

将 J2-5 原有内支撑设计改为对拉锚索的设计形式，即东塔项目保持原有锚索支护，而 J2-5 在土方开挖过程中，采用基坑两边对锁的形式，稳固两基坑间的土体。

十二、与相邻在建项目工期冲突

（一）　重难点解析

裙楼 C 区开挖过程中，因 J2-2 项目已经完成主体结构与支护桩间的回填，若采用放坡形式，需由相邻项目结构边线开始放坡，会对 J2-2 项目造成影响。

（二）　解决部署

为保证本项目与相邻项目基坑稳定性，并结合工期及成本综合考虑，在裙楼 C 区设

置一道桁架式内支撑及 2 道预应力锚索，5 道土钉的复核支护形式，解决此区域的基坑稳定性问题（图 5-43～图 5-46）。

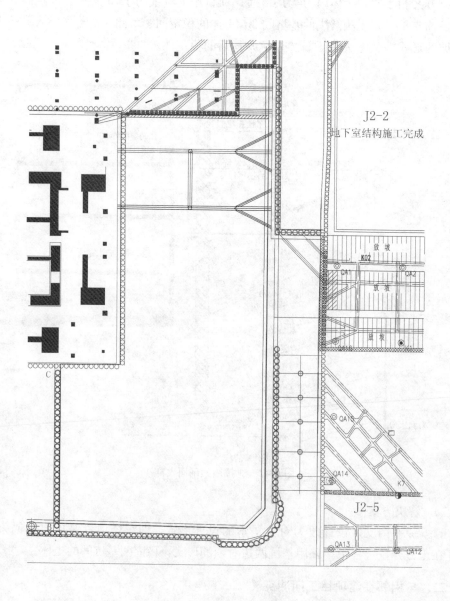

图 5-43 裙楼 C 区桁架式内支撑基坑支护示意

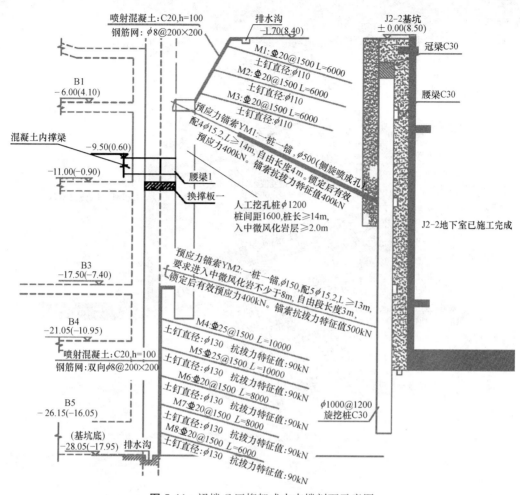

喷射混凝土:C20,h=100
钢筋网:φ8@200×200

排水沟
−1.70(8.40)

J2-2基坑
±0.00(8.50)

冠梁C30

腰梁C30

B1
−6.00(4.10)

M1:Φ20@1500 L=6000
土钉直径:φ110
M2:Φ20@1500 L=6000
土钉直径:φ110
M3:Φ20@1500 L=6000
土钉直径:φ110

混凝土内撑梁

−9.50(0.60)

−11.00(−0.90)

腰梁1

换撑板一

预应力锚索YM1:一桩一锚
配4φ15.2,L≥14m,自由长度4m,φ500(侧旋喷成孔)
预应力400kN。锚索抗拔力特征值
锁定后有效400kN

人工挖孔桩φ1200
桩间距1600,桩长≥14m,
入中微风化岩层≥2.0m

J2-2地下室已施工完成

B3
−17.50(−7.40)

预应力锚索YM2:一桩一锚,φ150,配5φ15.2,L≥13m,
要求进入中微风化岩不少于8m,自由段长度3m,
锁定后有效预应力400kN。锚索抗拔力特征值500kN

B4
−21.05(−10.95)

喷射混凝土:C20,h=100
钢筋网:双向φ8@200×200

M4:Φ25@1500 L=10000
土钉直径:φ130 抗拔力特征值:90kN
M5:Φ25@1500 L=10000
土钉直径:φ130 抗拔力特征值:90kN
M6:Φ20@1500 L=8000
土钉直径:φ130 抗拔力特征值:90kN
M7:Φ20@1500 L=8000
土钉直径:φ130 抗拔力特征值:90kN
M8:Φ20@1500 L=6000
土钉直径:φ130 抗拔力特征值:90kN

φ1000@1200
旋挖桩C30

B5
−26.15(−16.05)

(基坑底)
−28.05(−17.95) 排水沟

图5-44 裙楼C区桁架式内支撑剖面示意图

图5-45 裙楼C区桁架式内支撑现场实例

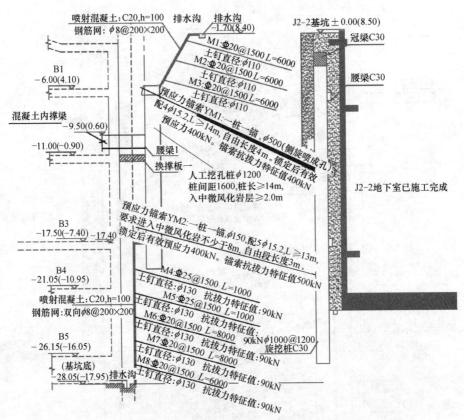

图 5-46　裙楼 C 区桁架式内支撑剖面示意图

第六章 绿色多功能混凝土（MPC）超高泵送综合施工技术

第一节 绿色多功能混凝土（MPC）概述

一、高强、超高强混凝土在超高层建筑中的应用现状

高强混凝土（HPC）和超高强混凝土（UHPC）最初都是从国外开始发展的，在国际上一般把抗压强度≥100MPa的混凝土称之为 UHPC。UHPC 和 HPC 都具有很高的强度，同时还具有很高的耐久性，用于超高层建筑的底层柱及大跨度结构中，可使结构断面尺寸减小，可利用的空间和面积增大，结构使用年限延长，是一种省资源、省能源与环境友好型的新材料。

目前，伴随国民经济的发展，国内超高层不断涌现，由于超高层建筑庞大的自重以及在风荷载、地震荷载作用下的巨大倾覆弯矩，促使混凝土的强度不断提高，高强、超高强混凝土的研究与应用被提上议程。其中，在超高层中局部验证应用了 UHPC 的代表工程分别是广州西塔项目和深圳京基项目，其中广州西塔项目成功将 C100 泵送至 440m，深圳京基项目则成功实现了 C120 在 440m 的超高泵送，刷新了当时国内外 UHPC 超高泵送的记录。

然而，东塔项目 530m 的设计高度和双层劲性钢板剪力墙匹配 C80 混凝土的新型结构体系，对高强、超高强混凝土提出了全新的严苛要求，仅是超高强和超高泵送性能已经无法满足设计和施工需求。通过一系列的实验发现，高强、超高强混凝土的收缩率高、体积稳定性差，早期水化反应剧烈，凝结速度快，黏度大等特性与双层劲性钢板剪力墙结构体系下的超高泵送施工存在诸多矛盾，如何妥善解决这些矛盾，实现东塔项目高强、超高强混凝土批量稳定的超高泵送，控制混凝土成型质量，是保证施工质量、保证结构安全、保证工期节点的关键因素。

二、东塔项目混凝土研发、生产及超高泵送过程中的重难点

（一）性能方面的重难点

在东塔项目开工之初，针对 C80 混凝土的配制以及巨型钢管混凝土柱和双层劲性钢板剪力墙体系下 C80 浇筑成型过程的质量控制，我们展开了一系列的实验室配比试验和 1∶1 的模拟浇筑实验，通过大量的实验，发现了高强、超高强混凝土在这种结构体系中

应用所存在的众多问题，具体如下：

（1）高强、超高强混凝土由于黏度大、流动性差，极易造成堵管，所以需要解决高强、超高强混凝土高黏度与超高泵送良好流动性能需求之间的矛盾。

（2）高强、超高强混凝土保塑性能差，经过高压泵送后极易产生离析，然而，超高泵送过程需要其在近 600m 的密闭管道内承载 20MPa 的压力后仍然不离析，所以需要解决保塑性能差与超高泵送高保塑需求之间的矛盾。

（3）高强、超高强混凝土胶凝材料掺量远大于普通混凝土，这就直接导致混凝土早期的水化反应剧烈，极易造成大体积混凝土的内外温差过高出现开裂，所以需要解决高强、超高强混凝土早期剧烈水化反应与低热需求之间的矛盾。

（4）在外框筒设计有 8 根巨柱（图 6-1 中 TKZ1～TKZ8），采用巨型钢管内灌注高强度混凝土形式，巨柱最大截面 3500mm×5600mm，其中 69 层以下采用 C80 混凝土钢管巨柱、69 层以上采用 C60 混凝土钢管巨柱。箱型钢管混凝土柱内设置有竖向钢板和水平横隔板，对于截面尺寸较大的钢管柱分割为田字形 4 个腔，对于截面尺寸较小的钢管柱分割为日字形两个腔，每个腔内设置两个矩形钢筋柱芯。箱型钢管柱所用钢板在工厂焊接制作成型，钢管柱沿垂直方向设置有横隔板，柱内浇筑 C60 或者 C80 混凝土，形成箱型钢管混凝土柱。如何浇筑保证钢管巨柱内部，尤其是横隔板下方阴角等不易振捣施工的部位浇筑密实，是混凝土配制中需要重点考虑的难点。

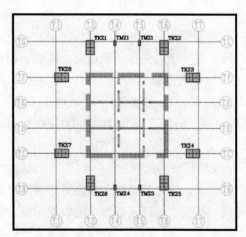

图 6-1 外框巨柱图

（5）在核心筒的外剪力墙中设置有双层劲性钢板，高强、超高强混凝土由于早期水化热剧烈而产生较大的早期自收缩，由于混凝土早期自身抗拉强度尚未发展起来，在受到钢板墙中密集的栓钉、埋件、钢筋等构件极强约束的情况下，会产生大面积的龟裂。在核心筒内墙中虽然无钢板，但是由于受到墙两端暗柱的约束，极易在长墙中部产生数道纵向贯通裂缝（图 6-2）。所以，需要解决高强、超高强混凝土收缩率极高与双层劲性钢板剪力墙结构体系强约束之间的矛盾。

（6）由于双层劲性钢板剪力墙的特殊结构形式，其中暗柱、连梁等节点区域钢板、栓钉、钢筋极为密集（图 6-3），并且高强混凝土的高黏度特性导致混凝土的浇筑振捣极为

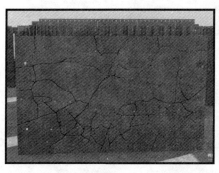

图 6-2 双层劲性钢板剪力墙及混凝土开裂示意图

困难，所以，需要解决高强、超高强混凝土凝结速度快、流动性差与结构内构件密集、浇捣困难之间的矛盾。

图 6-3 暗柱、连梁区域构件极为密集

（7）超高层施工工期紧，施工速度快，且高空临边养护困难。然而 HPC、UHPC 需要良好的、长时间的养护，所以，需要解决超高层混凝土养护困难与高强、超高强混凝土的养护需求之间的矛盾。

实现高强混凝土"高强度、高泵送、高稳定、低热、低收缩、低成本、自密实、自养护、自流平"各项性能的完美融合，是东塔项目高强、超高强混凝土研究及施工的最大核心需求。

（二）生产过程中控制的重难点

（1）HPC、UHPC 性能的稳定性差，对原材料含水率、含泥量、温度、粒型、粒径、细度模数等的变化非常敏感。

（2）由于生产条件的限制，很难保证每次混凝土生产都有独立的生产线，如何在多标号混凝土混合生产过程中保证 HPC、OHPC 的质量，是面临的一个难题。

（3）配比的轻微变化都会影响 HPC、UHPC 各项性能，然而"微珠"原材料非常轻，投料后悬浮于空气中，并不能完全拌合。

（4）HPC、UHPC 拌合后温度较一般混凝土高，控制困难。

（5）常规的检验批次无法满足对 HPC、UHPC 性能的掌控。

（三）现场泵送过程中存在的重难点

（1）HPC、UHPC砂石含量高，泵送压力大，对泵送系统各组件的磨损较一般混凝土高。

（2）超高泵送管路超长、高度大、弯头多，堵管部位的确定非常困难；而HPC、UHPC胶凝材料含量大，凝结速度快，若不能及时发现问题，则会导致巨大的经济损失，影响工期。

（3）HPC、UHPC每次泵送的方量大，但超高层施工工期非常紧，混凝土泵送速度和排量的控制难度大。

（4）HPC、UHPC性能稳定性差，凝结速度快，在初泵、洗管、布料机移位等过程中易出现堵管，如何避免是一个难点。

（5）泵送过程噪声大，对环境影响大。

（6）项目场内空间极为狭小，泵管布置受场地限制大。

三、绿色多功能混凝土（MPC）的定义

针对东塔项目混凝土配制、生产、泵送中的重难点，我们提出了"绿色多功能混凝土"的定义：

（1）自密实性——在拌合后至3h内，U形仪试验时，拌合物上升高度≥32cm，且无泌水，无扒底，均匀流动，便于施工。

（2）自养护——不需浇水养护，靠内部分泌水分自养护。用天然沸石粉（NZ粉）作为水分载体，均匀分散于混凝土中，供给水泥水化用水，且其强度与湿养护的相当或稍高，节省大量水资源和人力。这对超高层建筑的混凝土施工技术尤为重要。

（3）低发热量——混凝土入模温度25～30℃，内外温差≤25℃，避免出现温度裂缝，这对大体积混凝土及大型结构构件十分重要。

（4）低收缩——高强度的混凝土早期收缩、自收缩过大，同时在钢—混凝土组合结构中约束过强，极易造成构件或墙体开裂，按照国际标准，混凝土的收缩值应控制在0.5‰～0.7‰范围内。而实现低收缩技术，其关键是控制自收缩及72h的收缩小于0.15‰，这样就可以免除或减少裂缝的产生。

（5）高保塑——保持混凝土的塑性3h，便于泵送施工，特别是超高泵送施工。

（6）高耐久性——混凝土28d龄期电通量<1000C/6h（或500C/6h以下）；针对不同环境，具有不同的抗腐蚀性能，混凝土结构具有百年的工作寿命。

第二节　绿色多功能混凝土（MPC）研究的理论基础

一、粉体效应

（一）超细粉体填充效应

通常水泥的平均粒径为20～30μm，小于10μm的粒子不足，虽然高强度水泥的颗粒

粒径会有所减少，但级配单一，水泥粒子间的空隙填充性并不好。如果要改善胶凝材料的填充性，必须要在水泥中加入超细粒子，粗细组合，并将水泥浆体间的自由水挤出，具有一定的流化能力，如图 6-4 所示。

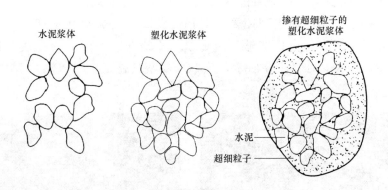

图 6-4　超细粒子在水泥浆体中的填充示意图

本项目在配制 MPC 时，在水泥中掺入超细矿物掺料（D_{50} 在 $1\sim3\mu m$），大幅度改善胶凝材料颗粒的填充性，提高水泥石的致密性、抗渗性，并纯粹从提高水泥粒子的填充性方面提高了水泥石的强度。同时再掺入适量的粒径更小的硅灰（平均粒径为 $0.1\sim0.26\mu m$），由于其平均粒径比超细矿物掺和料又小一个数量级，硅灰粒子可以进一步填充于超细矿渣粉或超细粉煤灰粒子之间，使胶凝材料粒子间的密实性进一步提高，强度进一步增加。

（二）球状及玻璃化效应

可用于混凝土配制的矿物掺和料的种类很多，但目前应用最广泛的掺和料是来自高炉水淬矿渣和烟囱飞灰收集物，这些废渣在高温环境中生成，呈现出大量的玻璃态物质，具有潜在活性，在水泥水化的中间产物 Ca（OH）$_2$ 作用下开始二次水化，进一步地填充混凝土内部的孔隙结构，对混凝土的强度、耐久性等都有很好的提升，可以说，矿物掺和料已经是高性能混凝土必不可少的组分。

除了活性以外，粉体的形貌对配制 HPC、UHPC、MPC 中具有重要的作用。高炉水淬矿渣的原渣颗粒尺寸较大，为了能够激发活性，必须通过粉磨工艺对其进行加工，目前主要的加工工艺仍然是物理粉磨——通过高速旋转的粉磨设备（如球磨机），让物料和研磨介质、助磨剂，以及物料本身相互摩擦，工业化生产的超细粉体的加工细度已可达到 $d_{50}<3\mu m$，这类通过粉磨工艺加工出的矿物掺和料的微观形貌呈现出带棱角的多边形。在使用矿粉类掺和料进行 HPC 配制时，虽然有效地利用了超细矿粉的粉体填充效应，但由于粉体颗粒间是棱角摩擦，混凝土仍具有一定的黏度，这种情况在配制更低水胶比的 UHPC 时尤为明显。飞灰类矿物掺和料在生产过程中，在高温作用下产生部分熔融，在表面张力作用下形成球形颗粒，在废气的带动下进入烟尘，随着烟气温度的降低而急冷产生玻璃态。目前混凝土中使用的飞灰类矿物掺和料主要是硅粉（在熔炼工业硅和硅铁烟尘

中捕获）和粉煤灰（在煤炭燃烧后的烟气中捕获），粉体的粒径从纳米级到几百微米。这些球形颗粒在配制高性能混凝土时，可以提供类似轴承的"滚珠"润滑效应，是配制混凝土的理想掺和料。

但在 MPC 的配制中，硅粉和粉煤灰的使用有一定的局限性：如图 6-5 所示，由于硅粉的细度很小，很容易出现团聚，对提高混凝土的流动性不利；粉煤灰的品质波动较大，除了一些大型电厂能够稳定地供应Ⅰ级灰，一般的粉煤灰粒径较大，甚至超过了水泥的粒径，如图 6-6 所示，这些粉煤灰活性低，难以满足 MPC 的强度配制要求。

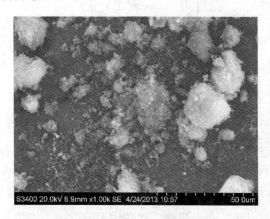

图 6-5　团聚的硅粉 SEM 照片

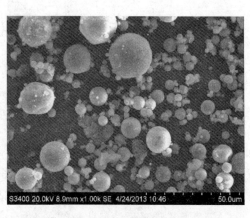

图 6-6　粉煤灰 SEM 照片

针对这种情况，一种新型矿物掺和料——微珠出现。微珠是在粉煤灰的基础上，在大型电厂烟道中采用特殊工艺对 $1\sim3\mu m$ 范围内的颗粒进行收集，形成一种兼具有超细粉体填充效应、球状形貌和高活性的材料，如图 6-7 所示。微珠与硅粉进行复合搭配配制 UHPC，可以极大地降低混凝土的黏度，减少混凝土的需水量，可确保混凝土具有优异的工作性能，满足超高层建筑的混凝土泵送要求。这一技术手段在本项目的示范下，目前在国内已经得到广泛的共识。

图 6-7　微珠的 SEM 照片

（三）　高强、超高强度混凝土配制用的水泥

在配合比相同的条件下，所用水泥的强度越高，配制成的混凝土强度也越高。国外在配制 HPC 和 UHPC 时，多采用高强水泥。如日本的太平洋水泥集团开发了 UHPC 用 200 MPa 特种水泥，根据日本建筑基准法第 37 条，可以配制最高达 150MPa 的 UHPC。而在我国水泥产品的国家标准中，最高强度水泥为 62.5 类产品，但由于市场条件不成熟，各大水泥厂也不能提供散装 62.5 水泥。因此，利用 52.5 水泥进行 HPC 和 UHPC 的配制，是我国混凝土行业所要面对的一个难题。

二、多组分复合高效外加剂

减水剂是现代混凝土技术中不可缺少的组分。水泥加水拌合后，由于水泥颗粒分子引力的作用，水泥浆形成絮凝结构，使 10%～30% 的拌合水被包裹在水泥颗粒之中，不能参与自由流动和润滑，从而影响了混凝土拌合物的流动性。当加入减水剂后，由于减水剂分子能定向吸附于水泥颗粒表面，使水泥颗粒表面带有同一种电荷（通常为负电荷），形成静电排斥作用，促使水泥颗粒相互分散，絮凝结构破坏，释放出被包裹的部分水参与流动，从而有效地增加混凝土拌合物的流动性。

萘系和氨基减水剂属于第二代高效减水剂产品，在国内已经有了很广泛的应用基础。单一使用萘系减水剂或氨基系减水剂，虽然已有成功配制高强混凝土的经验，但普遍看来，单一使用这些产品，混凝土易出现一定程度的泌水或者板结的问题。将萘系和氨基系减水剂复配后使用，可有效提高减水剂的分散能力，对混凝土产生泌水和板结的现象有较大改善。

为了进一步提高减水剂的减水能力，还可在减水剂中掺入超细粉体，利用超细粉体粒径小的特点，减水剂分子吸附于超细粉体上，并以此产生一个"尖劈"点，进一步将水泥颗粒分散，有效地打开水泥浆体的网状结构，充分释放出自由水，实现更高的减水率，如图 6-8 所示。

图 6-8　多组分复合高效外加剂工作机理示意图

三、长效保塑剂 CFA

提高混凝土的保塑时间，是保证混凝土在经过长时间的运输和超高泵送后仍然能够满足现场施工条件的关键。目前，国内很多外加剂厂商通过复合缓凝剂的做法，减缓水泥 C_3A 和 C_4AF 的水化速度来提供有限的保塑效果。根据静电斥力效应理论，减水剂与水泥混合后吸附于水泥颗粒表面，颗粒间的静电斥力大于范德华力，颗粒分散。而随着时间的推移，颗粒间的 Zeta 电位值减低，静电斥力小于范德华力，颗粒重新聚拢，混凝土的工作性能下降（图 6-9）。根据这一理论，项目组设计出利用沸石粉作为载体硫化剂吸附减水剂，并将减水剂在混凝土拌合后一定时间内缓慢释放，从而保持颗粒间的 Zeta 电位，使混凝土坍落度、扩展度和倒筒时间等参数在 3h 内不发生变化（图 6-10）。

除了利用CFA实现混凝土的长久保塑时间外，复合外加剂在超高泵送过程中也表现出了优异的稳定性。利用CFA取代了传统泵送混凝土所使用的引气剂，避免了引气剂产生的气泡在超高压力的泵送管道中破裂的问题。

在本项目中，该技术实现的最长保塑时间达到了4h。混凝土的工作性能与生产线出机时的工作性能保持一致。

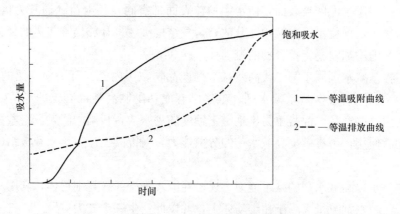

图6-9 CFA的吸附—释放机理

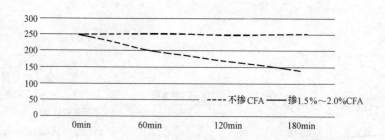

图6-10 减水剂与CFA复合后大幅度提高混凝土保塑性能

四、骨料优选效应

骨料占据了混凝土总组成的70%以上，其质量水平对混凝土的性能影响巨大。

（一） 粗骨料的粒径对抗压强度的影响

在配制HPC和UHPC时，应尽可能采用粒径较小的粗骨料，而且随着混凝土强度提高，最大粒径的尺寸应进一步降低。原因如下：

按断裂力学理论分析，把粗骨料作为UHPC中的缺陷。粗骨料的粒径D作为裂缝大小（缺陷椭圆孔直径）。

在无限大的弹性板中断裂应力 σ_0 如下式所示：

$$\sigma_0 = \sqrt{\frac{\alpha E \gamma}{\pi a}}$$

在三维的弹性板中的断裂应力 σ_0 如下式所示：

$$\sigma_0 = \sqrt{\frac{\pi E \gamma}{\alpha(1-\upsilon^2)a}}$$

式中　σ_0——断裂应力；

　　　E——弹性模量；

　　　γ——表面能；

　　　a——缺陷椭圆孔半径；

　　　υ——柏松比；

　　　α——系数。

如 $E=4.5\times10^4\,\text{MPa}$，$\gamma=10\times10^3\,\text{erg/cm}^2$，$\upsilon=0.2$，潜在缺陷尺寸（椭圆形孔半径 a 可以看作是粗骨料的 D）$D=10\text{mm}$ 时的断裂应力为 σ_{10}，$D=20\text{mm}$ 时的断裂应力为 σ_{20}，则 $\sigma_{20}=0.7\sigma_{10}$，也即骨料的粒径增大，断裂应力降低，混凝土的强度降低。因此配制 MPC 时应选用 $D_{\max}\leqslant20\text{mm}$，强度更高时 $D_{\max}\leqslant10\text{mm}$。

（二）　细骨料的细度模数对混凝土性能的影响

骨料的级配对混凝土的流动性和硬化混凝土的影响都很大。骨料的级配越好，密实度高，空隙率低，在相同的水泥浆用量下，混凝土的流动性好。对于细骨料采用的是河砂，砂子太粗，影响流动性，并容易产生泌水；砂子太细，在相同的砂率下，流动性差。通过试验，2.6～3.0 的中砂，较符合配制 HPC 和 UHPC 的要求。

（三）　粗骨料级配对混凝土性能影响

粗骨料的级配对混凝土的力学性能有非常明显的影响，级配良好的骨料具有较大的堆积密度和较小的空隙率。在其他条件相同的情况下，堆积密度越大，空隙率最小的骨料，其级配可以获得较高的强度和密实度。根据最大密度曲线理论，固体颗粒按粒度大、小，有规则地组合排列，合理搭配，可以得到密度最大、空隙最小的混合料。因此，碎石的堆积密度存在一个合适的大、小石子比例，在这个比例的骨料可以得到最大的堆积密度（即最小的空隙率），减少填充的砂浆用量，从而获得良好的混凝土强度和流动性。

国内、外相关资料研究表明，两种不同粒径的骨料按不同比例搭配时，其堆积密度呈如图 6-11 所示的变化规律。两种大、小不同粒径的骨料相互搭配时，最密实（堆积密度最大，空隙指数最低）的搭配比例为 60%：40%～80%：20%，即偏小的骨料占总骨料的 20%～40%。

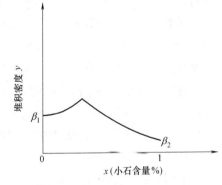

图 6-11　二元混合骨料堆积密度与小石含量的关系

（参考：［法国］弗朗索瓦·德拉拉尔. 混凝土混合料的配合［M］. 北京：化学工业出版社，2004）

通过计算可得出理论最佳大、小石比例：5～20mm 碎石的表观密度为：2690kg/m³，10～20mm 大石的堆积密度为 1430kg/m³，5～10mm 小石的堆积密度为 1395kg/m³。假设 5～10mm 小石全部填充于 10～20mm 大石的空隙形成较紧密堆积，即 1430kg 大石堆

积为 $1m^3$，空隙率为 53%，$0.53m^3$ 的空隙由小石堆积填充，$0.53 \times 1395 = 739kg$，$739/(1430+739) = 34\%$，大、小石的质量比例为 $66\% : 34\%$。

（四）　粗、细骨料搭配比例对混凝土性能的影响

有关粗、细混合骨料堆积密度的研究表明，随着细骨料含量的变化，混合料的堆积密度会出现一最大值（图 6-12），这一最大值一般对应于细骨料的质量含量在 $35\% \sim 45\%$ 的范围内。

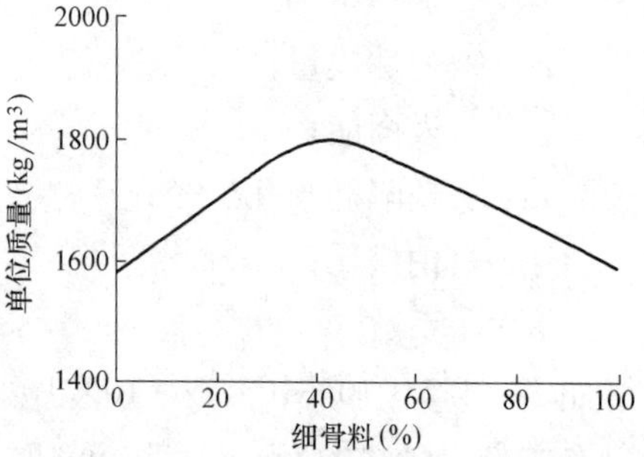

五、原材料的优选

（一）　水泥

配制 C80 强度等级以上 MPC 宜选用强度等级不低于 52.5 的硅酸盐水泥，并符合国家及地方现行规范的规定。

图 6-12　细骨料混合体系堆积密度的变化

（参考：［加拿大］西德尼·明德斯. 混凝土［M］. 北京：化学工业出版社，2005）

（二）　矿物掺合料

为了确保 MPC 的物理力学性能及施工性能，并达到节能降耗的目的，混凝土中必须掺入高炉矿渣粉、硅粉、粉煤灰等矿物掺合料。

（三）　高炉矿渣粉

选用的高炉矿渣粉除应满足国家及地方现行规范的要求外，还应符合以下要求：

（1）比表面积应大于 $400m^2/kg$。

（2）含水量应不大于 1%。

（3）烧失量应不大于 5.0%。

（四）　硅粉

硅粉是常用的高强混凝土掺合料，通过使用水泥＋矿粉＋硅粉的复掺胶凝材料体系，进行 MPC 的配制。在试验中，通过控制硅粉的掺入量，在不引起混凝土黏度增大的情况下，有效地利用了硅粉的滚珠效应，能保持混凝土良好的工作性能和强度要求。

用作高强高性能混凝土掺合料的硅粉应符合以下质量要求：

（1）SiO_2 含量 $\geqslant 85\%$。

（2）比表面积（BET 氮吸附法）$\geqslant 18m^2/g$。

（3）密度约 $2200kg/m^3$。

（4）平均粒径 $0.1 \sim 0.2\mu m$。

（五）　微珠

微珠是一种超细粉，平均粒径不超过 $1.2\mu m$，在水泥、微珠和硅粉的三组分复配的复合粉体中，微珠填充水泥粒子间的孔隙，硅粉又填充微珠粒子间的孔隙，得到密实填充的粉体，在提高强度、改善减水率的同时，利用微珠的滚珠润滑效应，提高混凝土的工作性能。

微珠的基本要求如下：

（1）烧失量 $\leqslant 5\%$。

（2）含水率≤1％。

（3）标准稠度需水比≤95％。

（六）　细骨料

应选用质地坚硬、级配良好的河砂，其细度为中等粒度，细度模数为2.6～3.0，对0.315mm筛孔的通过量不应少于15％，对0.16mm筛孔的通过量不应少于5％。含泥量不超过1.0％，且不容许有泥块存在，必要时应冲洗后使用。

砂子进场后应检验砂子的颗粒级配、含泥量等指标。

（七）　粗骨料

应选用质地坚硬、最大粒径不大于20mm的碎石。粗骨料母岩的抗压强度应比所配制的混凝土抗压强度高20％以上。粗骨料中针、片状颗粒含量不宜超过5％，且不得混入已风化颗粒，含泥量应不超过0.5％，泥块含量不宜大于0.2％。

碎石进场后应进行筛分和含泥量检验。

粗骨料最大粒径与输送管径之比：泵送高度在50m以下时，对碎石不宜大于1∶3；泵送高度在50～100m时，宜在1∶3～1∶4；泵送高度在100m以上时，宜在1∶4～1∶5。

鉴于本工程中混凝土超高泵送施工对原材料要求严格，且目前国内有关C80高强度等级混凝土施工技术的标准及规范较少，故所选粗骨料、细骨料质量指标应符合国家及地方现行规范的规定。

（八）　复合高效外加剂

本项目MPC应用复合高效外加剂，其中各种成分的质量应符合国家及地方现行规范的规定。减水剂的品种和掺量通过与水泥的相容性试验和混凝土试配后选定。

高效减水剂进场后应检验其减水率、对混凝土凝结时间的影响及坍落度经时损失等。

（九）　保塑剂

依据沸石粉体作为载体制备成CFA可以大幅度提高混凝土的保塑效果的理论，我们将超细粉、高效减水剂及其他掺和料进行均匀拌合，并作干燥处理后制备出高效保塑剂，在进行MPC配制时，通过调整保塑剂的掺量，可以控制混凝土的保塑时间，并且不影响混凝土的正常凝结。

（十）　自养护剂

自养护剂作为混凝土水源的载体，不仅可以保障混凝土的正常水化，还可以降低混凝土内部毛细孔洞的体积，降低混凝土早期收缩率。当前可用作水分载体材料的主要分有机材料和无机材料，有机材料如混凝土用的SAP树脂，无机材料如陶砂粉。而本项目采用的自养护剂粉体，既具有吸水、放水及增强作用，还具有增稠作用。

（十一）　微膨胀剂　（EHS）

在混凝土中掺入了低掺量的EHS膨胀剂，利用混凝土在自养护剂下可水化充足的特点，充分发挥低掺量EHS的膨胀作用，补偿一部分早期收缩，使混凝土的早期收缩处于一个极低的状态。

（十二）　拌合水

使用自来水，其质量应符合国家及地方现行规范。此外，为尽量降低夏季高温时混凝土生产的温度，专门购买制作冰屑的机器，生产过程中投放冰碴、冰屑。

（十三）其他

选用非碱活性骨料；当结构处于潮湿环境时，如受资源限制不能选用非碱活性骨料，可使用低碱活性骨料（砂浆棒法测定膨胀量不大于 0.06%），但混凝土中的含碱量必须小于 3kg/m³；严禁使用碱活性骨料。砂、石骨料必须定期检验其碱活性。

防止钢筋锈蚀，钢筋混凝土中的氯盐含量（以 Cl⁻ 重量计）不得超过水泥重量的 0.2%；并满足下述要求：以骨料重量（无水）的百分数计，粗骨料小于 0.04%，细骨料小于 0.08%。对于预应力混凝土，氯盐含量应低于水泥重量的 0.06%。必须定期检测砂中的 Cl⁻ 含量。

六、实验过程及验证内容

为了配制绿色多功能混凝土，攻关小组在搅拌站的配合下，进行了上百种近千组实验室试配及大量的模拟实验，验证配合比：

（一）强度实验

制作标准 150mm×150mm×150mm 的试件，验证所有配合比 3d、7d、14d、28d 的强度。

（二）工作性能实验

对每组配合比进行坍落度、扩展度、倒筒时间的检测，并且通过将部分试样放置于阳光下暴晒 3h，模拟实际运输和泵送过程的高温情况，再进行坍落度、扩展度、倒筒时间实验，检测其保塑性能。

（三）温度检测

利用电子测温仪、水银温度计检测混凝土出机温度，并利用仪器设备检测混凝土绝热温升情况。

（四）压力泌水

利用 30MPa 压力泌水仪，模拟检测高强、超高强混凝土在泵管内经过超高压挤压的情况下，是否会发生离析泌水。

（五）自密实性能检测

利用 U 形流动仪，分别检测 0h、2h 或者 3h 混凝土自由上升的高度，初步验证各组配合比是否满足规范规定的自密实性能要求（图 6-13）。

图 6-13 U 形流动仪

（六）　早期收缩率检测

利用自制的收缩率检测设备（图6-14），在恒温干燥的环境中测定各试块配合比24h、48h、72h的早期收缩率，通过对比，找出最适合双层劲性钢板剪力墙结构体系的MPC。

图 6-14　收缩率检测仪

（七）　大机试拌

在实验室试配完成后，在某一种混凝土配合比的各项性能较其他配合比更加优良，能满足东塔项目各项需求的情况下，进行生产线的大机试拌，通过实际生产线搅拌后，放入罐车内，并将罐车置于阳光下搅拌2h，实际模拟混凝土生产和运输过程，再目测罐车内混凝土是否离析，并进行坍落度、扩展度、倒筒时间、温度、压力泌水、U形流动仪上升高度等各项性能检测，验证其是否具有良好的保塑性能。

（八）　L形流动实验

考虑到混凝土在复杂结构体系中的流动性和密实性，在U形流动仪的基础上，自制L形箱（图6-15），在箱中设置多道格栅，间距150mm，通过混凝土穿过格栅的数量和流动填充性，模拟实体中混凝土穿过钢筋的情况。经试验验证，具有良好流动性能的C60、C80、C120MPC能在无振捣的情况下，顺利流过所有格栅，并很好地填充密实。

（九）　小型L形模拟构件实验

实体验证C80MPC配合比的流动性和填充性，并通过抽芯，检测混凝土3d、7d、14d、28d的强度发展。

图 6-15　自制L形箱

用多功能绿色C80混凝土浇筑具有2道钢筋隔栅的L形试件，如图6-16所示。检测混凝土流过钢筋充满模具的性能。混凝土配合比（kg/m³）为：水泥：微珠：Ⅰ级粉煤灰：增稠粉：膨胀剂：水：砂：石＝320：80：170：15：8.8：142：800：900。自行研发的减水剂掺量为1.9％，保塑粉掺量为1.5％。新拌混凝土试验中初始状态下倒筒时间6s，坍落度260mm，扩展度680mm×710mm，U形仪升高320mm；3h后倒筒时间5s，坍落度250mm，扩展度680mm×680mm，U形仪升高320mm。新拌混凝土的保塑性、保黏性很好，能满足3h的施工操作。

混凝土自收缩与早期收缩，24h、48h、72h、10d、20d、25d、35d收缩率分别为0.103‰，0.106‰，0.099‰，0.177‰，0.313‰，0.389‰，0.417‰，72h自收缩与早

图 6-16　小型 L 形模拟构件

期收缩为 0.099‰，比原来 C80 混凝土的自收缩与早期收缩的 0.19‰降低一半。水化热初温为 28℃，开始升温时间为入模 14h，温峰时间 28h，温峰值 74℃，内外温差 25℃。自养护 3d、7d、28d、56d 抗压强度分别为 56.6MPa、75.6MPa、92.1MPa、95.6MPa；湿养护 3d、7d、28d、56d 抗压强度分别为 50.6MPa、66.5MPa、86.1MPa、90.6MPa。7d、28d 芯样强度分别为 76.9MPa、89.9MPa；自养护试件强度 77.6MPa、107.6MPa。芯样检测强度超过了 C80 强度等级，但同条件自养护试件强度比芯样强度更高，超过了 20%。

小型模拟试验的结果说明：本项目开发的多功能高性能混凝土具有优异的自密实、自养护、低水化热、低收缩、高保塑及高耐久性。

（十）　小型墙模拟实验

设计一面小型墙体，尺寸为 2500×500×2000mm，在墙内布设测温管，浇筑过程免振捣，脱模后免养护，观察其表观、强度及温度等的发展情况。

为进一步将本研究成果用于东塔混凝土剪力墙，降低或消除墙面裂缝，在混凝土公司进行了剪力墙结构构件模拟试验。

先浇筑 10cm 厚钢筋混凝土墙板，并按实际结构布置穿钉，从钢筋混凝土墙板每隔 20cm 穿一根钢筋进入新浇筑的 35cm 厚混凝土墙中，板两端还布置暗柱钢筋，观察在约束情况下，混凝土开裂的情况。

混凝土配合比与模拟试验相同。混凝土 7d、14d、28d、60d、90d 湿养护下强度分别为 67.3MPa、82.2MPa、96.1MPa、101.1MPa、101.2MPa，自然养护下强度分别为 77.8MPa、84.4MPa、100.3MPa、103.9MPa、104.0MPa，标准养护下 7d、14d、28d、60d 强度分别为 73.8MPa、83.2MPa、90MPa、98.1MPa。

新拌混凝土坍落度≥260mm，扩展度 680mm×700mm，倒筒时间 4s，U 形仪试验混凝土上升高度≥32cm，入模温度 31℃。混凝土其他性能与小型模拟试验相同。脱模时及脱模半年来墙面未发现裂缝。

（十一）　1：1 模拟外框钢管巨柱实验

设计 1：1 模拟外框钢管田字形巨柱，尺寸 3500mm×5600mm×4500mm，内部浇筑 C80MPC，验证内容如下：

（1）型钢安装和钢筋排设的足够空间；

（2）钢板具有足够的密封性、刚度和表面质量；

（3）现场质量保证程度、坍落度调整、初凝时间、监测程序和强度要求；

（4）混凝土内实现与钢板内壁的密实性和填充性；

（5）满足混凝土温度要求的养护措施；

（6）取芯方法及取芯强度试验。

模拟柱具体设计如下：

模拟柱的内骨架包括十字加劲板、固定外钢板的角钢以及柱内的横向加劲板。

十字加劲板厚 12mm，高 4700mm；横向加劲板厚 12mm；角钢∟80×6，角钢外侧焊接螺杆，用以连接内骨架和外钢板（图 6-17）。内骨架角钢既可增加整体稳定性，也可解决钢板拼缝问题。所有构件在工厂内预制焊接好后运至现场并吊装就位。

内骨架就位后，吊运外钢板，与内骨架通过螺杆连接拼装。连接螺杆和钢板拼装如图 6-18 所示。

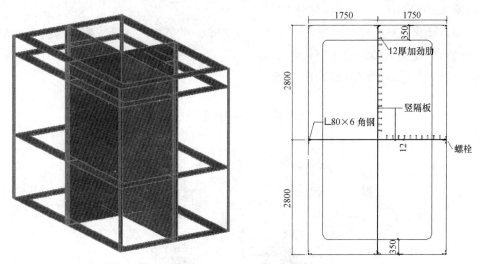

图 6-17　内骨架示意图

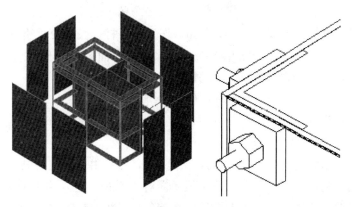

图 6-18　钢板拼装示意图及连接节点

钢板拼装完成后，在外圈每侧加设 6 组背楞，每组背楞采用 2 根 Q235、Ι16 的轻型工字钢，间距由下至上分别为：300mm、400mm、600mm、600mm、800mm、900mm、

900mm。对称两侧的工字钢用直径25mm的螺杆对拉，保证钢板紧贴内骨架。相邻两侧的工字钢上下交错布置（图6-19）。

抱箍连接完后，每组工字钢背侧排设45°斜撑，采用$\phi48\times3.5$钢管。下面3组工字钢的斜撑纵向间距600mm；上面3组的工字钢以十字劲板为中分两跨，两跨中部各设一道斜撑。

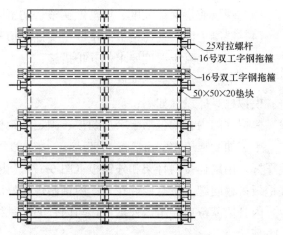

图 6-19　抱箍示意图

右侧标注：
25对拉螺杆
16号双工字钢拖箍
16号双工字钢拖箍
50×50×20垫块

1. 模拟柱施工

用钢管搭设外操作架。现场模拟柱施工场地硬化，在立杆底座与地面之间加设50mm厚垫板，钢管采用普通脚手架钢管，下横杆的布设位置紧贴每组工字钢的下部，并延伸至工字钢下部，起支撑作用。其余竖杆、横杆及剪刀撑等的间距如图6-20所示。

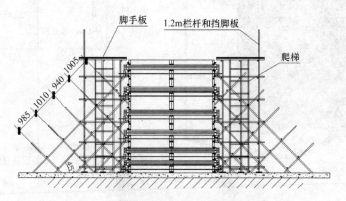

图 6-20　外操作架搭设

最外面一排立杆高出上部平台1200mm，作为护栏杆。大横杆垂直间距1200mm（图6-21）。设置45°剪刀撑和扫地杆，并在第三步水平架上面铺设操作平台（竹筏或木板）。设750mm宽爬梯，施工时方便工人上下外操作架。

加劲板焊接后，在4个腔中进行柱内钢筋的绑扎模拟。

柱内主筋直径为$\phi25$，根据4.5m的柱高，考虑单根下料4.5m，重约17kg。单腔内钢筋数目为32根。箍筋$\phi12$，间距200mm。

施工时，用塔吊将钢筋分批吊至外操作平台上，然后由工人逐根放入筒中。工人采用钢爬梯进入柱内。为保证工人安全，巨柱顶上需有人看护，进入筒中的工人需绑安全带。此外，为保证足够的通风和防止工人中暑，需配备鼓风机及足够的饮用水，并保证30min轮换作业。

为了检测栓钉和混凝土连接的密实性，将预先在第4个腔内的单面加劲板上焊接栓钉，待最后肢解巨柱后检验栓钉的情况。

2. 模拟柱腔内分区

模拟柱腔内分区如图 6-22 所示。

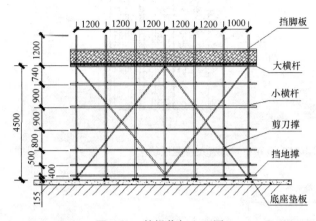

图 6-21　外操作架立面图

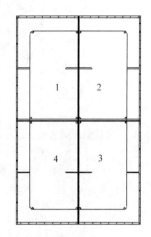

图 6-22　模拟柱腔内分区图

根据实际情况及现场条件，模拟柱的施工部署主要为以下几点：

1 号腔：超声波管，3d、7d、14d、28d 抽芯检测，测温管。

2 号腔：超声波管，冷凝循环水管，测温管。

3 号腔：超声波管，3d、7d、14d、28d 抽芯检测，测温管，试模。

4 号腔：超声波管，焊接栓钉，测温管。

3. 声管预埋及固定

（1）监测的内容。包括箱型钢管柱内部混凝土与钢管柱壁的附着与剥离情况，以及混凝土的完整性。

（2）声管埋设位置。在巨柱内 4 个腔混凝土浇筑之前先将 $\phi 48 \times 3$ 的钢管分别埋设在每个腔的四个角上（作声测管），点焊于加劲板或者绑扎于钢筋上，钢管底面高于巨柱 50mm，顶面与巨柱顶面平，上下端均用木塞塞紧，防止混凝土进入。

（3）埋设注意事项。待混凝土浇筑完毕后，混凝土面低于钢板顶面 200mm。

拔出塞子向管内注满清水，采用一段直径略大于换能器的圆钢作疏通吊锤，逐根检查声测管的畅通情况及实际深度。

用钢卷尺测量同一腔内各声测管之间净距。超声波管的埋设及检测范围如图 6-23 所示。

4. 测温管、冷凝水预埋设及固定

为了检测巨柱内部温度变化，观察大体积混凝土水化热的发展情况，在 2 腔、4 腔内埋设测温管，2 腔及 3 腔内埋设冷凝水管。分别在模拟柱底部以上 50cm、模拟柱中部、模拟柱顶部以下 50cm 处埋设测温管（$\phi 48 \times 3$ 的钢管），分别绑扎于钢筋上。此外，布设 U 形冷凝水管，$\phi 32 \times 2.5$ 的铸铁管，用于检验冷凝水管降温措施的可行性。测温管埋设在 4 个腔内，具体的布置如图 6-24 所示。

5. 浇筑工艺

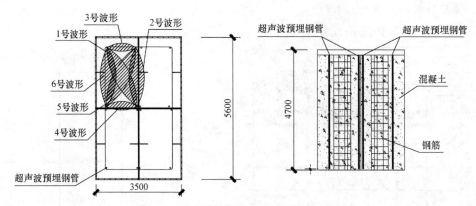

图 6-23　超声波检测管布置位置及检测区域

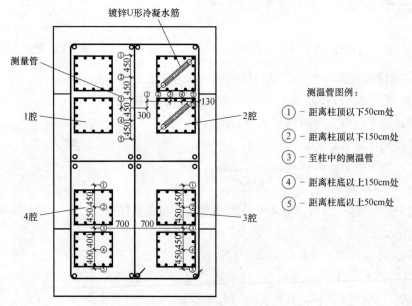

图 6-24　测温管及冷凝水管埋设位置

混凝土浇筑前，在钢板内表面均匀地刷上脱模剂。

混凝土浇筑采用汽车泵，泵管出料口深入筒腔内，出口应与浇筑面形成一个约 50～80cm 的高差，便于混凝土下落产生压力，推动混凝土流动。预拌的混凝土应尽量在出机后 60min 内泵送完毕。预拌混凝土应在其 1/2 初凝时间内入泵，并在初凝前浇筑完毕。泵车泵送混凝土应控制在 30m³/h 左右，尽量保证混凝土在出机后 60min 内泵送完毕。

模拟柱体高度分别为 4.5m 和 3.5m，为保证钢管柱混凝土浇筑过程的均匀性，将通过依次换腔分层浇筑的方式施工，如图 6-25 所示，先按箭头顺序依次浇筑 500mm，再返回腔 1 依次浇筑 500mm，循环浇筑，边浇筑边振捣。使用 4m 插入式振捣棒，工人无需进入筒腔内，只需在柱顶使用矿灯等工具辅助照明，振捣时间根据现场混凝土的实际情况控制在 3～5min，以混凝土表面出现浮浆，不再冒出气泡和混凝土不再沉落为准。此外，还需在钢板侧壁上每隔 0.5m 处做好标记，以保证每次 0.5m 的浇筑高度。振捣时注意不要接触钢筋、加劲板、栓钉和钢板。

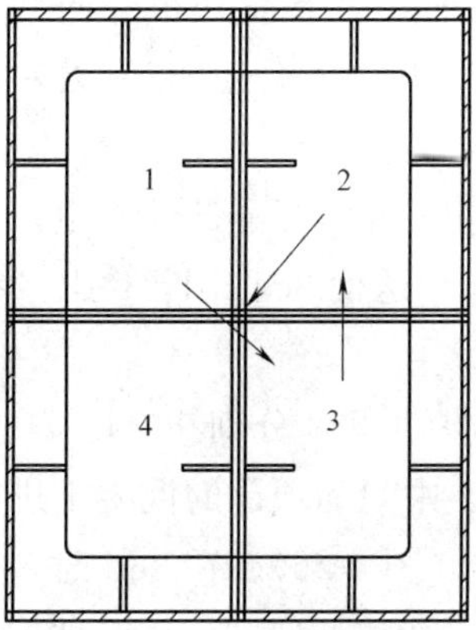

图 6-25　混凝土依次
换腔分层浇筑顺序

6. 检测内容

（1）监测混凝土内外温差。分别从模拟柱底部以上 50cm、中部和表皮以下 50cm 处埋设测温管。通过测量混凝土中心点温度、钢管柱壁部位的温度及表皮以下 5cm 处温度，检查温差情况，并调整其蓄水养护用水的合理深度。控制混凝土内外温差在 25℃ 以内，混凝土内部温度控制在 80℃（其中 C60 及以下混凝土不超过 75℃、C60～C80 不超过 80℃），入模温度不得超过 35℃。

浇灌完混凝土后第一天至第三天：每隔 2h 测量一次温度，作好记录。

浇灌完混凝土后第四、五天：每隔 4h 测量一次温度，作好记录。

根据实时测温情况，及时指导现场采取增加或减少保温层，以控制混凝土的温度在要求范围内。如有需要改变保温措施应增加测温次数。

（2）混凝土养护措施。根据施工总体部署和施工工艺要求，钢管柱内混凝土浇筑完后均可利用高出柱内混凝土完成面的钢管柱进行蓄水及覆盖麻袋养护。因此，模拟柱施工过程中管内的混凝土蓄水养护 14d（实际施工中 5d 便可浇筑上一节混凝土，新混凝土对下层的混凝土有保温作用）。首次，初定顶上蓄水 200mm，蓄水在混凝土初凝后开始，并在混凝土完成面设置泄水孔。

为保证混凝土养护时温差在控制范围内，应采取如下措施：

1）模拟柱顶面蓄水养护。

2）蓄水养护 5d 后，顶端改为保温棉＋防雨布养护至 28d。

3）根据温升的情况，钢板外可覆盖麻袋。

模拟柱混凝土试块养护采用三种养护形式，分别为：

• 标准养护。采用标准养护的试件，按规范要求留置混凝土组数，在温度为 20±5℃ 的环境中静置一昼夜至二昼夜，然后编号、拆模。拆模后应立即放入温度为 20±2℃，相对湿度为 95% 以上的标准养护室养护，或在温度为 20±2℃ 的不流动 Ca(OH)$_2$ 饱和溶液中养护。标准养护室内的试件应放在支架上，彼此间隔 10～20mm，试件表面应保持潮湿，不允许被水直接冲淋。标准养护龄期为 28d。

• 自然同条件养护（绝热温升检测）。利用现场测温管实测温度上升情况代替绝热温升试验。

为测试模拟柱内浇筑混凝土的强度，拟采用在模拟柱内设置一组试块模具，具体尺寸为 150mm×150mm×150mm。为了便于模拟柱完全浇筑后取出试块，绑扎 200mm×200mm×600mm（净空）钢筋笼，设置在模拟柱上表面下方 1m 处。具体操作方法为：同一车混凝土对模拟柱内进行浇筑的同时，对试块模具进行灌注，压实后收光抹平，待模拟柱混凝土浇筑到约 3.3m 高度时将油纸包裹的试块模具放入焊接在柱内壁上的钢筋笼中，继续浇筑混凝土。

钢筋笼采用Φ12的钢筋绑扎，各个面均匀布置四根，同时四个角设置四根竖向钢筋用于固定。钢筋笼绑扎完成后侧面焊接于纵向十字加劲板上，待上述浇筑至3.3m处左右放入试块。

• 自然同条件养护。用试模制作150mm×150mm×150mm立方体标准试件4组，放于巨柱旁边，与实体构件保持相近的温度与湿度进行养护，分别送检3d、7d、14d、28d强度。

4）取芯方法及取芯强度试验（强度和弹性模量检测）。养护期间，分别在3d、7d和14d三个时间点对巨柱混凝土抽取1个芯样，分别对巨柱底部、中间和顶部的混凝土进行抗压试验。采用地勘钻芯取样的方法对每个试件进行钻芯取样（图6-26）。在28d时，按照规范要求抽取另2个芯样，取上、中、下三部分作出3个试件用于测定圆柱体试件抗压强度，另外一个芯样也制作成3个试件，用于测定圆柱体试件弹性模量。

此外，拆模后需额外对1、3腔侧向抽芯，并将芯样送实验室检验其强度。

抽芯强度选取位置为1腔、3腔，具体位置详见图6-27。

图6-26　巨柱内埋强度试块及抽芯检测

• 混凝土强度增长的速度：根据不同的养护方式，养护期间分别在3d、7d和14d三个时间点对巨柱混凝土抽取1个芯样，分别对巨柱底部、中间和顶部的混凝土进行抗压试验以监测混凝土的强度以及通过对比观察混凝土强度增长的速度。

5）无损检测。

• 超声波检测。浇筑并养护14d后，利用预埋的超声波检测管作为发射源和接收器进行超声波检测。一个腔的某根超声波管发射信号，其余三根接收信号并得到三个波形，

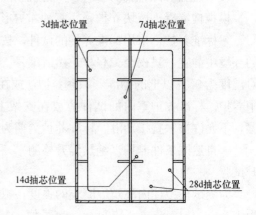

图6-27　抽芯范围布置图

通过接收到的波形分析判断混凝土内部是否匀质，是否存在空隙。

所有模拟柱试件均做该超声波检测试验，每个腔中超声波管分上、中、下分别发射超

声波，于是每个腔得出 18 个数据，每个试件得出 72 个数据，全面检测混凝土的密实情况。

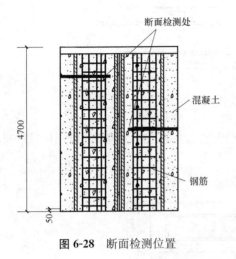

断面检测处

混凝土

钢筋

4700

50

图 6-28 断面检测位置

• 断面检测。将模拟柱的四个单腔柱分离，拆去柱外面的钢板后，用塔吊将单根混凝土柱放倒，在指定的位置沿横向切割开，观察混凝土断面的密实度情况。要求混凝土的断面密实，没有孔隙。断面检测选取模拟柱中部和上部两种不同部位，横向切开后，观察混凝土的密实度（图 6-28）。

此外，解体第 4 个腔，观察检验混凝土与栓钉连接的情况。

经过上述详尽周密的实验安排、实施及检测，成功地对比验证了 MPC 能满足巨柱浇筑施工的需求，具有优异的高强度、高稳定、低热、低收缩、自密实、自养护性能。

（十二） 1∶1 模拟双层劲性钢板剪力墙模拟实验

实体性钢板墙的双层钢板、钢筋、栓钉以及埋件等实际情况，浇筑新配制的 C80 混凝土并不加以振捣，检验其自密实性能（图 6-29）。

（1）混凝土浇筑后，不用水和麻袋等养护措施，检验新配制 C80 混凝土的自养护性能。

（2）检测实体的温升状况。

（3）对比验证在双层劲性钢板剪力墙的情况下，C80HPC 和 C80MPC 裂缝的产生和发展情况，实测模拟实验裂缝产生的数量、宽度和深度等数值，检验其微收缩性能。

（4）抽芯检测混凝土实体强度。

1∶1 模拟双层劲性钢板剪力墙体设计如下：

选择 6.0mm 长的双层钢板剪力墙，在墙的一端连接一段连梁，此处由于钢筋密集，混凝土浇筑时振动棒无法插入振捣，只能靠混凝土自身流动，浇筑质量较差。通过模拟此处的混凝土浇筑，可以很好地检验混凝土的自密实。

图 6-29 模拟钢板剪力墙

根据实验内容，选择墙体尺寸为 6.0m×1.5m×4.5m，（参考 T-4～T-5 交 T-C 轴墙体），墙体内双层钢板墙采用木模板外包 3mm 厚钢板模拟，栓钉采用 $\phi18$ 钢筋头，间距 200mm×200mm，墙体两端均设有暗柱，暗柱配筋同 ARUP 结构设计 AZ12（F1～F11）。

此外，内腔不浇筑混凝土，混凝土浇筑过程中直接填充砂，腔外从墙体两端的中部用快易收口网隔开，采用两种配合比，一边浇筑一种混凝土配合比（图 6-30）。

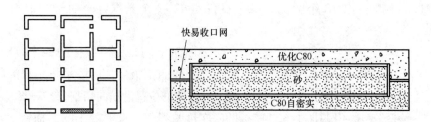

图 6-30 构件索引图

模拟墙具体尺寸、模拟墙角部暗柱配筋、混凝土连梁与墙连接大样如图 6-31～图6-33 所示，连梁和墙身配筋见表 6-1、表 6-2。

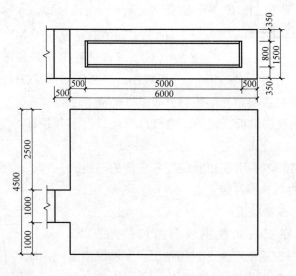

图 6-31 构件示意图

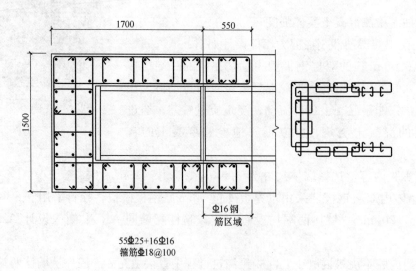

55Φ25+16Φ16
箍筋Φ18@100

图 6-32 暗柱配筋图

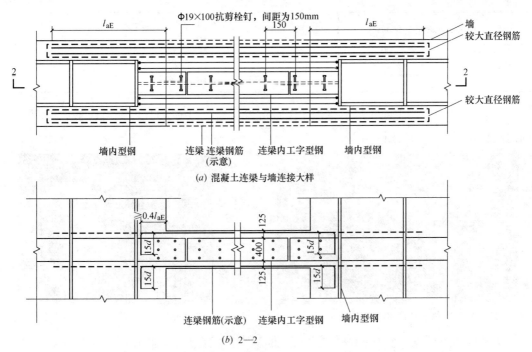

(a) 混凝土连梁与墙连接大样

(b) 2—2

图 6-33　混凝土连梁与墙连接大样

<table>
<tr><td colspan="6" align="center">连梁配筋　　　　　　　　　　　　　　　　　　　　　　表 6-1</td></tr>
<tr><th>截面尺寸</th><th>上部纵筋</th><th>下部纵筋</th><th>箍筋</th><th>腰筋</th><th>型钢尺寸</th></tr>
<tr><td>1500×1000</td><td>69 Φ 25</td><td>69 Φ 25</td><td>Φ 12@100(14)</td><td>12 Φ 25</td><td>700×250×30×30</td></tr>
</table>

<table>
<tr><td colspan="6" align="center">墙身配筋　　　　　　　　　　　　　　　　　　　　　　表 6-2</td></tr>
<tr><th rowspan="2">钢筋排数</th><th colspan="2">水平分布筋</th><th colspan="2">竖向分布筋</th><th rowspan="2">拉筋</th></tr>
<tr><th>外排</th><th>内排</th><th>外排</th><th>内排</th></tr>
<tr><td>4</td><td>Φ 16@200</td><td>Φ 16@200</td><td>Φ 16@200</td><td>Φ 16@200</td><td>Φ 12@600×600</td></tr>
</table>

其中，C80 HPC 配合比（kg/m³）为：水泥：微珠：粉煤灰：砂：碎石：水＝350：60：150：710：1015：130，减水剂掺量为 1.5%；绿色多功能 C80MPC 配合比（kg/m³）为：水泥：微珠：粉煤灰：矿粉：自养护剂：膨胀剂：砂：碎石：水＝320：30：180：40：15：8.8：800：900：142，减水剂掺量为 1.4%。

在进行浇注试验同时，对混凝土进行取样，检测混凝土的收缩性能和不同养护制度下的强度发展情况（表 6-3、表 6-4）。

<table>
<tr><td colspan="3" align="center">试验混凝土的早期收缩情况　　　　　　　　　　　　　表 6-3</td></tr>
<tr><th rowspan="2">龄期</th><th colspan="2">早期收缩</th></tr>
<tr><th>HPC</th><th>MPC</th></tr>
<tr><td>24h</td><td>万分之 6.21</td><td>万分之 0.62</td></tr>
<tr><td>48h</td><td>万分之 6.92</td><td>万分之 0.47</td></tr>
<tr><td>72h</td><td>万分之 7.43</td><td>万分之 0.72</td></tr>
</table>

	混凝土的强度		表 6-4
龄期	强度（MPa）		
	HPC 标准养护	MPC 标准养护	MPC 自养护
3d	77.5	68.2	69.1
7d	77.2	75.3	84.5
28d	107.2	87.5	101.7

脱模后 C80MPC 表面光滑平整，无肉眼可见裂缝，但 C80HPC 则出现了大面积不规则的龟裂缝（图 6-34、图 6-35）。

图 6-34 绿色多功能 C80 混凝土（MPC）

图 6-35 普通 C80 混凝土（HPC）

由试验检测可见，多功能高性能混凝土 MPC 具有显著的高强度、低收缩、低水化热、自密实、自养护的特点。

第三节 C80MPC 配合比验证及确定

东塔项目实体应用 C80 高强混凝土，所以，课题攻关小组首先就 C80MPC 的配比展开一系列的研究，进行了大量不同配合比的对比试验，逐步验证出满足东塔设计和施工需求的 C80MPC。

一、胶凝材料组合研究

硅粉是常用的高强混凝土掺合料，通过使用水泥＋矿粉＋硅粉的复掺胶凝材料体系，进行 C80 的配制（表 6-5）。在试验中，硅粉掺量为 3%，通过控制硅粉的掺入量，没有引起混凝土黏度增大，有效地利用了硅粉的滚珠效应，使得混凝土在 $W/B=0.26$（包括外加剂用水）时，能保持良好的工作性能和强度要求。

				硅粉复掺混凝土配合比			表 6-5
编号	C	BFS	SF	S	G	W	A
D100205	400	150	15	700	995	140	2.3%
D092703	400	150	15	695	1000	140	2.2%
D100304	400	150	15	700	995	140	2.1%

编号	倒筒时间（s）	坍落度（mm）	扩展度（mm）	强度（MPa）			
				3d	7d	14d	28d
D100205	3.7	235	700	79.0	86.0	87.2	97.7
D092703	4.5	245	635	82.0	87.0	90.4	102.5
D100304	5.0	245	690	78.4	88.0	91.2	106.2

为了避免硅粉对收缩的不利影响，使用微珠代替硅粉进行 C80HPC 配制（表 6-6）。使用微珠代替硅粉后，当矿粉和水泥掺量相似时，低掺量的微珠对混凝土的增强效果略低于硅粉（D100604 号配合比），但在微珠掺量提高以后，混凝土的强度有了较大的发展，甚至可以超过掺 3％硅粉的配合比。由于采用了微珠，混凝土的减水效果更好，混凝土的单方用水量从 140kg 降低至 135kg，配合比的富余强度较高，水泥用量也由 400kg/m³ 降低至 350kg/m³。

微珠复掺混凝土配合比　　　　　　　　　　　表 6-6

编号	C	BFS	MB	S	G	W	A
D100402	400	50	100	730	975	135	1.65％
D100502	400	50	100	730	975	135	1.60％
D100604	400	140	30	700	990	140	2.00％
D101002	350	120	80	700	985	135	1.8％
D101004	350	150	60	700	985	135	1.7％
D101005	350	150	60	700	985	135	1.7％

编号	倒筒时间(s)	坍落度(mm)	扩展度(mm)	强度(MPa)			
				3d	7d	14d	28d
D100402	2.9	250	685	78.6	88.7	86.3	105.1
D100502	3.5	235	710	79.0	82.3	91.3	110.3
D100604	3.8	240	665	67.8	87.7	90.5	93.8
D101002	2.2	235	690	68.2	65.5	94.2	100.9
D101004	2.8	245	705	74.0	82.4	101.3	108.5
D101005	3.2	245	700	77.5	77.2	102	107.2

由于混凝土的强度有较高的富余，因此，可以使用Ⅰ级粉煤灰来配制混凝土，进而节约成本，降低水化热和收缩（表 6-7）。在试验中，进一步尝试将混凝土水泥和矿粉用量降低，水泥由 350kg/m³ 降低至 300kg/m³，矿粉由 150kg/m³ 降低至 80kg/m³，在这个过程中，补充的微珠和粉煤灰为混凝土提供了足够的强度保障。但我们也注意到，水泥用量降低至 300kg/m³ 后，混凝土已经强度不足。

胶凝材料复掺混凝土配合比　　　　　　　　　表 6-7

编号	C	BFS	MB	FA	S	G	W	A
D031901	350	150	60	0	710	1015	135	1.7％
D031902	350	80	60	100	690	1000	140	1.2％
D031903	340	80	60	110	690	1000	140	1.2％
D031904	330	80	70	110	690	1000	140	1.2％
D032001	320	80	80	110	690	1000	140	1.3％
D032002	310	90	80	110	690	1000	140	1.3％
D032003	300	100	80	110	690	1000	140	1.3％

续表

编号	倒筒时间(s)	坍落度(mm)	扩展度(mm)	强度(MPa)			
				3d	7d	14d	28d
D031901	4.8	240	725	60.3	76.2	88.6	86.4
D031902	5.7	255	730	63.9	78.5	82.8	90.3
D031903	5.1	255	720	58.8	77.6	85.8	88.8
D031904	5.8	260	720	59.6	72.1	80.1	88.9
D032001	4.2	260	720	47.6	74.4	89.2	87.3
D032002	4.4	245	700	61.4	71.4	85.1	84.8
D032003	2.6	250	705	56.3	68.8	77.9	77.3

而在 C80 混凝土中进一步使用载体流化剂，则可用于具有自密实性能的 C80 混凝土设计，除此外，我们还选择了具有良好形貌的 5～16mm 反击破碎石，通过合理的配比实现了自密实工作性能的要求（表 6-8）。

C80 自密实混凝土配合比 表 6-8

编号	C	MB	FA	NZ	S	G	W	A(复合)
DSCC80	320	80	170	15	800	900	142	1.65%

编号	倒筒时间(s)	坍落度(mm)	扩展度(mm)	U 形仪填充高度(mm)	强度(MPa)		
					3d	7d	28d
DSCC80	6.9	260	650	320	61.9	75.9	92.4

二、C80HPC 工作性能设计

在 C80HPC 的配制研究中，可以发现随着水泥和矿粉组分的逐渐减少，微珠和粉煤灰成分的提高，浆体本身的润滑效果逐渐提高，对混凝土的外加剂使用量逐渐减少。由于这种润滑效果的存在，在配制高强混凝土时低用水量与高流态的问题得到了很好的解决，这也是我们可以较容易地配制出具有高流动性的 C80 混凝土的原因之一。

在超高层建筑中，混凝土的工作性能好坏影响了混凝土泵送能力和在密集钢筋结构下的施工能力，在研究西塔和京基 UHPC 的超高泵送时，将 UHPC 设计为坍落度大于 250mm，扩展度大于 650mm，倒筒时间低于 10s 时，可以基本满足 UHPC 的泵送需要，而在东塔项目中，通过改变混凝土中外加剂的掺量，获得不同工作性能的 C80HPC，在模拟钢筋密布的环境下研究了 HPC 在何种工作性能下，能够满足密集钢筋结构的浇筑施工需求（表 6-9）。

不同工作性能的 C80 混凝土模拟浇筑试验 表 6-9

试验组	外加剂掺量	浇筑试验时工作性能			钢筋间距(mm)	泵送情况	浇筑情况
		坍落度(mm)	扩展度(mm)	倒筒时间(s)			
基准	1.7%	260	700	4	100	顺利泵送	顺利浇筑
对比 1	1.4%	250	660	5	100	顺利泵送	顺利浇筑
对比 2	1.3%	240	640	7	100	顺利泵送	顺利浇筑
对比 3	1.2%	220	580	14	100	泵送较慢	不能浇筑

由于 HPC 的低水胶比，其工作性能在低于一定范围后，混凝土的黏性大幅增加，对泵送和浇筑产生了极大的影响，因此，项目认为在 C80HPC 的配制中，其扩展度不应低于 600mm，否则难以进行浇筑施工。将 C80HPC 的扩展度设计定为大于 650mm，可保证混凝土在钢筋更为密集的结构中的浇筑施工。

三、C80MPC 批量试拌

在东塔项目建设的初期，地下室主体结构中矩形钢管混凝土巨柱中开始应用 C80 混凝土。由于东塔项目巨柱的体量巨大，达到了 5.6m×3.6m，C80 的水化热问题成为了巨柱混凝土配合比的主要矛盾。

在前期试验中，通过使用 C＋BFS＋MB 的胶凝材料体系，选择了两组 C80MPC 混凝土配合比（表 6-10、表 6-11）。

批量试拌对比配合比　　　　　　　　　　　　　　　　表 6-10

| 编号 | 材料用量(kg/m^{-3}) | | | | | | | 研发减水剂(%) | 研发保塑剂(%) |
	P・II52.5	微珠	I 级灰	增稠粉	S95 矿粉	河砂	碎石		
1	300	120	150	—	—	650	1200	1.6	—
2	320	80	170	15	—	800	900	1.9	1.65

C80MPC 性能　　　　　　　　　　　　　　　　表 6-11

| 编号 | 倒筒时间(s) | 坍落度(mm) | 扩展度(mm) | 强度(MPa) | | |
				3d	7d	28d
1	7.2	250	690	79.4	83.1	110.7
2	7.0	260	720	69.1	78.2	102.2

对 C80 混凝土配合比进行了 30 次的实验室试配，并对这些批次的混凝土强度进行了分析统计（表 6-12）。

强度稳定性试验情况　　　　　　　　　　　　　　　　表 6-12

| 试验次数 | 1 号配合比各龄期强度(MPa) | | | 2 号配合比各龄期强度(MPa) | | |
	3d	7d	28d	3d	7d	28d
1	52.3	65.2	94.1	69.1	65.1	102.2
2	64.1	67.4	94.6	65.8	63.2	102.4
3	57.3	79.3	98.2	51.0	62.9	88.5
4	55.2	90.2	99.9	55.1	68.7	96.2
5	61.2	82.2	87.7	62.1	79.6	95.2
6	62.8	78.3	93.6	71.0	84.5	91.3
7	57.6	80.5	97.2	56.4	84.1	102.6
8	62	87.3	97.8	49.7	80.9	92.4
9	65.5	91.0	100.6	81.2	79.1	98.0
10	70.4	88.1	103.8	86.3	84.2	100.2

续表

试验次数	1号配合比各龄期强度（MPa）			2号配合比各龄期强度（MPa）		
	3d	7d	28d	3d	7d	28d
11	62.7	70.4	84.1	80.9	89.8	93.8
12	71.2	87.5	105.2	80.8	89.6	104.8
13	71.8	84.3	92.4	77.6	86.8	95.0
14	70.4	79.9	85.4	75.4	82.2	93.6
15	79.2	82.7	102.2	66.5	80.8	92.6
16	90.1	87.7	106.6	68.0	78.8	93.3
17	75.9	82.7	94.8	70.9	83.0	93.2
18	85.7	91.1	102.4	76.3	81.4	91.5
19	77.1	90.4	94.3	67.1	75.2	86.0
20	75.3	82.7	100.2	66.4	81.8	96.2
21	73.2	84.2	96.5	64.7	81.5	88.9
22	68.0	79.0	95.2	64.8	83.0	94.0
23	61.2	71.6	81.9	59.1	73.8	91.3
24	72.4	84.2	97.5	59.1	76.7	93.0
25	67.5	80	89.8	64.8	76.1	79.2
26	71.2	81.4	98.4	64.5	73.5	89.7
27	70.3	73.4	89.0	68.3	80.4	94.8
28	68.0	80.3	92.7	68.5	76.4	89.0
29	69.5	79.1	96.3	59.9	71.0	86.2
30	68.4	77.5	91.4	59.2	70.9	87.2
各龄期平均值	68.6	81.3	95.5	67.0	78.2	93.4
28d龄期强度标准偏差	6.08			5.58		

　　同时，将这两组配合比送至华南理工大学进行混凝土绝热温升试验（表6-13），在试验中，这两组配合比在3d时间内，核心区域最高温度均没有超过80℃（图6-36）。

巨柱配合比绝热温升试验结果　　　　　　　　　　　　　　　　　　表6-13

编号	平均比热 C_0（KJ/(kg·K)）	初始温度 θ_0（℃）	72h最终温度 θ'_n（℃）	绝热温升 θ_n（℃）
1	0.94	25.7	79.6	66.2
2	0.94	27.0	73.8	57.6

C80HPC氯离子扩散系数试验结果　　　　　　　　　　　　　　　表6-14

混凝土强度等级	试件龄期(d)	氯离子扩散系数(m^2/s)
C80	28	1.35×10^{-12}
氯离子扩散系数 DNEL 值($10\sim12m^2/s$)	混凝土渗透性等级	混凝土渗透性评价
>10	I	高
5～10	II	中
1～5	III	低
0.5～1	IV	很低
<0.5	V	极低

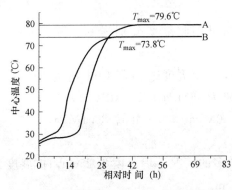

图 6-36　巨柱 C80 配合比水化放热曲线

试验结果：C80HPC 在 28d 龄期抗氯离子渗透等级为 III，渗透性低（表 6-14）。

四、C80MPC 配合比最终确定

表 6-15 中，1 号、2 号配合比为普通 C80 低热混凝土，用水量 135kg/m³。3 号、4 号配合比为自密实自养护混凝土，用水量 142kg/m³，不掺加膨胀剂。5 号、6 号配合比为自密实自养护补偿早期收缩混凝土，外掺膨胀剂 1.5％（8.8kg/m³），用水量 142kg/m³。

（一）1 号配合比——C80HPC 性能介绍

（1）新拌混凝土初始坍落度 225mm，扩展度 595mm×595mm，倒筒时间为 17s；2h 后混凝土坍落度 215mm，扩展度 590mm×590mm，倒筒时间为 11s。

C80 混凝土试验配合比　　表 6-15

编号	材料用量（kg/m³）							发减水剂（％）	研发保塑剂（％）
	P·II52.5	微珠	I 级灰	增稠粉	S95 矿粉	河砂	碎石		
1	300	120	150	—	—	650	1200	1.6	
2	300	100	120	—	50	650	1200	1.6	
3	320	80	170	15	—	800	900	2.0	
4	320	60	140	15	50	800	900	1.6	
5	320	60	170	15	—	800	900	1.7	
6（最终配合比）	320	80	170	15	—	800	900	1.9	1.65

（2）混凝土 24h、48h、72h 自收缩与早期收缩率分别为 0.062‰、0.081‰、0.094‰。

（3）水泥砂浆开始温升时间 23.5h，初温至峰值温度范围为 26～75℃，温峰时间 11h。

（4）3d、7d、28d、56d 抗压强度分别为 58.9MPa、68.1MPa、88.9MPa、92.5MPa。

（二）2 号配合比——C80HPC 性能介绍

（1）新拌混凝土初始坍落度 230mm，扩展度 660mm×660mm，倒筒时间 10s；2h 后混凝土坍落度 230mm，扩展度 660mm×660mm，倒筒时间为 10s。

（2）混凝土 24h、48h、72h 自收缩与早期收缩率分别为 0.142‰、0.170‰、0.190‰。

（3）水泥砂浆开始温升时间 20h，初温峰值温度范围为 28～77℃，温峰时间 35h。

（4）3d、7d、28d、56d 抗压强度分别为 62.2MPa、73.8MPa、86.6MPa、90.4MPa。

（三）3 号配合比——C80SCC 性能介绍

（1）混凝土坍落度为 250mm，扩展度 550mm×550mm，倒筒时间 8s，U 形仪升高 295mm。

（2）混凝土 24h、48h、72h、96h 自收缩与早期收缩率分别为 0.01‰、0.13‰、0.15‰、0.16‰。

（3）水泥砂浆初始温度 26℃，开始升温 23h 后，最高温度达 68℃（36h 后达到）。

（四）4 号配合比——C80SCC 性能介绍

（1）混凝土坍落度为 250mm，扩展度为 650mm×650mm，倒筒时间 7s，U 形仪升

高 320mm。

（2）混凝土 24h、48h、72h、96h 自收缩与早期收缩率分别为 0.15‰、0.18‰、0.19‰、0.25‰。

（3）水泥砂浆初温度 26℃，开始升温 27h 后，最高温度达 79℃（39h 后达到）。

（4）混凝土自养护 3d、7d、28d 抗压强度分别为 56MPa、75.6MPa、92.1MPa。

（5）标准养护 3d、7d、28d 抗压强度分别为 50MPa、66.5MPa、86.1MPa。

（五）5 号配合比——C80SCC 性能介绍

5 号配合比混凝土在无保塑料、针片状颗粒多的情况下坍落度为 25cm，扩展度为 560mm×560mm，倒筒时间 8s，U 形仪升高 300cm。

（六）6 号配合比——C80MPC 性能介绍

（1）6 号配合比混凝土坍落度为 25cm，扩展度为 650mm×650mm，倒筒时间 7s，U 形仪升高 320cm。

（2）在掺加 1.5‰硫铝酸盐膨胀剂、保塑粉、复合减水剂情况下，混凝土 24h、48h、72h、120h 自收缩与早期收缩率分别为 0.103‰、0.106‰、0.099‰、0.11‰。

（3）混凝土 3d、7d、28d、56d 抗压强度在自养护条件下分别为 56.6MPa、75.6MPa、92.1MPa、94.0MPa，湿养护条件下为 50.6MPa、66.5MPa、86.1MPa、90.1MPa；

（4）水泥砂浆初始温度 27℃，开始升温 23h 后，最高温度达 74℃。

由上述实验室数据显示，第 6 组配合比完全满足 C80MPC 的性能要求，并通过后期一系列的模拟实验，最终验证此配合比可满足东塔项目设计及施工需求。

第四节　东塔项目系列 MPC 的超高泵送

一、东塔项目系列 MPC 的超高泵送预判指标

在上述系统完善的试配实验基础上，攻关小组还开展了对 C35、C60 等现场施工所用到的混凝土的具体实验，得出了满足东塔结构体系下，一系列混凝土超高层泵送施工的预判指标，通过这些判定指标，可以在泵送前很好地判定混凝土是否满足超高泵送施工，极大地降低了泵送过程中因混凝土性能问题引起的一系列施工问题。具体预判指标见表6-16～表6-21。

C80 混凝土超高泵送判定指标　　表 6-16

判定指标	发展时间				
内容	1h	2h	3h	4h	泵送后
坍落度（mm）	220±20	220±20	210±20	200±20	200±20
扩展度（mm）	650±30	650±30	630±30	600±30	600±30
倒筒时间（s）	<8	<8	<10	<10	<12
U 形箱（mm）	≥320	≥310	≥300	≥290	≥280
保塑时间（h）	≤4				
初凝时间（h）	≥8				
终凝时间（h）	10～12				
压力泌水	0				
绝热温升（℃）	<75				

满足双层劲性钢板剪力墙的 C80 收缩率判定指标　　　　　　　　表 6-17

判定指标	发展时间	
内容	1d	3d
收缩率(‰)	≤2	≤3

C60 混凝土超高泵送判定指标　　　　　　　表 6-18

判定指标	发展时间				
内容	1h	2h	3h	4h	泵送后
坍落度(mm)	220±20	220±20	210±20	200±20	200±20
扩展度(mm)	620±30	620±30	610±30	600±30	600±30
倒筒时间(s)	<5	<5	<5	<5	<5
U 形箱(mm)	≥320	≥320	≥320	≥320	≥320
保塑时间(h)	≤4				
初凝时间(h)	≥8				
终凝时间(h)	10~12				
压力泌水	0				
绝热温升(℃)	<75				

C60 收缩率判定指标　　　　　　　　　表 6-19

判定指标	发展时间	
内容	1d	3d
收缩率	≤0.2‰	≤0.3‰

C35 混凝土超高泵送判定指标　　　　　　　表 6-20

判定指标	发展时间				
内容	1h	2h	3h	4h	泵送后
坍落度(mm)	200±20	200±20	190±20	190±20	170±20
扩展度(mm)	620±30	620±30	610±30	600±30	580±30
倒筒时间(s)	<5	<5	<5	<5	<5
U 形箱(mm)	≥320	≥320	≥320	≥320	≥320
保塑时间(h)	≤4				
初凝时间(h)	≥6				
终凝时间(h)	8~10				
压力泌水	0				
绝热温升(℃)	<75				

C35 收缩率判定指标　　　　　　　　　表 6-21

判定指标	发展时间	
内容	1d	3d
收缩率	≤0.1‰	≤0.2‰

二、东塔项目混凝土超高泵送施工技术

为保证混凝土超高泵送的顺利实施，在混凝土良好配比的基础上，还需要具体控制混凝土入泵前的质量，并设计合理完善的泵送系统，以及泵送过程中的施工控制。

（一）入泵前的混凝土质量控制

1. 原材料控制

用于超高泵送的高强、超高强混凝土对于原材料的性能波动非常敏感，轻微的材料性能波动都会引起混凝土性能的改变。为了控制混凝土质量，首要任务就是控制原材料质量，加大检验抽检批次（表6-22）。

东塔混凝土原材料抽检批次明细表

表 6-22

名称	规范:混凝土原材料检验要求	实际要求
水泥	同一出厂编号不超过 500t 为一个验收批，不足 500t 也为一个检验批次。 检验项目:细度、凝结时间、安定性、胶砂强度、氧化镁和三氧化硫(每周一次)	250t 为一个批次
粉煤灰	同一出厂编号不超过 200t 为一验收批，不足 200t 也为一个检验批次。 检验项目:细度、烧失量、需水量比、含水量、活性、氧化钙和三氧化硫(每周一次)	100t 为一验收批
微珠	同一出厂编号不超过 200t 为一验收批，不足 200t 也为一个检验批次。 检验项目:细度、烧失量、需水量比、含水量、活性	100t 为一验收批
石头	每 400m³ 一个检验批次。 检验项目:堆积密度、紧密密度、表观密度、含泥量、泥块含量、针片状含量、压碎指标、颗粒级配	每 200m³ 一个检验批次
河砂	每 400m³ 一个检验批次。 检验项目:细度模数、堆积密度、紧密密度、表观密度、含泥量、泥块含量、氯离子(每周一次)	每 200m³ 一个检验批次

此外，还需要搅拌站在生产过程中做到以下几点：

（1）对进场的砂石进行冲洗，保证含泥量满足控制指标。

（2）为东塔混凝土原材料设置独立的堆场，并设置独立的水泥、粉煤灰、微珠等粉料的存储罐，防止混料。

（3）抬高堆场标高，并在周围设排水沟。

（4）搭棚防雨遮阳，止水降温。

（5）铲车铲料的时候，铲斗必须离地约 10cm，不用底部含水、含泥较大的原材料。

2. 混凝土生产过程控制

在混凝土生产过程中，亦有众多环节需要重点控制：

（1）除了操盘手以外，还配置专职的生产监控人员，控制生产配合比与实验配合比基本一致。

（2）严格控制工作时间，操盘手操盘 4h 休息一次，8h 换班，避免因疲劳操作造成的人为疏忽。

（3）为防止出现浆体挂壁或者和前一种配合比残料混杂的情况，第一槽料不允许使用。

（4）购置专业的冰屑生产设备，有效降低投料温度。

（5）将微珠 1t 装 1 袋，用吊车吊入存储罐中，避免其悬浮在空气中。

（6）加大出厂和现场进场的检验批次，由原来的 1 盘 1 次增加至每车检验，从检验指标和观感两方面控制质量，不合格坚决退场处理。

（7）设置专职车辆调度人员，与生产线保持通畅沟通，专职负责东塔 HPC、UHPC 生产运输车辆准确接料，及时出厂，避免接错料的发生。

（8）东塔项目部在每次超高泵送过程中，指派专人在搅拌站蹲点检查。

3. 运输过程控制

混凝土生产完成后，需要在运输过程中进行如下控制：

（1）严格登记供东塔运输的混凝土罐车的车牌、出厂时间和进场时间，通过进出场时间的对比核实车辆行驶时间，控制混凝土运输时间在 1h 以内。

（2）当混凝土质量检验不合格时，坚决要求其退场，根据车牌、退场时间记录，控制退场车辆 2h 内不允许再进入工地。

（3）由于 HPC、UHPC 对含水率和含泥量非常敏感，所以罐车卸料回厂后，必须严格执行洗车 2min 以上的规定，并反洗将罐内积水排干净，现场设置洗车监督员。

（二）泵送系统设计

1. 超高层泵送成套设备选型推荐

（1）超高压混凝土输送泵 HBT90CH-2150D 3 台（其中一台备用）。

（2）HGY20 布料杆 4 台，其中 2 台用于核心筒混凝土浇筑，安装方式为固定于顶模平台随模板爬升，另 2 台用于外围巨型柱的浇筑。

（3）两套超高压耐磨输送管用于水平布管和垂直主管路，每套 600m，壁厚为 10mm，通径 $\phi150$，可承载压力在 50MPa 以上，寿命超过 10 万 m^3，可确保整个施工过程不会因管道磨损而更换。管道连接方式可根据客户要求配置螺栓连接或管卡连接。

（4）两套普通 DN125 低压输送管以及部分 DN150 普通高压管道，用于巨柱和楼面浇筑，方便运输、安装、拆卸，每套 150m，壁厚 5mm，通径 $\phi125$。

（5）管路调整垫及调整管两套，用于解决顶模平台每次爬升的高度不同而需要重新配管的问题。

（6）浇筑核心筒竖向结构墙体时，现场采用臂长 19m 布料机布置于顶模平台上方，满足布料机全方位覆盖整个浇筑工作面要求。

2. 施工设备选型

（1）泵机选型。对于混凝土泵来说，体现其泵送能力的两个关键参数为出口压力与整机功率，出口压力是泵送高度的保证，而整机功率是输送量的保证。在此，我们从理论计算与工程实践两个方面对出口压力与功率进行分析。

泵机首先要满足最高泵送要求，在工程中通常有两种方法计算泵送压力：一种方法为公式计算法，另外一种为半理论半经验计算方法。

（2）理论计算。

计算依据：《混凝土泵送施工技术规程》（JGJ/T 10—95），具体计算过程见第四章。

（3）泵送速度选择

东塔所选泵机的排量为 90m³/h（低压），50m³/h（高压）。

低压泵送速度快，但是泵送力量小；高压泵送速度慢，但是泵送力量大。泵送过程中，具体排量的确定与混凝土的黏度、工作面的高度、混凝土的浇筑情况都有很大的关系，具体原则如下：

——浇筑面大，可持续泵送时间长，且泵送高度低、混凝土黏度低，则可优先选择低压泵送。

——若混凝土标号高，黏度大，泵送高度高，且布料机需要经常移位的条件下，优先选择高压泵送。

——在低压泵送的过程中，如果发现压力表的读数已经超过 20MPa，则可调低排量，但当排量已经调低至 50%，压力仍持续高于 20MPa，则需要换成高压（表 6-23）。

不同标号的混凝土超高泵送的泵机排量及压力值　　　　　表 6-23

标号	高度(m)	高/低压	排量（m³/h）	压力（MPa）
C35	≤150	低	90	14～15
C35	>150	高	50	13～16
C60	全	高	30	13～16
C80	全	高	30	13～16
C120	≥500	高	20	14～17

（4）半理论半经验计算。对普通混凝土的泵送压力损失的测算，可按《混凝土泵送施工技术规程》JGJ/T 10 推荐的计算方法。但《混凝土泵送施工技术规程》JGJ/T 10 不适用于高强混凝土，主要是 C50 以上混凝土强度等级越高，拌合物黏性越大，泵送过程中的压力损失越大。经验数据见表 6-24。

不同等级混凝土压力损失测算平均值归纳表　　　　　表 6-24

混凝土强度等级	换算每米水平管道沿程压力损失最大值 ΔA_{max}（MPa/m）	换算每米水平管道沿程压力损失最小值 ΔA_{min}（MPa/m）	换算每米水平管道沿程压力损失平均值 ΔA（MPa/m）	每米垂直管道压力损失最大值 ΔB_{max}（MPa/m）	每米垂直管道压力损失最小值 ΔB_{min}（MPa/m）	每米垂直管道压力损失平均值 ΔB（MPa/m）
C70	0.027	0.019	0.022	0.052	0.044	0.047
C60	0.020	0.009	0.020	0.050	0.034	0.0405

通过以上数据，再根据工程中泵管的现场长度，可以得到计算值。考虑选择超高泵送设备时，应留有 25% 的泵送压力富余量，因此现场实际泵送压力不小于 1.25 倍的计算值。

通过以上两种计算方法的综合比选，可以对泵机的泵送压力进行选择，从而选择优良的泵机设备。

3. 超高压管道设计

输送管通径规格选择。在每小时混凝土输出相同的情况下，改变输送管道的横截面对流量、耐磨性、压强和混凝土在管道中停留的时间有直接影响。与 DN125 的输送管道相比，DN150 管道的截面积增大了约 44%。这会使沿程压力损失下降 20% 以上，磨损也会相应下降，但随着流速下降，混凝土停留在管道中的时间会增加。当泵送高度为 530m 时，如果采用 150A 输送管，则混凝土在管道中的停留时间要达 20min 以上。

综合考虑，推荐采用 150A 壁厚为 10mm 的超高压输送管道。

4．泵管选型

（1）泵管材质。由于超高层建筑高性能混凝土的使用量较大，而高性能混凝土的黏度非常大，致使泵送压力及管内混凝土压力很大。因此，要求所使用的混凝土泵管自身强度较高，建议采用 45Mn2 钢，调质后内表面高频淬火，硬度可达 HRC45～55，寿命比普通管可提高 3～5 倍。

（2）管径及壁厚选择。

随着楼层升高管径及壁厚均应作相应的调整。25m 以下的管径及壁厚宜为 $\phi146 \times 12$ 厚，25m 以上，300m 以下的管径及壁厚宜为 $\phi146 \times 10$，300m 以上的管径及壁厚可以为 $\phi140 \times 7$。

由于混凝土弯管处一般承受的压力和管壁摩擦力均较大。因此，弯管宜采用耐磨铸钢，厚度不小于 12mm，以保证弯管的长期耐用。

5．广州东塔项目泵送设备部署

（1）超高泵送设备部署总体思路。混凝土输送管路根据建筑结构的平面布置形式，施工组织设计有关标准层单位时间内需浇筑的混凝土方量等进行综合考虑。为了不影响超高层混凝土浇筑的连续供应，输送管一般应至少布置 2 路，输送泵 3 台，其中 1 台备用。

（2）布置原则

1）超高压输送泵管应尽量避开人流量较大的通道处。

2）第一道水平弯管距离输送泵最短应不小于 3m。

3）距离输送泵 10m 左右应设置一个水平截止阀。

4）竖向管道应在第一次穿越楼层处设置一个截止阀。

5）水平管的长度应不低于泵送高度的 1/4，包括弯管折算长度。

6）水平管两边应设置安全防护设置。

7）输送管的起始水平管段长不应小于 15m。

8）除出口处采用软管外，输送管路的其他部分均不宜采用软管，也不宜采用锥形管。

9）输送管路应采用支架、吊具等加以固定，不应与模板或钢筋直接接触。

（3）设备部署。主塔楼地上泵送施工采用 3 台 HBT90CH2150D 超高压拖泵（备用 1 台）。

对于 200m 以上泵送施工，其摆放位置如图 6-37 所示。

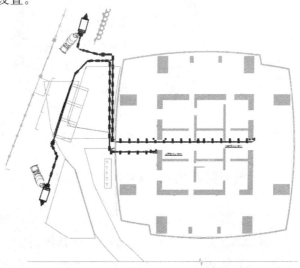

图 6-37　200m 以上泵送施工示意图

对于 200m 以下的泵送施工，其摆放位置如图 6-38 所示。

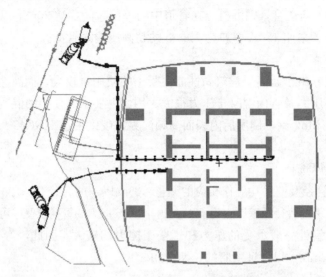

图 6-38　200m 以下泵送施工示意图

（4）顶模平台布料机布置。核心筒浇筑采用 HGY20 布料机 2 台。布料机覆盖范围如图 6-39 所示。

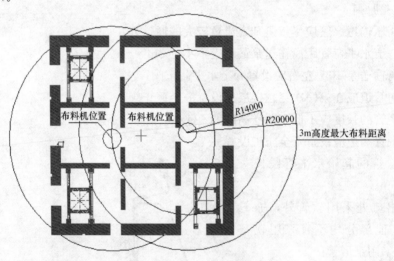

图 6-39　核心筒布料机覆盖示意图

（5）巨柱布料机布置。巨型柱的浇筑亦采用 HGY20 布料杆 2 台。布料机覆盖范围如图 6-40 所示。

（6）竖向管路缓冲弯管布置。根据大量实验，每 150～180m 需要设置缓冲弯头，以减少停机状态下混凝土沉积对首层弯头的挤压破坏（图 6-41）。

（7）截止阀布置。在泵机出口端水平管处安装一套液压截止阀，阻止管道内混凝土回流，便于设备保养、维修与水洗（图 6-42）。

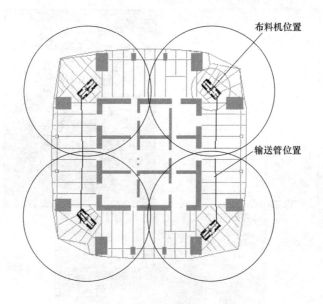

图 6-40 外框布料机覆盖示意图

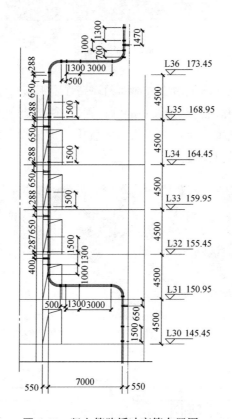

图 6-41 竖向管路缓冲弯管布置图

6. 管路固定

（1）水平管路固定。在距离每根标准 3m 输送管以及 90°弯管连接处 0.5m 的地方用 2

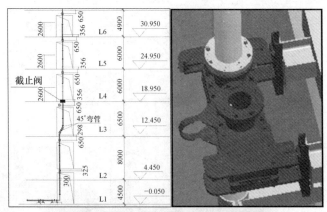

图 6-42 截止阀示意图

个输送管固定装置固定（在水泥墩中或地面预埋高强度钢板，输送管固定装置焊接于钢板上），防止管道因震动而松脱。其他较短的输送管采用一个输送管固定装置牢固固定。

此外，为减少泵管内混凝土压力损失，泵管中心离地设计高度 700mm，与泵机出口处泵管离地高度基本一致（图 6-43）。

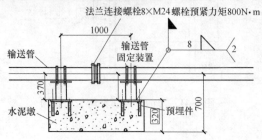

图 6-43 水平管固定示意图

（2）水平转垂直弯管固定。由于此处的混凝土泵送冲击力及停机后混凝土的自重作用力非常大，所以用 3 个以上输送管固定装置固定牢固，也可采用水泥墩支撑（图 6-44）。

图 6-44 水平转竖向弯管固定示意图

（三）泵送过程控制

为保障超高泵送过程的连续性，减少停泵时间，进而减少堵管风险，降低能耗，节省工期，提高浇筑质量，主要需要考虑如下几点：

1. 布料机移位过程

核心筒竖向结构浇筑过程中，由于东塔结构体系的特殊性，布料机循环浇筑需要经常移位，每次移位之前，都需要泵机停泵，待移位后，再启动泵。如果移位过程太长，则管内混凝土沉积后造成堵管，所以工作面上下要保持沟通通畅，移位前提前确定下一个点位，及时提醒泵机处减少料斗内存料；移位过程保持顺畅，不要停滞；移位后有人扶管固定，不能任由其摆动，减少停滞时间。

2. 换车过程

（1）提前预判即将空车，通知下一车开至准备区域。

（2）预判前车将罐内余料放完，同时混凝土输送泵接料斗放满。然后，立即指挥空车驶出放料区，准备区域罐车倒进放料区，调整放料溜槽，准备继续放料，整个换车过程泵送基本不停顿。

（3）为保证换车过程顺利进行，施工现场及组织需满足以下要求：

放料工人要求必须是有经验的、经过专项培训的工人，能保证放料速度和对罐内余料的简单预判。

混凝土输送泵放料区域必须方便罐车倒入，同时在放料区附近必须设置准备区，且准备区可保证罐车能够直接倒入放料区。

现场必须有专人指挥，保证罐车等的有序出入及准备。

提前检测混凝土质量，避免放料后发现混凝土质量问题，匆忙换车。

3. 给料不及时（尤其出现料异常的时候）的处理

出现给料不及时主要有以下几种情况，处理的方法也各不相同：

（1）遇到交通堵塞，运料罐车不能及时到场，出现给料不及时。

处理：派专职人员去交通堵塞位置，尽量进行疏导；根据应急预案，选择备用路线尽快运料。同时现场放慢泵送速度，保证泵机工作，避免长时间停止导致堵泵。

（2）罐车内混凝土出现质量问题，必须换车，出现给料不及时。此种情况又分两类：一种是个别罐车内混凝土质量出现问题，只需在现场另换一车即可继续进行送料，间歇时间较短，基本无影响；另一种是现场连续出现混凝土材料质量问题，导致现场无料可用。此种情况必须立刻联系搅拌站进行检查及调整，立即补料运往现场，现场泵送速度放缓，保证泵机基本工作，等待质量合格的混凝土运至现场。

（四）堵管、爆管原因分析

1. 易堵管的主要环节

泵送过程中易堵管的主要环节包括润管阶段、泵送中断（布料机移位、给料不及时、料不合格）、洗管阶段。

2. 主要部位

易堵管的主要部位包括泵机 S 阀、水平管与竖向管连接弯头、竖向缓冲弯头、泵管进布料机的锥管段。

3. 原因分析及解决办法

（1）开泵润管阶段堵管。主要由于第一泵的浆体在泵送过程中裹壁，造成上部混凝土浆体减少，当进入锥管段时，管径由粗变细，失去浆体包裹的粗骨料容易在锥管段堆积，造成堵管。

解决办法：放大润管砂浆的扩展度，提高其流动性，使管壁充分挂浆。

（2）泵送中断阶段堵管。由于停滞时间过长，混凝土沉积在泵机料斗，导致泵机 S 阀无法继续摆动，或者沉积在弯管处，造成堵管。

解决办法：优化配合比，使混凝土具有良好的保塑性；并严格按照配合比生产，保证混凝土进场质量，避免因料不合格退场而导致的长时间停滞；提高泵机移位速度，减少停滞时间。

（3）洗管阶段堵管。由于管路密封性不好，漏水量大于进水量的一半（经验），泵送压力损失造成上部粗骨料沉积堵管；水泥纸球堵塞不严而过水，将前端的混凝土冲洗离析，大量粗骨料堆积堵管；最后泵送的料太干，或者初凝时间短，导致洗管过程凝固堵管。

解决办法：在泵送过程中检查管路，及时发现渗漏点并抢修，减少洗管的漏水现象；控制水泥纸球堵塞严密，必要时增加球的数量（450m 以上使用 5 个）；控制最后一车料的工作性能和保塑性能，避免料干堵管；控制洗管质量，保证管内无残余砂浆沉淀，造成下次初泵润管时堵管。

（4）爆管。由于法兰连接处焊缝开裂，或者是管壁磨损严重，在泵送或者洗管过程中，经高压冲击爆裂。

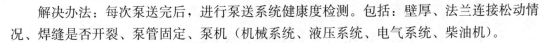

解决办法：每次泵送完后，进行泵送系统健康度检测。包括：壁厚、法兰连接松动情况、焊缝是否开裂、泵管固定、泵机（机械系统、液压系统、电气系统、柴油机）。

（五）堵管、爆管应急处理措施

现场一旦出现堵管、爆管，需要立即查明原因，并在短时间内组织人员疏通、更换管路，否则长时间的延误将导致更大面积的堵管，影响进度和混凝土浇筑质量。具体应急处理措施如下：

1. 在泵送前配备应急配件

应急配件主要包括：接近开关、信号油管、测压油管、齿轮油泵、有线遥控器总成、混凝土活塞总成、各类密封件、摆缸进油钢管、蓄电池、电磁换向阀线圈、润滑脂泵、片式分油器、蓄能器总成、发动机皮带、液压油、步进电机及驱动器、布料机各类弯管等。在易堵管点位，还应配备相应的更换管道。

2. 在关键点位配置应急人员

本项目共配备应急管理人员 3 人，设备供应商人员 5 人，项目工人 6 人，堵管抢险工人 20 人。具体包括：

泵机工况监控人员（项目管理人员 1 人，设备供应商人员 1 人）；缓冲弯管堵管点监控人员（项目工人 4 人）；顶模布料机工况及锥管堵管点监控人员（项目管理人员 1 人，项目工人 2 个，设备供应商人员 2 人）；水平管与竖向管连接弯管堵管点监控人员（设备供应商人员 1 人）；三楼截止阀处监控人员（设备供应商人员 1 人）；堵管抢险人员（管理人员 1 人，工人 20 人）。

3. 故障点判断

（1）润管后泵送开始即堵管，可初步判定锥管堵塞。

（2）洗管开始即堵管，可初步判断 S 阀处堵塞。

（3）若洗管一段时间出现堵管，则有可能是水泥球不密实或者是料干引起，则需要排查每个弯头和直管。

（4）泵送过程或停机后再启动出现堵管，则首先需要反泵处理，若反泵困难，或者摆缸无法工作，则可能是 S 阀堵塞；若反泵可行，则需要排查全路。

4. 堵管应急处理

（1）出现堵管，首先进行反泵疏通。

（2）若反泵疏通无效，迅速确定堵管部位，用榔锤敲打该处，辅助疏通。

（3）若反泵打不动，则有可能是 S 阀堵塞，关闭水平管截止阀，迅速取下第一节水平管，疏通 S 阀。

（4）若确定堵管部位在水平管处，迅速关闭 3 楼截止阀，先将管路敲开一半，待管内混凝土反向流出后，更换管道。

（5）若堵管部位出现在 3 楼以上的竖向管道，可关闭 3 楼截止阀，将上部管路敲开，辅助榔锤敲打堵管部位，使竖管内混凝土依靠重力泄出后，重新装管。

5. 爆管应急处理

爆管一般出现在弯头和泵机出口端附近的管道，特别是水平段与垂直管相接的弯管处。处理方法：关闭垂直管与水平管处的液压闸阀并更换管道。

三、C120MPC 的研究及 500m 以上超高泵送技术应用

项目组在东塔 C80MPC 的配置技术和超高泵送技术的基础上，进行了 C120MPC 的配制研究，并成功于 2014 年 6 月 24 日实现其在广州东塔 511m 高度的超高泵送。

（一）C120MPC 的配合比

与京基项目类似，C120MPC 主要采用了水泥＋微珠＋硅粉的技术路线，但使用了沸石粉（Nz）作自养护剂，EHS 提供早期收缩补偿，并使用了保塑剂来提高混凝土的保塑性能，其配合比见表 6-25，工作性能见表 6-26。放置 3h 后的扩展度及 U 形仪填充高度如图 6-45、图 6-46 所示。

C120MPC 的配合比　　　　　　　　　　　　　　　表 6-25

C	MB	Sf	Nz	EHS	S	G1	G2	W	A	保塑剂
500	175	75	15	8	710	150	750	135	2.2%	15

C120MPC 工作性能　　　　　　　　　　　　　　　表 6-26

放置地点	初始状态				3h后状态			
	倒筒（s）	坍落度（mm）	扩展度（mm）	U形仪填充高度（mm）	倒筒（s）	坍落度（mm）	扩展度（mm）	U形仪填充高度（mm）
室内	2.22	275	770×780	340	3.53	270	730×730	320
室外					2.09	265	730×740	320

图 6-45　C120MPC 在室外放置 3h 后的扩展度

图 6-46　C120MPC 室外放置 3h 后 U 形仪填充高度试验

（二）C120MPC 在东塔项目的超高泵送试验

2014 年 6 月 24 日，科技攻关组在东塔项目进行了 C120MPC 的超高泵送试验，进行东塔项目 111 层（约 511m）的混凝土构件的浇筑，约 200m³。整个泵送过程非常顺利，使用 C120MPC 浇筑的核心筒墙体和梁在拆除模板后，表面平整光滑，没有出现肉眼可见裂缝，C120MPC 配制及泵送获得了成功（图 6-47、图 6-48）。

图 6-47 C120MPC 超高泵送现场

图 6-48 C120MPC 浇筑的混凝土构件表面平整无裂缝

第七章 超高层巨型钢结构关键施工技术

第一节 钢结构概述

本工程塔楼主体结构包括钢筋混凝土核心筒（内含型钢），8 根巨型柱与 6 道环桁架组成的巨型框架，以及协同核心筒和巨型框架共同受力的 4 道伸臂桁架，形成带加强层钢管混凝土巨型框架＋筒体结构，其中环桁架分布于 F23、F40、F56、F67、F79 和 F92，核心筒 16 层以下为双层劲性钢板剪力墙，16～32 层为单层劲性钢板剪力墙，外框巨柱最大截面 3500mm×5600mm，钢结构总用钢量约 9.7 万 t（图 7-1）。

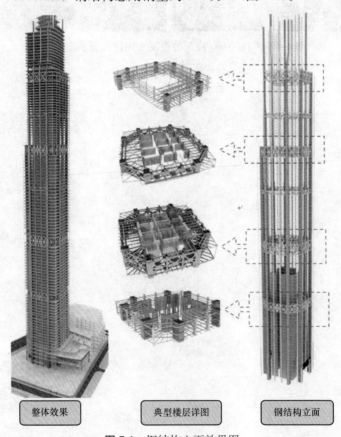

整体效果　　　　典型楼层详图　　　　钢结构立面

图 7-1　钢结构立面效果图

一、钢结构分布

(一)塔楼主要典型楼层平面概况（图7-2）

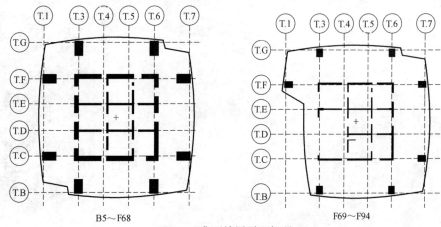

图7-2 典型楼层平面概况

(二)塔楼典型巨柱界面概况（图7-3）

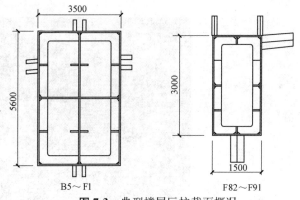

图7-3 典型楼层巨柱截面概况

(三)塔楼桁架层结构概况（图7-4）

(四)核心筒钢板剪力墙分布概况

塔楼双层钢板剪力墙分布在 B4～F16（图7-5），单层钢板剪力墙分布在 F16～F32。

(五)裙房钢结构分布概况

裙房钢结构主要为多功能厅钢屋面桁架和塔楼北侧的连廊钢梁，构件截面主要为 H 形（图7-6）。

二、超高层巨型钢结构重难点分析与对策

(一)体量大，工期紧

1. 重难点分析

（1）体量大：主塔楼111层，总用钢量约为9.7万t，其中巨型钢柱约2.9万t，钢板

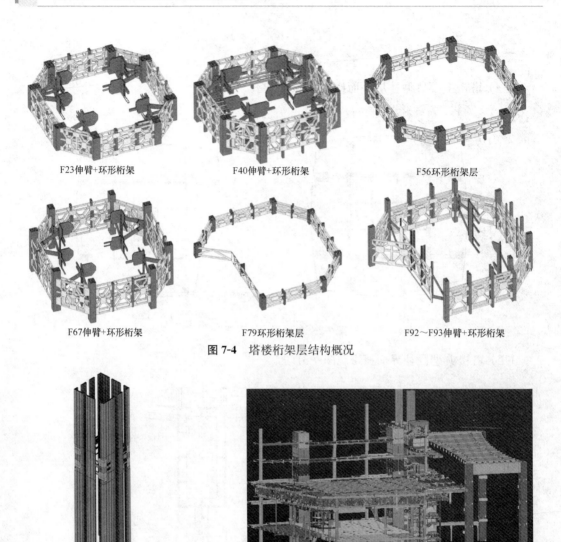

F23伸臂+环形桁架　　　　　　　　F40伸臂+环形桁架　　　　　　　　F56环形桁架层

F67伸臂+环形桁架　　　　　　　　F79环形桁架层　　　　　　　F92~F93伸臂+环形桁架

图 7-4　塔楼桁架层结构概况

图 7-5　双层钢板剪力墙　　　　　　　　　图 7-6　裙房钢结构模型图

剪力墙 17000t，环形桁架 6438t，伸臂桁架 5231t，巨型柱、钢板剪力墙截面尺寸大，厚板多（约占工程总量的 70%）且超厚（最厚达 130mm），现场焊接工作量大；由于构件吊重、制作、运输等限制，分段数量大增（钢结构分节后外筒巨柱共 781 件，钢板剪力墙共 542 件，桁架结构共 532 件），使现场焊接工作量成倍增加；加之现场焊接工作面主要集中在 8 根巨柱及钢板剪力墙上，使工作面受限。

（2）工期紧迫：现场焊接工程量巨大（32 层以下每层焊缝填充量达 4.5t）和工作面受限直接造成了对工期的影响；而主塔楼结构施工工期又较招标工期提前 293 个工作日，更直接给钢结构安装带来了重重压力；再加上土建核心筒应用顶升模板施工技术，核心筒施工进度可能会快于钢结构施工进度，更造成了对钢结构施工进度的反压力。为确保工期我们必须做到：B5~F1 平均 8 天 1 层，F2~F32 平均 6 天 1 层，F33~F107 平均 4 天 1 层，这还未考虑风雨雷电天气、构件供应及其他意外原因的影响，其工期紧迫性可想而知。

2. 采取的对策

(1) 完善工期保障体系，做好总体部署和工期策划，合理安排各工序流程，解决好各阶段施工目标主要矛盾；切实做好机械、设备、劳动力、原材料等资源保障工作，统筹解决好构件的配套供应；认真做好施工过程检查、分析、总结、改进，确保每一阶段目标的提前实现。

(2) 探索和引进自动焊接，提高焊接效率，解决现场焊接工作量巨大、工作面集中、依靠增加大量焊工的方法无法实施的问题；通过对爬升式操作平台的创新研发，最大限度减少重型焊接操作平台移位拆装时对塔吊的依赖与时间的耗费，以加快施工速度。

(3) 合理划分塔吊使用时间及堆场布置，减少现场构件二次转运；优化构件分节：标准层巨型构件分节在满足运输的条件下，优化牛腿为现场拼装，保证巨型构件以横向分节为主，尽量减少、避免竖向焊缝，确保在现场焊接质量受控的情况下，高空焊接作业高效运行。

(4) 积极推进钢柱与钢梁以连接板临时连接后焊接取代钢柱与钢梁牛腿栓焊连接，避免巨型构件现场钢牛腿拼装，提高安装效率。

(二) 平面布置变化大

1. 重难点分析

(1) 施工区域内可使用场地有限，堆场最窄处仅为 7m，构件堆放、转运困难。施工场内运输道路狭窄。可利用道路宽仅为 8m，只能单向行驶，不能形成环形回路。

(2) 为确保施工的连续性，现场必须有较为充足的构件储备，但钢构件堆放无法满足现场施工要求：如 F31 以下阶段堆场面积仅 1500m²，层均构件需用面积应有 1900m²；F32 以上阶段堆场面积仅 995m²，层均构件需用面积应有 1685m²。特别是本已不足的钢结构堆场还要受裙楼土方分区分期开挖施工的影响，堆场转换次数多，转换过程中有现场构件供应中断风险。

2. 采取的对策

(1) 根据裙楼地下室土方开挖顺序，分区分期进行平面布置规划，最大限度利用现场平面。

(2) 根据施工总部署及各节点施工计划，合理安排临时堆放场地和构件进场时间。

(3) 根据平面布置图，合理安排场地，做到构件分类分层堆放（巨型钢柱一层堆放，钢板剪力墙双层堆放，钢梁三层堆放）。尽可能使构件堆场之间形成回路，循环流水作业，增加场地使用率。

(4) 大面积加固地下室顶板，加强与市建部门沟通，使施工场地外展内拓，加大场地使用面积。

(5) 根据施工进展情况，提前外租场地，解决现场堆场不足问题。

(三) 构件复杂，超大超重，同一作业面交叉作业多

1. 重难点分析

(1) 构件型号多、体积大、超宽、超重，造型复杂，加工验收难度大；构件节点多达十多种，伸臂桁架柱不仅节点复杂，钢板超厚，最小作业空间仅 340mm，且最大重量达 159t，核心筒节点最大重量 112t，标准层 40t 以上构件共 283 件；钢柱最大截面：3600mm×5600mm×50mm×50mm，钢板剪力墙最大截面：14150mm×5245mm×

50mm，这不仅使构件的分节加工、运输、安装、焊接难度加大，也直接危及工程进度。

（2）同一作业面的交叉作业多，协调难度大：特别是32层以下核心筒内钢板剪力墙安装与土建钢筋绑扎都在同一工作面内交叉进行，而土建钢筋绑扎又直接制约着焊接操作空间；核心筒内伸臂桁架安装焊接与顶模挂架以及模板体系之间存在矛盾，都给协调工作增加了难度。

2. 采取的对策

（1）构件以横向分节为主，在保证构件运输安装条件下尽量减少、避免竖焊缝，确保现场高空超长厚板、超厚板焊接质量受控。制订运输专项措施，在运输路线选择上预备两三条路线作为备选，针对超重构件采用大型超低平板车进行运输。

（2）选择大型塔吊设备，深化钢构件加工分节，合理布设吊装区域，设计安装就位装置；编制针对性测量方案，采用曾在西塔与广州歌剧院工程成功应用的模型与实体对比拟合法及三维分解测量法，便于大型复杂钢构件能安全、快速、高效定位；采用焊接预控经验值结合设计要求及现场测量跟踪数据，实行焊前预控、过程跟踪、焊后检查制度，保证安装质量。

（3）伸臂桁架与巨型柱节点采用分块安装，高空拼接完成，并于柱内侧超厚板与柱内侧对接处焊接空间狭小处开设焊接工艺孔，应用桁架节点组拼专项操作平台，确保高空拼接施工质量及安全。

（4）预先制定钢结构与相关专业工序之间的穿插顺序，交由总包统筹协调同一工作面的交叉作业；核心筒内钢板剪力墙分节长度要统筹考虑土建的钢筋绑扎，土建绑扎钢筋时须提前考虑安装工作面的留设，限制钢筋绑扎高度，确保钢板剪力墙位置安装焊接作业空间；顶模挂架及模板体系的设计须考虑核心筒内伸臂桁架结构，挂架体系及模板体系留设洞口避开桁架牛腿。提前掌握塔吊爬升计划，根据爬升进度及时间，合理分节核心筒劲性柱，优化分节长度。

（四）超高层施工安全防护

1. 重难点分析

（1）建筑物超高，构件多为临边作业或超高空悬空作业，临边防护措施要求高，悬空作业危险性大，稍有不慎即将造成高空坠落伤害，安全管理难度大。

（2）伸臂桁架处为超重吊装，且人员作业时空间小，吊装就位难，容易造成人员作业过程中坠落，被碰伤、挤压伤等。

（3）压型钢板施工安全带无法挂钩，极易忽视，铺设后无随即点焊固定，极易造成人员坠落及物体坠落伤人事故。

（4）起吊构件、高强螺栓安装、临时耳板割除、操作架、临时支撑安装与拆除时容易忽视安全防护、安全警戒和安全监管，造成违章作业等安全隐患。

（5）焊接施工中电、气焊火花飞溅不可避免、易燃易爆物和气瓶等堆放管理不规范、临时动火操作防火不符合规定、消防器材配备不齐全，再加上又是超高空状态下进行作业，更给消防安全增加了难度。

（6）临时施工用电贯穿工程施工的全过程，其线路的铺设、使用、检修、拆除过程中违章或防护不规范防不胜防，加上夏天高温天气出汗，雨季施工，施工人员心理紧张等都可能造成触电伤害，管理难度极大。

2. 采取的对策

（1）秉承安全标准化管理理念，采用"1+1"、"1+N"管理模式，大力推行夹具式、装配式等一系列标准化安防措施，实行统一制作和管理。

（2）整个工作中，综合考虑构件异型、作业空间小等特点，除继续采用传统的脚手管操作平台外，还要根据工程巨型钢柱安装的特殊性设计新型自爬式操作平台，以降低超高空拆装量，提高作业安全系数。

（3）在切实做好楼层、钢梁临边防护、边铺边点焊的同时，全面推行"楼层水平安全网钢梁下翼缘挂设法"，有效弥补以往压型钢板铺设下方无安全网的空白。

（4）建立现场远程视频监测系统，实行动态化、信息化、可视化管理，即时发现安全隐患。

（5）严格执行"一火一证一盆一人"的管理措施，采用满蒲石棉布、可调节式接火盆等方法，有效减少焊接火花落地数量。针对易燃易爆危险品，合理布置库房，实行双人收发管理。

（6）一方面落实现场用电各项措施，确保规范，营造良好施工环境；另一方面，开展"工人上讲台"和应急实战演练活动，提高作业人员安全技能水平和心理素质。

（五）超长焊缝、超厚钢板焊接难度大，质量要求高

1. 重难点分析

（1）工程焊接量巨大：预计耗用焊丝 700t，二氧化碳 49000 瓶，氧气 33500 瓶，乙炔 17500 瓶。

（2）厚板超长横立焊缝焊接：钢构件板厚度包括 130mm、90mm、70mm、50mm、40mm 等多种，超厚板材质为 Q345C/Q345GJC。构件最大连续对接焊缝长度为 14m，其中 5m 以上厚板连续对接焊缝共 1658 处，10m 以上超长连续对接焊缝共 370 处，厚板超长焊缝易因局部受热不均、焊接应力集中而增大焊接变形控制难度。

（3）单个节点焊接量大：根据目前桁架层节点拆分方法，单个异型节点现场最大对接焊缝填充量为 1.5t。

（4）受限空间焊接作业的操作性差：巨型钢柱内十字劲板、钢板剪力墙内板、桁架层节点等处焊接操作空间受限，焊接施工安全与质量保障难度大。

2. 采取的对策

（1）借鉴以往工程超厚板焊接经验，结合广州气候，对超过 80mm 厚钢板焊接采用电脑自动控温、密集电加热技术进行预热和后热。

（2）制定合理的焊接顺序，采用同步对称焊接、分段分层退焊技术，并在焊前均匀设置约束板进行加固。采用实时位形监测技术，根据实测结果对下节构件进行偏差补偿。

（3）焊缝打底与填充采用实心焊丝工艺，盖面采用药芯焊丝工艺，保证焊接效率与焊缝美观度。

（4）应用自动焊焊接工艺，提高高空超长焊缝厚板焊接效率，降低人工成本，保障焊接质量。

（5）受限空间焊接措施包括：钢管柱外壁后焊，利用焊口缝隙保证柱腔内空气循环；钢板剪力墙开设焊接工艺孔；进入焊接洞口设置安全绳、排气扇等措施。

（6）劳务招标前认真审核劳务分包的焊工考试资料，择优选择劳务分包队伍。对进场后的焊工再次进行复试，做到多重考核，对于考试不合格焊工勒令退场，保证焊工技能水平。采购废钢材进行现场焊接模拟，进一步提高焊工焊接作业水平。

（7）焊缝外侧打上焊工钢印，做到焊缝质量有源可溯，并进行数据统计分析，实行动态化管理。

（六）超 500m 高层测量定位及控制核准难度高

1. 重难点分析

（1）塔楼施工测控网传递、复核难度高：超高层控制网竖向传递累计误差大，对测量人员、设备质量要求高，对控制网传递、复核精度控制要求高。主塔楼相对高度超 500m，塔楼结构受风力、日照、温差、季节等多种动态作用的影响，巨型筒体结构顶部处于不断摆动状态，进一步增加施工测控的难度。

（2）超大复杂节点安装控制难度大：本工程"口"形、"K"形、"T"形、"L"形等多牛腿复杂桁架节点共 656 件，量多且复杂、多向、异形，安装控制难度大。

（3）塔楼内外筒的沉降控制难：核心筒竖向结构为钢管混凝土筒体结构，外筒为巨型钢管混凝土框架结构，核心筒与外筒竖向结构截面面积比为 1.55：1。塔楼结构高度 518m，随着竖向结构的施工，如何解决内外筒不均匀沉降是难点。

2. 采取的对策

（1）竖向划分控制网传递区间，每 50～70m 与总包协同竖向传递控制网点位并闭合网线平差，完成控制网传递。竖向传递区间内直接投影控制点至楼层预留洞口接收靶得到楼层控制点坐标。在 1～2 个竖向传递区间位置，应用 GPS 实时动态观测（RTK）或快速静态观测技术，在控制网点位上设置移动站获取控制点三维坐标，经闭合网线平差，复核控制网竖向传递后控制网点位坐标数据。

（2）采用 1＋1ppm 高精度全站仪及各种高精度测量设备，运用西塔、歌剧院工程成功应用的"拟合法、三维分解法"等多种科学测量方法，将构件复杂定位分解为简单的二维定位，经多次循环拟合，确定构件最佳安装位置，消减误差。

（3）每 5～8 层测量内外筒沉降观测点，获取沉降数据、不均匀沉降差及压缩变形值，参照设计标识的核心筒及巨柱预设压缩值及时调差。应对内外筒不均匀沉降，拟借鉴上海环球、广州西塔、深圳京基等超高层工程成功经验，对伸臂桁架结构对接焊缝做后焊处理。

第二节　钢结构施工关键技术

钢结构的施工从设计、深化、材料采购、构件加工、过程运输到现场施工是一项综合性很强的过程工作，传统钢结构施工技术主要包括大型设备的选型、钢结构的分节、构件的吊装、钢结构的焊接、钢结构的组拼、焊缝及焊接工艺的评定等。

针对本项目钢结构的设计及现场的实际情况，在施工过程中，还遇到 14m 的单、双层劲性钢板剪力墙的施工、灌入式伸臂桁架的施工、环桁架的施工、超厚钢板（80～130mm）的焊接、悬挑钢梁施工、铸钢件施工等需要重点攻关的钢结构施工难题。

在项目研究创新方面，项目自行研究设计了巨柱自爬升平台，最大限度地减少操作平台超高空移位拆装对塔吊的依赖，充分发挥塔吊的吊装效率，确保工期。在钢结构焊接方面，项目自行研究自动焊接技术，解决了钢结构焊接量巨大、人工施焊质量不一、换班频繁、人工作业连续性差、质量控制难等问题。两项创新研究都通过国家专利局的正式授权，并通过权威部门鉴定，分别达到国际领先水平和国际先进水平。

一、核心筒钢板剪力墙施工技术

项目塔楼 F16 以下核心筒外墙在混凝土内设置有双层钢板剪力墙（图 7-7），从 F16 层开始至 33 层，收缩变化为单层钢板剪力墙。根据现场塔吊的吊重、顶模钢平台桁架的施工操作空间，为减少塔吊吊次，双层钢板剪力墙最大截面尺寸为 14150mm × 6300mm × 50mm × 50mm，单层钢板剪力墙长度也超过 12m。针对超大截面单、双层钢板剪力墙的施工，重点是超长钢板剪力墙的精度控制和变形控制。

图 7-7 双层钢板剪力墙示意图

（一）双层核心筒钢板剪力墙分段原则

（1）竖向分段：依据设计图纸分析水平隔板位置，分段处避开楼层水平隔板位置且为了利于竖向对接焊缝焊接，任意分段位置上方最近水平隔板与分段封板间距不小于 300mm。层间区域水平隔板根据设计说明及分段后构件顶工艺隔板设置进行调整。

（2）水平分段：F 形构件水平分段位置与角部距离不小于 500mm，一字形构件水平分段位置尽量与竖向劲板位置重合，利于构件加工、现场焊接变形控制。在此基础上充分减少分段立焊缝长度，尽量避开墙体开洞区域。

（3）桁架节点区设置了大量的现场焊接工艺孔。双板区的工艺孔只开在核心筒外侧的钢板上，内侧的钢板不开孔。单板上开工艺孔时，焊接坡口统一朝核心筒外。

（4）重量：钢板剪力墙重量已考虑墙体型钢板、混凝土梁钢筋连接器处水平加劲板、楼层间水平加劲板与栓钉重量，尽量避开墙体开洞区域。

（二）双层钢板墙的精度控制

由于现场钢板墙外形尺寸较大，安装精度要求高，为控制工厂制作及工艺检验数据等误差，保证构件安装的空间位置，减小现场安装产生的累积误差，必须进行必要的工厂预拼装，以通过实样检验预拼装各部件的制作精度，修整构件部位的界面，复核构件各类标记。

钢板剪力墙厂内预拼装采用"2＋1"渐进式预拼装方法，即首先将 3（2＋1）节连续钢板墙进行整体预拼，检查合格后将前两节钢板墙移走，留下与下一预拼环节相连的一节，并将其移至第一榀胎架，然后将后续两节吊至胎

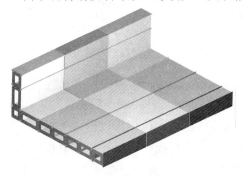

图 7-8 L 形双层劲性钢板剪力墙

架进行下一环节的预拼（图 7-8）。这种预拼装方法的优点在于既保证了预拼装精度要求，又不占用大面积的预拼装场地，整个环节只有三榀胎架，预拼装节奏快且预拼装措施少。

（三）双层钢板剪力墙的变形控制

双层钢板剪力墙一般布置于核心筒外墙体内，分布于楼层面内钢板墙长度长，根据构件分段，同层构件安装整体标高需统一。安装过程主控构件安装垂直度、同层构件整体直线度、整体顶面平整度。在双层钢板剪力墙内部设置多个支撑方钢柱，控制超长钢板剪力墙在运输及施工过程中的钢结构扭曲变形，在施工过程中主要从以下方面控制钢板剪力墙的变形：

1. 安装就位

根据上层钢板剪力墙焊后整体标高复核数据，对构件预控处理（参见钢柱标高复核）。

双层钢板剪力墙吊装接近就位，根据剪力墙壁内焊接衬板卡位滑入就位，存在水平对接的构件根据竖焊缝衬板及连接耳板初步就位，安装螺栓穿夹板连接安装耳板临时固定。

2. 垂直度初校

对于直线型或者独立柱型钢板剪力墙，用全站仪在相互垂直的方向上校正剪力墙垂直度，校正方法采用钢柱垂直度初校。L 形钢板墙可直接利用衬板滑入，将耳板连接就位，拧紧安装螺栓。

3. 双层钢板剪力墙顶面坐标测控与墙体直线度控制

构件安装就位，测控竖向隔板中点坐标，剪力墙两端中点连线或角部与端部中点间弹，比对水平对接接缝处中点偏移及中点坐标设计值校正钢板剪力墙宽度方向中心轴线，控制单片墙体直线度及整体墙体直线度（图 7-9、图 7-10）。

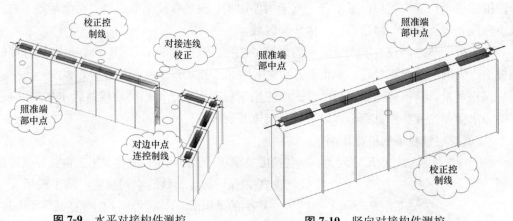

图 7-9　水平对接构件测控　　　　　图 7-10　竖向对接构件测控

4. 地下室双层钢板剪力墙测控

双层钢板剪力墙安装就位，外控法测控轴线度，照准基坑外控制点后视定向，在构件宽度方向中点立镜，测量点平面坐标，根据设计值进行顶端定位校正。平面坐标校正后，依据楼层标高控制线用水准仪测量构件顶端标高，用千斤顶校平。存在水平对接的构件，根据两端边中点绷线比对对接边中点偏差，用千斤顶校正。

5. 地上双层钢板剪力墙测控

双层钢板剪力墙安装就位，竖向传递控制点位至顶模操作平台 4 个端点位置（桁架上），架设全站仪进行轴线校正。每次顶模系统顶升后，重新从下方基准点位竖向传递控制点，经闭合平差改正后作为控制点坐标数据（图 7-11）。

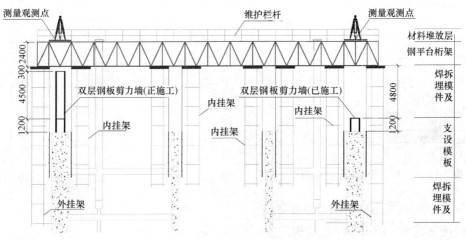

图 7-11　地上双层钢板剪力墙测控图

顶模桁架下弦距离钢模顶面 6.00m，标准层核心筒墙体混凝土浇筑后，钢板剪力墙通常高于混凝土面 1.20m。根据双层钢板剪力墙分段 4.50m，构件安装就位，顶端标高离顶模桁架下弦 300mm（标准层通常 4.50m），桁架上下弦高差 2.40m，剪力墙顶端距离控制点位竖向高差 2.70m。

采用坐标法观测时，全站仪架设后近端俯角较大。依据控制点布设，划分控制点测控区域，保证全站仪照准棱镜时俯角小于 30°及降低棱镜高，测量精度受控（图 7-12～图 7-14）。

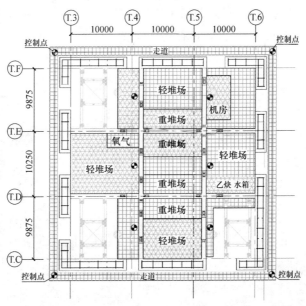

图 7-12　顶模系统上双层剪力墙控制点布设详细图

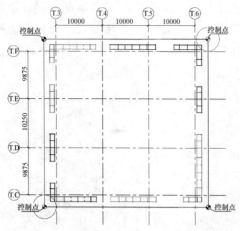

图 7-13　东北、西南角控制点测控区图

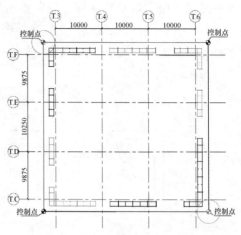

图 7-14　东南、西北角控制点测控区

6. 同层钢板剪力墙顶面平整度复核

焊接完成后，用水准仪测量构件顶面高差，复核整体构件顶面平整度。比对设计值，形成下节构件安装标高预控数据。预控方式参见钢柱安装测控，此处不再赘述。

地下室阶段可直接将仪器架设在钢板剪力墙顶面，后视楼板标高线，在其他构件顶面立尺进行高差观测，计算整体平整度。

进入标准层施工，根据控制点布设，在顶模系统顶面控制点上架设水准仪进行高差观测，由于高差较大，水准尺采用塔尺。每次顶模系统顶升后，需重新投点并进行高差闭合计算。

（四）单层劲性钢板剪力墙布置

典型楼层单钢板剪力墙对接焊缝焊接内容：图 7-15 中，W2、W5、W8、W9、W12 钢板剪力墙均只存在水平焊缝对接，W1+W10、W3+W19、W4+W7、W6+W11 钢板剪力墙对接除了水平焊缝的对接外，还存在立焊缝的对接。

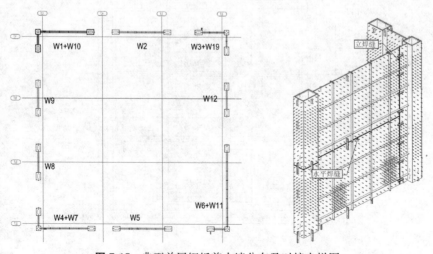

图 7-15　典型单层钢板剪力墙分布及对接大样图

（五）单层钢板剪力墙临时马板的设置

单钢板剪力墙马板布置原则：同一对接焊缝上，马板布置间距 700～800mm，且钢板墙吊装校正完毕后，每条焊缝至少焊接 2 道马板，以增强钢板墙对接临时固定强度（图7-16）；在对接焊缝未施工完毕时不允许拆除马板，待钢板墙对接焊缝完全冷却并达到连接强度后才能进行马板的割除，割除时不允许伤害母材。

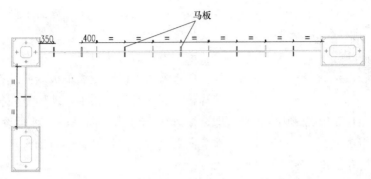

图 7-16　单钢板剪力墙 W1＋W10 马板布置

（六）单层钢板剪力墙焊接施工顺序

单钢板剪力墙分为水平焊缝施工及立焊缝施工，每一片钢板墙总体焊接顺序为先焊接水平对接焊缝，水平焊缝焊接完毕并冷却后，对竖向对接立焊缝进行焊接（图7-17）。

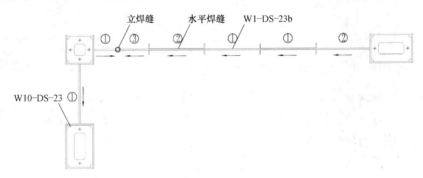

图 7-17　单钢板剪力墙焊接顺序图

单钢板水平焊缝焊接顺序：按图 7-17 编号，W1-DS-23b 安排 2 人进行反向焊接，即先安排 2 位焊工进行①焊缝的焊接，其次进行②焊缝的焊接，最后进行③焊缝的焊接；W10-DS-23 安排 2 位焊工同时进行①焊缝的焊接。

（七）单层钢板剪力墙的变形控制

在超高层建筑中，单层钢板墙由于长细比过大，常常会出现压缩变形、结构沉降变形及运输过程中的变形，在焊接过程中，由于与外界温差不同，也会出现横向温度收缩变形和竖向收缩弯曲变形，焊接后劲性构件的平面围绕轴线发生角位移变形及构件发生超出构件表面的失稳变形等。若出现以上变形，将直接影响结构的垂直度和外观质量。为了使劲性构件的形状和尺寸满足要求，必须将劲性构件进行校正、修正、焊缝刨除重新焊接，甚至将劲性构件报废重做。

为了防止单层钢板墙出现以上变形，在钢板墙深化设计时根据劲性构件变形量的大

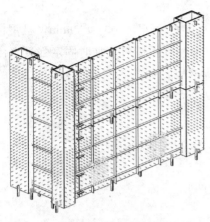

图7-18 单层钢板剪力墙加劲板示意图

小，在钢板墙上增加横向和竖向加劲板（图7-18），增加劲性钢板墙的平面刚度，使钢板墙不出现变形（具体加劲板的增加形式由设计单位确定）。

（八）单层钢板剪力墙的精度控制

一般单层钢板剪力墙端部与劲性钢柱连接，整体吊装就位。安装过程主控立面垂直度。

1. 初步就位

单层钢板剪力墙由于底部截面小，容易发生倾斜。单板剪力墙吊装依靠单板墙两端钢柱及水平对接耳板穿螺栓对位，在垂直墙体方向拉设双向揽风绳，揽风绳沿墙体方向2m一对布设，拉紧导链，在竖向对接位置点焊马板临时固定。初步固定后操作工通过爬梯松开吊钩（图7-19、图7-20）。

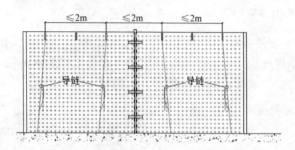

图7-19 单板墙揽风绳正立面

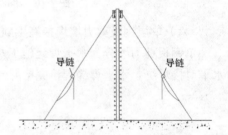

图7-20 单板墙拉设揽风绳侧立面

第一段单板墙安装时底边竖向无对接，须在混凝土顶面内预埋措施埋件，楼板混凝土浇筑完成后，在埋件上测放剪力墙底端控制线，做单板剪力墙底端临时固定（单板墙第一段就位后，下底边与埋件点焊牢固）。

2. 立面垂直度校正

全站仪在轴侧方向架设，调平后竖直观测校正单板墙端部（劲性钢柱）垂直度，拉动导链校正垂直度。

二、贯入式伸臂桁架施工技术

常规项目钢结构柱和伸臂梁连接一般均采用结构表面连接，钢梁和钢柱连接处容易发生变形和扭曲，而东塔项目设计巨柱节点处伸臂桁架梁伸入到巨柱内部，避免了柱壁连接处产生的局部扭矩，同时，消除了柱壁连接点处的应力集中，使得传力更为均匀，简化节点构造，增加了桁架的抗弯刚度和桁架层的结构整体性，验证了巨型框架节点的应力均衡设计理论和贯入式厚板节点设计方法。

（一）贯入式伸臂桁架巨柱节点安装思路

伸臂桁架由巨型节点及斜向弦杆组成，节点安装采用分段累计安装，由下往上随内、外筒施工进度进行，依次完成每段节点焊接后再吊装下一段节点构件；完成节点安装后，再吊装下弦杆，最后吊装上弦杆。伸臂桁架斜杆测量校正后，用临时连接耳板固定好，先焊接核心筒端的伸臂桁架弦杆，然后使用挂耳—销轴结构临时固定伸臂桁架与巨柱节点端，待结构施工完成94F后施焊（图7-21）。

（二）贯入式伸臂桁架巨柱节点焊接顺序

（1）校正完成后，安排2名焊工（A、B）同时进行竖向加劲板的焊接，完成后安排4名焊工（A、B、C、D）同时进行节点厚板横向焊缝的焊接，由于节点板板厚130mm，属超厚板焊接施工，现场拟采用电加热设备控制焊接预热温度、层间温度、后热温度，从而保证焊接质量。

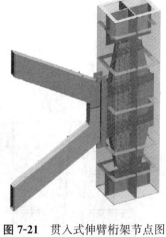

图7-21 贯入式伸臂桁架节点图

（2）柱横向接头焊缝长边方向安排6名焊工（A、B、C、D、E、F）同时对称进行焊接，在短边方向安排4名焊工（G、H、J、K）同时进行焊接，在全部焊接完成后割除连接耳板（图7-22、图7-23）。

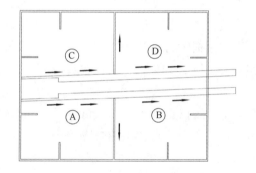

图7-22 焊接示意图一

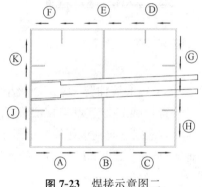

图7-23 焊接示意图二

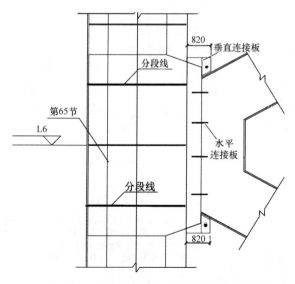

图7-24 垂直连接板及水平连接板布置图

（三）贯入式伸臂桁架巨柱端后焊措施

在完成与核心筒上下弦杆的吊装工作后，先进行K形桁架与核心筒端连接焊缝的焊接，焊接完成后切除弦杆与巨柱端的临时连接（图7-24）。此时在与巨柱连接接口加设垂直连接板，采用销轴穿孔约束，上下垂直连接板销轴均放置于长圆孔下端。

随着主体结构安装，竖向荷载的增加导致内外筒沉降继续发生，现场每施工5层对内外筒沉降进行监测，待监测数据基本成斜线性关系，变化趋势趋于平行，两者加权平均数差基本呈现水平线性关系，即内外筒沉降基本保持均匀，实体监测数值差不超过 1mm，可进行后焊施工。

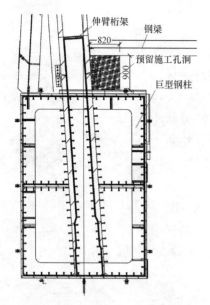

图 7-25 贯入式伸臂桁架施工预留孔洞图

（四）贯入式伸臂 架巨柱节点预留洞施工

K 形伸臂桁架与巨柱连接端口采取后焊措施，为保证焊接作业空间，在伸臂桁架与巨柱连接处预留大小为 900×820mm 空间的施工洞，此处在该楼层施工时不进行压型钢板的布置以及混凝土楼板的施工，预留孔洞周围作防护处理，待监测可进行后焊处理后，先于此处挂设钢爬梯，然后施工作业人员由此处进入施工作业区（图 7-25）。

（五）核心筒伸臂 架节点安装思路

由于桁架层结构层高 14m，核心筒墙竖向混凝土浇筑分 5 次进行。钢构件安装受顶模钢平台桁架影响，核心筒钢板剪力墙节点区采用分层分段累计安装，遵循由下至上、由角部节点集中区向边部双层钢板区的施工流向，依次完成每段节点焊接后再进行下一段节点构件安装。

（六）核心筒伸臂 架端连接措施

伸臂桁架 K 形节点与核心筒端连接时，在设计标高位置处焊接 900mm×100mm×50mm 的钢条，起到承托伸臂桁架上弦杆的作用，在核心筒节点伸出端每隔 500mm 焊接一道 100mm×150mm×50mm 的挡板，起到防倾作用，如图 7-26（a）所示。

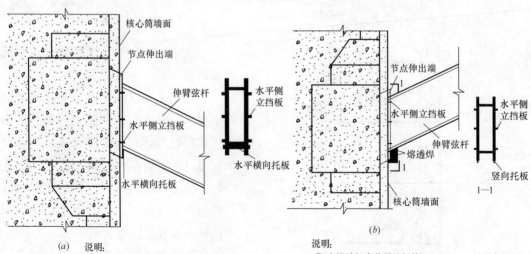

（a）说明：
① 在设计标高位置处焊接 900×100×50 的钢条，起到承托伸臂桁架上弦杆的作用；
② 在核心筒伸臂桁架节点伸出端每隔 500 焊接一道 100×150×50 的挡板，起到导向防倾作用

（b）说明：
① 在设计标高位置处焊接 600×400×40 的竖向托板，起到承托伸臂桁架上弦杆的作用；
② 在核心筒伸臂桁架节点伸出端每隔 500 焊接一道 100×150×50 的挡板，起到导向防倾作用

图 7-26 核心筒伸臂桁架端连接措施

因伸臂桁架过重，容易导致构件下滑，吊装就位困难。在 K 形节点下弦杆与核心筒连接处设置 $600 \times 400 \times 40mm$ 的竖向托板，于伸臂桁架弦杆吊装就位之前预先焊接在伸臂桁架核心筒伸出端，起到承托伸臂桁架下弦杆的作用，之后进行伸臂桁架弦杆的吊装就位，如图 7-26（b）所示。

（七）核心筒伸臂　架节点型钢支撑

于核心筒钢板剪力墙安装前，待 66F 及桁架层第二次混凝土浇筑凝固后，在楼面上设置型钢支撑，以便于 67F 桁架层核心筒伸臂桁架节点的安装，型钢支撑采用柱脚埋件的形式安装，此后直接浇筑于核心筒外墙，不额外取出（图 7-27）。

（八）核心筒伸臂　架节点焊接措施

核心筒伸臂桁架立焊缝焊接时，先于顶模上挂设吊篮，作业人员沿顶模桁架进入焊接吊篮中对核心筒伸臂桁架进行焊接；水平焊缝作业人员可直接于土建用于钢筋绑扎的平台中对伸臂桁架水平焊缝进行焊接（图 7-28）。

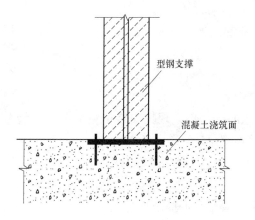

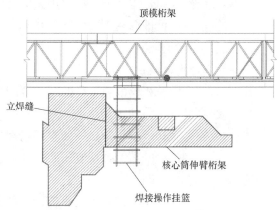

图 7-27　核心筒伸臂桁架节点型钢支撑图　　　　图 7-28　核心筒伸臂桁架焊接临时措施图

（九）伸臂　架施工安防措施

由于巨柱节点内焊接作业空间狭小，拟采用抽风机保证焊接空气的清新度（图7-29）。

图 7-29　伸臂桁架巨柱节点安防措施图

三、环桁架层施工技术

本工程在 F23、F40、F56、F67、F79、F92 共设有 6 道环桁架层。项目在施工第一道桁架层过程中，由于采用钢构件单件空中散拼，遇到了安装时间较长，精度检验及过程控制难度大等问题。为检验制作的精度，及时调整、消除误差，减少现场特别是高空安装过程中对构件的安装调整时间，保障工程的顺利实施，通过对第一道环桁架施工的总结，决定对其余桁架层采用局部地面拼装、整体吊装的施工技术，以保证项目的工期及质量。

（一）整体安装思路

环桁架总体施工顺序为先角部环桁架，再边部环桁架，角部环桁架按"先内环、后外环"的顺序安装，边部环桁架按"先外环、后内环"的顺序安装。考虑到桁架构件数量较多，为减少吊次，采取节点带弦杆地面拼装后分单元吊装，部分弦杆散件嵌补吊装；拼装单元应保证安装工艺的科学合理。

（二）桁架与钢梁交叉安装

角部环桁架采用整体吊装，在校正完毕后可进行角部钢梁的安装。边部内、外环桁架下弦焊接完毕后，可进行 N 层边部钢梁的安装；内、外环桁架上弦焊接完毕后，可进行 N+1 层边部钢梁的安装。

（三）钢结构现场安装分段

（1）必须在塔吊相应吊装半径的起重范围之内。

（2）综合考虑构件加工制作与现场安装工艺的合理性，现场安装尽量避免立焊缝分段，同时分段处宜在板厚较薄处，减少现场焊缝填充量。

（3）分段构件尺寸需符合现有国家交通运输条件，一般车宽方向不超过 4.5m，车高方向不超过 3.5m，车长方向不超过 17.5m。

（4）与土建施工交叉作业不受影响，此部分主要是核心筒节点与顶模系统之间施工过程中的相互关系。

（四）单榀边部环桁架安装思路

外环桁架分为三跨，按常规散拼方法，首先巨柱需完成吊装，接着安装下弦节点杆件后安装巨柱边部米字形构件，然后安装连接杆件后完成中部米字形构件的安装，最后嵌补上部剩余杆件（图 7-30）。

内环桁架先安装型钢支撑后安装两侧单元构件，然后安装两侧中部下弦杆件，紧接着安装中部单元杆件后安装中部连接杆件，然后完成上单元弦杆件的安装，最后完成其余上部弦杆的嵌补安装（图 7-31）。

（五）局部整体边部环桁架安装思路

先安装下弦节点杆件后安装 N+1 段巨柱和中部米字形构件，接着吊装 N+2 段巨柱，安装后施工内环桁架下部预拼装构件，然后完成外部桁架边部米字形构件和内桁架中部单元构件的安装，最后完成外、内环桁架上部其余构件的安装（图 7-32、图 7-33）。

（六）单件散拼和局部整体拼装对比分析

本项目伸臂桁架层构件多且复杂，也受场地限制原因，第一道伸臂桁架 F23～F24 层

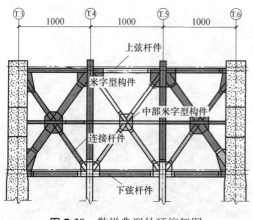

图7-30 散拼典型外环桁架图

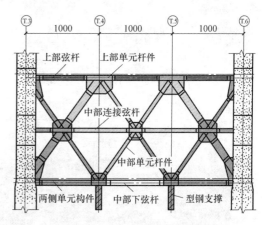

图7-31 散拼典型内环桁架图

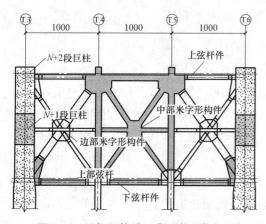

图7-32 局部整体单元典型外环桁架图

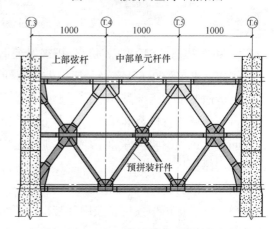

图7-33 局部整体单元典型内环桁架图

现场采用单件吊装散拼进行施工，完成该桁架层的时间约3个月，吊装次数多、耗时长、功效低。项目在第二道伸臂桁架层采用局部地面拼成单元后整体吊装的施工技术（图7-34）。现场拼装时在节点与拼接的弦杆下方设置拼装胎架，完成拼装后起吊，完成时间缩短为1个月，在提高安装精度和质量的同时也保证钢结构的工期。二者的对比参见表7-1。

单件散拼和局部整体拼装对比表 表7-1

施工方法	部位	吊次（约）	完成时间
散拼吊装	外桁架（边＋角）	44＋16	3个月
	内桁架（边＋角）	54＋16	
局部整体吊装	外桁架（边＋角）	32＋4	1个月
	内桁架（边＋角）	4＋4	

注：吊次中不包含桁架层巨柱边部悬挂构件、幕墙吊柱、环梁等构件。

四、钢结构数字化预拼装技术

因钢结构重、构件尺寸大，在生产及加工过程中不可避免地会出现误差。为保证钢结构安装精度、尺寸满足要求，现场钢构件生产前进行数字化电脑模拟预拼，生产后进行地

图 7-34　局部拼装、整体吊装施工图

面实体预拼，通过前后坐标对比分析来保证钢结构的精度。

例如，本工程在 66F～68F 楼层处设有环带桁架和伸臂桁架，桁架中心高 14000mm，为满足运输要求，桁架需以钢柱、上弦杆、下弦杆、中立柱和腹杆等构件形式分别发往现场，再在现场进行拼装和吊装。为保证桁架现场拼装的准确性，为现场安装提供有效数据，同时，也为检验构件加工质量和加工精度，桁架构件加工制作完成后即在工厂进行了桁架的实体预拼装工作。

（一）环桁架预拼装概述

（1）本次环桁架预拼装选用环带桁架西南角单片桁架作为代表性预拼装单元，以检验构件加工制作质量和精度，当预拼装检验构件合格时，将不再对其他环桁架进行预拼装，其余桁架构件的加工质量和精度按此桁架执行。当第一榀桁架预拼装不合格时，除对本榀桁架构件进行修正处理外，还需再对另一榀桁架进行预拼装检验。

（2）本次桁架预拼装（第一预拼装单元）采用实体预拼装与电脑模拟预拼装。其余环带桁架与伸臂桁架采用电脑模拟预拼装。

（二）环桁架预拼装工艺与检验方法

（1）本次环桁架预拼装的整体思路：制作工作平台，在工作平台上放出桁架外形大样，依据大样设置胎架，摆放桁架构件，用吊线锤校验，点焊定位。

（2）预拼装尺寸检验方法：采用计算机进行放样，在 TEKLAS 模型中设置本次检验的坐标原点，测量出钢柱及上下弦杆上各设定点（钢柱上各牛腿连接点及上下弦杆两端连接点）的坐标，实施电脑模拟预拼装。同时，将坐标系转换至桁架实物预拼装，通过全站仪对各设定点进行测量，通过核对各设定点的实际测量坐标值与理论坐标值的差异，依据桁架预拼装工艺要求判定构件是否合格与是否需要修正处理。

（三）电脑模拟预拼装

（1）在 TEKLAS 工程模型中选定桁架的一个现场连接点作为基点建立整榀桁架安装坐标系，测量出各构件现场安装控制点（设定点）的坐标值，与此同时根据构件的特点和制作工艺，分别建立各自构件的坐标系。在单个构件坐标系建立时，应标定单个构件坐标系与整榀桁架坐标系的相对位置关系，以便于将单个构件测量的坐标值转入整榀桁架坐标体系，直观对比构件与相邻构件的连接情况。

（2）将各构件分别吊上胎架进行定位，然后检测各控制点的坐标值。将实测坐标值填入定制表格与实体模型的坐标值（自身坐标系）进行对比，如数值一致，证明构件尺寸无偏差；如数值存在超差，刚通过全站仪自带的 MetroIn 测量软件将测量坐标值转入到整榀桁架安装坐标系中，与实体模型进行比较，查找超标的部位，而后采用合理的工艺对构件进行修正，达到构件实体预拼装的效果，保证尺寸精度。

（3）选择巨柱构件 TKZ7-DS-64 下端的一个角点作为整榀桁架的坐标原点（0，0，0），如图 7-35 所示的点 1，而测定其余各设定点的坐标值，同时将桁架实体预拼装检测值与之对比，确定构件加工精度与桁架预拼装精度。

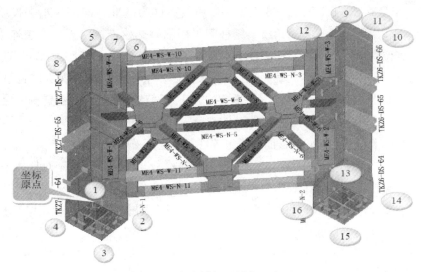

图 7-35 电脑模拟预拼装示意图

（4）将坐标原点转换至实体预拼装，利用全站仪实测实体预拼装上各设定点的实际坐标值，并与理论坐标值进行比较，如有差异作适当的调整，以满足各连接点坐标值。

（四）桁架构件实体预拼装

桁架构件实体预拼装的效果图与实景图如图 7-36、图 7-37 所示。

（1）在 100T 龙门吊下准备一块 20m×30m 见方场地，平铺 PL30 钢板，采用水平仪进行找平。根据计算机放样，在平台上用粉线放出桁架外形尺寸大样，并放出构件中心轴线。

（2）根据桁架大样制作胎架。由于本次预拼装钢柱截面大，重量重，采用公司现有的 H 型钢 HM390×300×10×16 制作胎架，胎架的设置原则为牢固并保证每件构件至少有两个支点，胎架安装位置应避开构件上牛腿等部件。定位胎架的高低，通过计算机放样确定，胎架安装时采用水准仪测量安装。胎架点焊完成后报质保部专检，经项目监理及驻厂代表检验合格后方可对胎架进行加固。

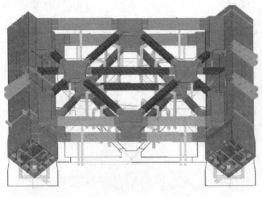 

图 7-36　环桁架预拼装效果图　　　　　　图 7-37　环桁架预拼装实景图

（3）胎架设置固定后，吊装钢柱 TKZ6-DS-64、TKZ6-DS-65、TKZ6-DS-66 和 TKZ7-DS-64、TKZ7-DS-65、TKZ7-DS-66 上胎，以所放大样为基准（即桁架水平投影），采用线锤吊线找正并用钢卷尺复查对角线。钢柱间采用临时螺栓连接（现场安装连接板），与胎架间点焊定位靠山进行固定。根据桁架拼装放样图，进行巨柱及下层桁架节点定位，构件的定位通过各主要控制点的 X、Y、Z 坐标来控制，采用全站仪精确定位和吊铅垂线使其端口主要控制点与地样上的控制点相重合的方法来调整构件位置。位置调整合格后，对构件进行临时固定。

（4）点焊柱上与上下弦杆连接的牛腿组焊件。其定位采用计算机放样，点焊定位靠山。

（5）吊装桁架上下弦杆及中弦杆，采用吊线锤检验其安装位置。定对杆件中心线、坡口间隙与接口错口，点焊固定。

（6）吊装斜腹杆，定对杆件中心线与坡口间隙、接口错边，采用卡板定位，点焊固定。

（7）安装桁架第二层弦腹杆胎架，其制作方法同第一层。

（8）吊装桁架第二层上下弦杆及中弦杆，定对杆件中心线及坡口间隙与接口错边，点焊固定。

（9）吊装桁架第二层斜腹杆，定对杆件中心线、坡口间隙与接口错边，点焊定时固定。

（五）预拼装检验标准与尺寸要求

（1）本工程桁架预拼装检验标准：《钢结构工程施工质量验收规范》（GB 50205—2001），预拼装尺寸应满足表 7-2。

预拼装尺寸　　　　　　　　　　　　　　　　表 7-2

测量项目	允许偏差	检验方法
预拼装单位总长	±5.0	钢尺
桁架平面不平度	5	全站仪
拱度	±L/5000	用拉线和钢尺检查
节点处杆件轴线错位	4.0	划线后用钢尺检查
预拼装单元柱身扭曲	H/200，且≤5	全站仪
接口截面错位	2.0	钢尺
坡口间隙	−1.0～+2.0	钢尺

（2）桁架预拼装完成自检合格后报质保部专检。专检时，每榀桁架预拼装必须作好记录，记录构件预拼装的总体外观尺寸、定位轴线的偏差、各接口的错边量、接缝宽度、焊接坡口尺寸及偏差。记录必须由项目监理及驻厂代表签字确认，并随构件一起发至现场，作为现场拼装的依据。

（3）桁架预拼装检验合格后，构件下胎，处理构件外观，进行喷砂和油漆，构件办理入库手续。

五、电加热施工技术

广州东塔项目钢结构总重约 9.7 万 t，各构件截面形式复杂多样，焊接施工主要分巨型钢柱的对接、墙内钢板剪力墙竖向对接及水平对接、核心筒钢板剪力墙与刚接钢梁的对接、外框巨型钢柱与钢梁的对接、外框钢柱与柱间支撑的对接、桁架层巨型 K 字节点对接等。焊接构件截面多为箱形截面，工字形截面及日字形截面，母材材质包括 Q235 及 Q345，焊接钢板最大板厚达 130mm。

高级别Ⅲ、Ⅳ类钢材的厚板和超厚板的焊接对现场的焊接工艺要求十分严格，在焊接施工过程中需全过程管理控制来保证工程焊接施工的进度和质量。针对工程结构焊接特点，除了在焊接过程中全部采用 CO_2 气体保护半自动焊接成套技术外，对于高级别超厚钢板（如 80～130mm 的钢柱）的焊接，在焊前预热和焊后后热时主要采用"电加热"方式进行。

在本工程焊接热处理工程中，要求对焊接构件进行焊前预热、焊后消氢，焊后消除应力热处理，并参照标准及技术规程，做到技术先进、经济合理、安全适用、确保质量，确保钢结构焊接顺利完成（图 7-38）。

图 7-38　电加热设备运用

（一）电加热技术要求

（1）焊接前，在焊缝及其两侧 100mm 处进行加热。加热宽度应为各焊件待焊处厚度的 1.5 倍以上，且不小于 100mm。根据不同材质、不同厚度设定加热温度，采用红外线测温仪测温。温度由电脑温控仪设定自动控温。一般预热温度在 100～150℃，焊缝返修处的预热温度应高于正常预热温度 50℃左右，预热区域应适当加宽，以防止发生焊接裂纹。

（2）加热器采用陶瓷磁铁式，固定在焊缝坡口两侧，有的焊件比较复杂可以用钢丝绑扎，有碍无法固定的地方必要时把加热器点焊在工件上。然后用接长导线通过电脑温控仪进行通电加热。工件正面加热，正面测温，为保证母材充分预热，应适当提高预热温度。层间温度控制与预热温度相当。

（3）焊接过程中，加热器加热温度应保持焊道的规定温度，应进行伴随预热，整条焊道应一次性焊完，如条件不允许，中间应保持恒温或进行后热，后热应立即进行，并恒温1~2h，保温缓冷。

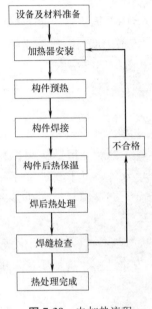

图 7-39　电加热流程

（4）加热升温速度应缓慢，一般情况应控制在 50℃/h 以内，即保证温度的均匀性。

（5）严格控制预热温度和层间温度，测温时，测温点应选在距破口边缘 50mm 处，平行于焊缝中心的两条直线上。焊接过程中随时监控，严禁出现过热和过冷现象。

（6）整条焊道焊完后，应立即后热，后热温度为 250℃左右，恒温 1~2 小时，然后保温缓冷至常温。

（7）由于气候关系，必要时可以采用保温措施，进行局部保温防止散热。

（二）电加热流程

电加热流程如图 7-39 所示。

（三）电加热施工安全保证措施

（1）遵守总承包项目部的安全管理规章制度及有关的安全方针、安全目标及有关安全规定。

（2）热处理施工人员积极参加安全会议、安全培训、安全技术交底。进入项目施工，必须按照要求办理进入项目施工的安全教育手续。

（3）热处理施工人员必须按施工安全的要求正确着装，穿戴好安全防护用品，进入施工现场必须戴好安全帽，并系好帽扣。2m 以上（含 2m）高处作业时，必须高挂低用正确使用安全带。

（4）各种施工设备与机具在使用前要仔细检查各种接线是否牢固，发现异常情况则通知维护电工进行维修，正常后方可开机使用。

（5）设备一次电缆的接电与撤电必须由维护电工执行。热处理设备及手工工具的电源连接线，绝缘必须良好。作业前，应仔细检查焊接电缆的完好性，不得有破损点，破损处必须通知维护电工进行处理，处理后必须符合绝缘标准，电缆线严禁与起重钢丝绳及热处理的管道和设备相碰。

（6）设备电源线和电缆现场铺设，拖动时，应确认电源开关处于关闭状态。热处理操作人员现场应经常检查线路完好状况，发现异常及时通知维护电工处理，热处理线路接插件及信号线接点的接触必须良好、牢靠，不得有发红点或电弧闪烁现象。

（7）热处理施工人员作业过程中，做到"三不动火、三不伤害"，并应随时观察上、

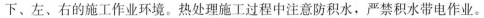

下、左、右的施工作业环境。热处理施工过程中注意防积水，严禁积水带电作业。

（8）容器或者井、室等受限空间内进行作业时，必须持有有效的作业票，外面必须有监护人，并有通风和照明设施，通风及照明状况良好。内部照明用灯电压必须是 12V 的安全电压。

（9）高处作业时，热处理施工人员严禁相互抛、接工具，严禁手中持物上下攀爬，登高严禁使用绳子传送，施工过程中余料、废料应及时清理。

（10）高处作业时，热处理人员起身、移动动作宜缓慢进行，防止晕眩感觉不适。

（11）包覆和拆卸保湿棉材料人员必须戴手套、口罩进行作业，防止材料与皮肤直接接触，拆、接和移动线路人员必须穿戴有绝缘功能的鞋子和手套进行作业。

（12）热处理区域设置警戒线，作业过程中，必须由专人实行看护，热处理现场不得离人，热处理点必须挂有明显的警告牌，警示牌必须待工件温度降至常温时方可由专人撤除。

（13）工件处理过程中周围尽可能远离可燃材料，工件加热区的保温棉包覆必须严密，使用细钢丝固定并与电源线和加热片隔绝，拆除后仍有较高温度的加热片应放置于有警示安全区域，以防发生人员触电、烫伤及火灾事故。

（14）每天施工结束，切断设备的电源，及时清理各种工具、把线等，并检查焊接设备和热处理设备的完好，确认作业场所无遗留火种后离开作业现场。

（15）热处理作业及相关人员严格执行安全生产规章制度和本岗位安全技术操作规程，及时发现和消除安全事故隐患，自己无法处理的，及时通知现场安全生产责任人和安全环保部门。同时认真执行"互联互保制和大级工负责制"，即施工过程中同伙作业人员之间互相保护、互相监督、互相帮助制度和同伙施工人员中由级别、资历最高者担负起安全责任人职责。

（16）其他安全未尽事宜，按相关规范执行。

六、悬挑钢梁施工技术

悬挑钢梁施工过程中，如无预先控制和采取相关措施，将会出现较大幅度的下挠，不但会造成混凝土楼板开裂，而且影响楼层净空，还会对机电的安装和精装租户房间功能的正常使用造成很大影响，故施工悬挑钢梁的控制尤为重要。

（一）悬挑钢梁概况

塔楼西侧 F70 和东侧 F94 层以上因结构收缩，楼层钢梁变为无柱悬挑结构，从核心筒向外悬挑。悬挑梁的构件截面为 H 型钢，西侧钢梁悬挑最大长度约 5.8m，东侧钢梁最大悬挑长度约 6.4m，典型结构层悬挑钢梁分布位置如图 7-40、图 7-41 所示。

（二）悬挑钢梁变形控制

针对项目多楼层、长跨度的悬挑钢梁，项目部通过起拱预调值进行深化设计、施工中采取过程控制措施、施工后通过测量及数据对比分析等手段，保证现场钢梁的正常安装及精度变形的有效控制。以塔楼 F70 层为例进行分析如下。

1. 悬挑钢梁预起拱值的深化设计

为计算悬挑钢梁预起拱值，依据设计图及深化图，采用 midas/gen 进行模拟计算钢梁

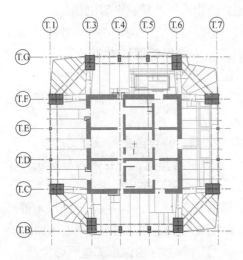

图 7-40　70 层以下典型楼层悬挑钢梁　　　　图 7-41　70 层以上典型楼层悬挑钢梁图

的挠度，以设计图为基础，在核心筒墙侧及巨柱边采用虚拟梁模拟，按设计图给出的约束，内部钢梁铰接端按释放梁端约束 M_x、M_y、M_z 处理，结合钢梁自重、混凝土楼板重、活荷载等因素建立模型，确定钢梁变形挠度值，最后根据钢结构设计规范，按荷载组合作用下的挠度值。确定最终起拱值，验证设计的起拱值是否满足精度要求，保证楼层混凝土浇筑完成导致钢梁变形后的楼层净空及标高。

　　计算模型及组合变形如图 7-42 所示。

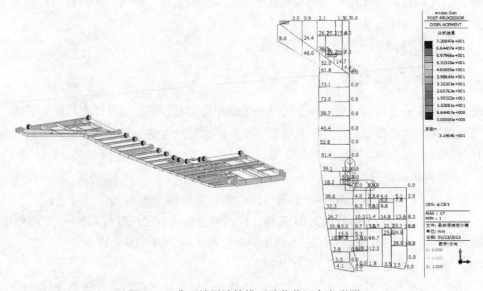

图 7-42　典型楼层计算模型及荷载组合变形图

2. 悬挑钢梁施工精度控制

　　在 70 层以上塔楼东侧和西侧悬挑钢梁跨度较大、悬挑钢梁多，为在安装过程中保证钢梁的固定及安装精度，用每根水平钢梁通过钢丝绳对钢梁预留洞口和上层钢梁竖向连接板临时连接，钢梁底部通过支撑钢柱对钢梁进行临时支撑，保证钢梁在施工过程中的精度控制（图7-43）。

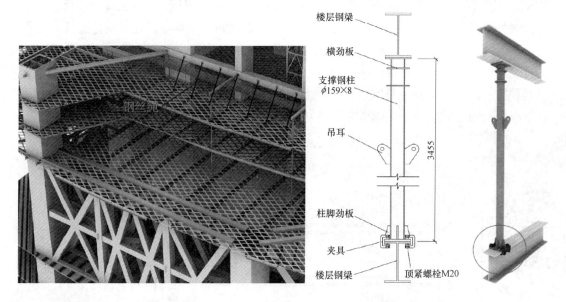

图7-43　70层以上塔楼西侧悬挑钢梁施工措施示意图

在F70以下钢梁安装过程中，塔楼东南西北四个角部均设计有后连方钢柱，因部分楼层局部属于纯悬挑结构，容易导致连接巨柱的钢梁扭曲变形，故施工过程中设置临时措施，安装时在巨柱上做临时斜支撑，临时斜支撑两端分别焊接于巨型钢柱和GL11下翼缘之间。

安装流程为：第一步，临时斜支撑安装完成后安装GL9；第二步，安装悬挑钢梁GL11（GL11长度约为1.5m，安装时不需作临时支撑）；第三步，安装角部钢梁GL11，形成三角稳定结构；第四步，嵌补三角稳定结构内钢梁GL11；第五步，安装钢梁该片区其他钢梁（图7-44）。

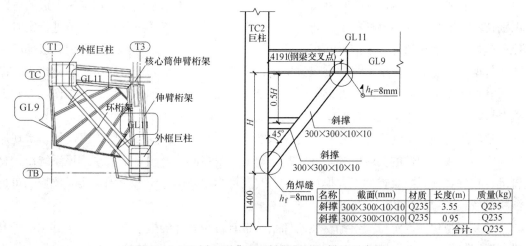

图7-44　70层以下典型悬挑钢梁施工措施示意图

（三）钢梁及后连方钢柱的变形控制

塔楼 F67 层以下东北角和西南角均设有后连方钢柱，以 F66～F68 桁架层结构为例，F66 的后连方钢柱随 F67 钢梁一起吊装就位，让 F67 钢梁与方钢柱自由沉降，于后连方钢柱柱脚处设置卡板（通过千斤顶对其校正调值），此时 F67 钢梁与后连方钢柱连接端先不焊接，通过千斤顶顶升卡块对 F67 钢梁与方钢柱校正调值，校正完毕后，安装 F67 该片区其余钢梁，接着去掉方钢柱柱脚卡板，让后连方钢柱自由沉降至 F66 钢梁表面，并焊接其柱脚（此时 F67 钢梁与后连方钢柱连接端仍不得焊接），最后浇筑 F67 混凝土楼板，待混凝土凝固之后焊接 F67 钢梁与后连方钢柱连接端焊缝（图 7-45）。

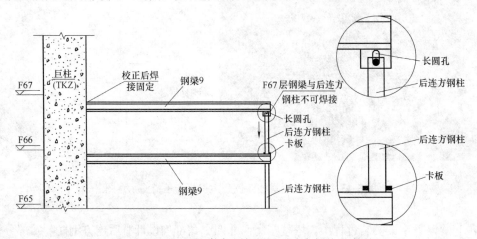

图 7-45　F66～F68 桁架层钢梁及后连方钢柱示意图

七、物联网信息化施工技术

大型超高层钢结构工程中，存在钢构件数量多、体量大、构件复杂等特点，导致钢结构运输难度大、施工过程管理难度高等特点，严重阻碍了钢结构施工的运行效率及过程控制。

针对上述难点，项目率先在钢结构施工生产领域引入了物联网技术，采用先进的射频识别技术对钢结构主要原材料钢材和产成品钢构件的仓储、流通过程相关环节进行实时监控，监控对象精确到每一张钢板和每一件构件，成功搭建起基础数据交互平台和多部门多环节数据交互通道，实现了管理过程数据化、可视化，有效地降低了人工管理差错率，提升了管理数据采集能力，极大地促进了操作流程的标准化和精细化，做到了制作和安装无缝对接，进一步提高了我国建筑钢结构施工生产过程的智能化水平。

物联网管理系统利用电子芯片、射频识别（RFID）、传感器等信息传感设备，实现原材料钢材、成品构件的实时监控，并将基础数据实现多部门、多环节共享。该系统由钢材管理、构件管理、报表查询三大模块组成，实现可视化精准定位、全周期实时监控、可追溯协同管理和智能化数据分析四大功能。

（1）可视化精准定位。给钢材、构件粘贴带有自身属性的电子标签，赋予其"电子身份证"，借助无线读写器现场采集信息，生成堆场电子地图，可精确追踪每张钢板、每根构件的位置。通过可视化地图,在钢板发放时,可以快捷地获得发放方案;在构件发运时,可精确查找到构件的位置,科学调度构件的发运顺序,极大提升了工作效率。

(2)全周期实时监控。系统以钢材流转为主线,在各生产环节设置不同的状态标识,通过对生产计划时间、车间调度时间、工段位置、半成品交接、成品入库、构件发运、构件安装等全周期的状态跟踪,准确掌握构件的生产状态,实现实时监控,有效避免了传统管理方式中生产信息滞后、数据失实失真的现象。

(3)可追溯协同管理。对产品原材料进行"电子身份证"的绑定,确保了钢材的规格型号、材质使用准确;对钢材生产厂家及炉批号的跟踪,确保了钢构件产品的质量可追溯到每一零件母材的质量;可对各工序责任人进行追溯,提高员工责任意识和质量意识。通过物联网管理系统,可查询制作厂内构件生产的材料匹配情况及构件的生产状态,为及时调整生产安排、保证现场安装进度提供依据,实现了材料采购、加工制造、现场安装的高效协同。

(4)智能化数据分析。系统通过对海量数据的多维度智能分析,自动归集钢材、构件动态信息,可以为业务层提供合同执行对比表,钢材、构件收、发、存统计分析表;为管理层提供合同执行台账、构件状态查询、构件计划对比等指导生产管理的报表;为决策层提供成本消耗分析、构件产量分析等报表。最大限度地避免时间浪费,有效地减少质量风险,精确地控制生产流程。

通过物联网施工技术在项目上成功地整体应用,提升了钢材查找发放、构件发运工作效率50%以上,实现了钢材与构件的实时可视化管理、适时多维度智能分析的报表查询,可在瞬间完成传统模式下耗时两周左右的报表统计分析工作,极大程度地提高制作管理效率,对巨型复杂钢构件从加工、运输、现场吊安进行全过程实时跟踪分析,实现钢构件的信息溯源和实时掌控(图7-46)。

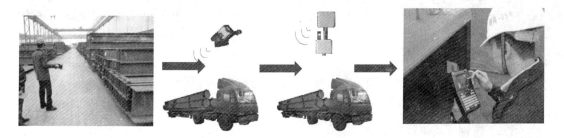

图7-46 物联网过程示意图

八、铸钢件施工技术

根据塔楼核心筒的结构设计要求,第一道伸臂桁架(F23~F24)核心筒外墙厚度为1500mm,伸臂桁架核心筒节点采用双层钢板交错连接,第二道伸臂桁架层(F67~F68)核心筒结构外墙厚度为900mm,截面缩小后,由于核心筒内桁架连接节点部位和外框伸臂桁架连接杆件倾斜角度大、应力集中、受力复杂的特点,F23层伸臂桁架核心筒节点无法保证整个伸臂桁架整体受力体系的稳定性,故将F67和F92层伸臂桁架核心筒节点修改为铸钢件(表7-3,图7-47~图7-49)。

伸臂桁架节点对比表　　　　　　　　　　　　　　　表 7-3

楼　　　层	楼层	核心筒墙体厚度	特点	钢材材质
伸臂桁架层核心筒节点	F23	1500	双层钢板	Q345
	F67、F92	900	单层钢板	G20Mn5QT

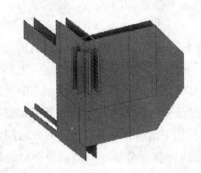

图 7-47　F23 层伸臂桁架核心筒节点图

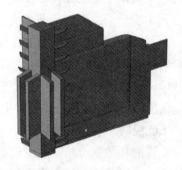

图 7-48　F67 层铸钢件伸臂桁架核心筒节点图

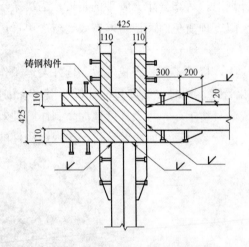

图 7-49　典型伸臂桁架角部连接铸钢构件图

(一) 铸钢件优点

(1) 为管状直接铸造，钢结构应力更为合理，整体结构更加稳定。克服了大型集中造成的焊接应力对整体结构的不利影响。

(2) 没有节点球，钢结构更简单、光滑。

(3) 由于铸钢节点可以铸成任意形状，使任何形状的建筑造型都可以成为现实。

(4) 铸钢节点全部在工厂完成，大大减少了操作工作量，降低了建筑成本，提高了整体工程质量，并大大减少了高空施工人员伤害。

(5) 铸钢节点具有良好的加工性能，复杂多样的建筑样式属性，特别是在处理复杂的交叉节点时，铸钢节点有较大优势。

(二) 铸钢件质量控制措施

东塔伸臂桁架层核心筒节点铸钢节点部位有多个杆件交会，与之连接杆件均为厚板构件，焊接难度较大，铸钢件晶粒粗大，碳总量高，特别是磷含量很难控制，如果焊接材料、焊接工艺不当，容易产生冷裂纹；铸钢件由于本身生产特点决定了晶间存在低熔点偏析，且杂质较多，高的热应力作用情况下可能导致铸钢件内部热裂纹；铸钢件本身存在疏松气孔。焊接过程中内部气体的分解，增加了熔池中气体的成分，易产生气孔。针对上述难点，主要在以下方面进行铸钢件的质量控制。

(1) 制模方面：由于模具属细长类杆件，单纯的木质结构刚度小，为防止搬运、起吊、组装、造型过程中产生变形，须提高木模的刚度，因此制作模具时须在内部各处设置钢龙骨。

（2）工装方面：铸件的尺寸决定工装的尺寸，工装刚度需要加强，防止沙箱的起吊、翻箱、合箱时发生变形，影响铸钢件的尺寸。

（3）热处理方面：该工程铸钢件节点最大长度为 5.1m，装炉时需要垫平，防止高温变形，同时铸钢件壁厚尺寸大，常规工艺无法满足其性能要求，为此热处理过程中将铸钢件进行淬火＋回火热处理，均匀钢的化学成分和组织，细化晶粒，提高和改善材料的力学性能。

（4）毛坯件打磨、修补方面：铸钢件节点的缺陷较深时，用风铲、砂轮等机械或氧乙炔切割、碳弧气刨等方法取出缺陷后进行焊补，缺陷底部必须圆滑过度，避免尖角的出现。

（5）焊接方面：由于伸臂桁架铸钢件节点焊接熔敷量大，焊后易产生变形，焊接过程中，最低的温度应不低于预热温度，静载结构焊接时，最高温度不宜超过 250℃，焊前预热采用电加热法、火焰加热法和红外线加热法等加热方式进行，并用专用测温仪器测量，预热的加热区域应在焊缝破口两侧，宽度应为焊件施焊处板厚的 1.5 倍以上，且不小于100mm，焊后立即用石棉布覆盖于铸钢件上使焊缝缓慢冷却，防止冷却速度过快，残生淬硬倾向导致裂纹产生。

第三节　钢结构施工技术的拓展研究

一、自爬升平台技术

（一）平台设计概况

广州东塔主塔楼结构高度 518m，外框 8 根用厚板焊接而成的巨柱最大截面尺寸为5600mm×3500mm，每米最重达 11300kg，平均 6000kg。巨柱分段采用横向剖切，受运输尺寸和吊重的限制，巨柱地上部分共分为 574 节，焊接操作平台共需移位安装 550余次。

常规脚手架操作平台超高空拆装作业量大，存在安全隐患；常规装配式标准化操作平台占用塔吊吊次过多。以拆装一个操作平台需占用一台塔吊半天算，操作平台移位安装550 余次，共占用一台塔吊近大半年的有效工作时间；换个角度，本工程所用 3 台塔吊，有 3 个多月都在为操作平台的移位安装服务。

项目部于前期准备阶段对新型操作平台展开探索，经详细分析，对新型操作平台提出以下要求：

（1）操作平台拆装简便，高空移位操作安全。

（2）操作平台实现自行移位安装，减少超高空拆装对塔吊吊次的占用。

（3）上方钢梁安装后，操作平台仍可自行移位。

（4）能较好地适应巨柱截面尺寸多次变化的要求。

经详细对比分析，项目部设计出一种新型操作平台，由液压爬升机构实现自行移位，伸缩式平台机构实现简易拆装与避开障碍，即伸缩式跨障碍自爬升移位安装焊接操作平台。

（二）平台爬升原理

平台爬升原理为导向爬升梯与主体交替爬升。

导向爬升梯爬升时，液压爬升机构主体固定不动，操纵液压系统通过防坠爬升器将导向爬升梯向上提升，导向爬升梯逐步提升至上层挂座处，由挂座将导向爬升梯挂紧；主体爬升时导向爬升梯固定不动，爬升操作架通过操纵液压系统，依靠防坠爬升器带动主体沿爬升梯向上爬升。导向爬升梯与主体爬升流程如图 7-50 所示。

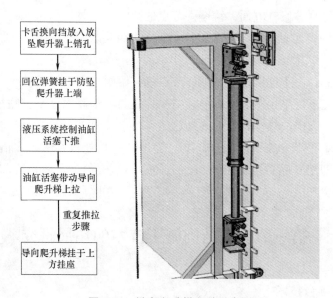

图 7-50　导向爬升梯爬升示意图

（三）爬升式操作平台爬升架布置分析

巨型柱因焊接工作量巨大，在工程安装进程中，出于对生产进度和安全要求，往往还等不到就位调校完成的柱段焊接完成，其上部就要安装钢梁和牛腿，出现将焊接工作平台关在下方的情况（即关门工况）。因此，要确保操作平台在这种工况下的爬升不受影响，爬升架的布置必须避开钢梁或牛腿。但是，由于巨型柱的断面尺寸是从下到上呈阶梯型由大变小，再加上四周都布有钢梁或牛腿，要想保证爬升架安装后不受上述工况的影响，顺畅地爬升到顶，将使爬升平台变得相当复杂，并因此留下安全隐患。要解决这一矛盾，必须采用相互退让，统筹兼顾的办法。一方面，平台的设计在确保安全的前提下，要能满足在某些区域和层段一旦出现上述关门工况时，平台也可以爬升；另一方面，在不影响安全和总体生产进度的条件下，某些区域和层段的构件统统在平台爬升后再装。基于这一原则，通过认真分析巨柱四周梁、牛腿分布及其相关尺寸的情况下，提出如下具体的解决办法（现以 TKZ1 为例）：

（1）巨型柱外壁的牛腿由于长度在 700mm 以下，重量轻，为给爬升平台提供通畅的爬升空间和简化其结构以确保安全，统统在平台爬升后再安装。

（2）由于四角区域内对角线上的钢梁安装后，将极大地影响操作平台的安全，统统在平台爬升后再安装。

（3）1～32层巨柱间的钢梁，由于轴线离外壁尺寸过大（为1700～1800mm），也影响平台的安全，故应在平台爬升后再安装。

采取上述三条措施后，再出现关门工况时，将不再影响平台爬升的安全性，并使平台结构大大简化，还能满足平台一经安装即可一直爬升到76层而中途不需重新安装的要求。

（四）自爬升式平台机构组成

爬升式操作平台由下部液压爬升机构、上部伸缩式操作平台组成，为单元—整体式设计，下部液压爬升机构由低压油泵作为动力，沿着悬挂于巨柱外壁的导向爬升梯进行爬升，导向爬升梯则由液压推动的机械装置向上爬升，上部伸缩式操作平台由固定端与伸缩端组成。

操作平台爬升时将钢梁投影位置的伸缩端收起，以跨越钢梁、牛腿等障碍；爬升到位后将伸缩端展开，并将相邻爬升单元相连成为整体（图7-51）。

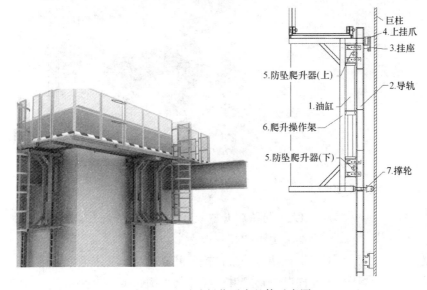

图7-51 爬升式操作平台整体示意图

（五）液压爬升机构组成

液压爬升机构由以下部件组成：①液压系统（油缸及其操作控制系统）；②导向爬升梯；③挂座；④自动回位爪；⑤防坠爬升器（包括抱轮）；⑥爬升操作架；⑦撑轮。各部件之间用螺栓连接，如图7-52所示。

（六）导向爬升梯设计

导向爬升梯采用焊接亚字形截面，为减轻自重采用镂空设计，两面分别为防坠爬升器与挂座提供挂着步级；于防坠爬升器端设置宽翼缘，使防坠爬升器抱轮可抱紧导向爬升梯。导向爬升梯总长为6m，挂着步级等间距设置，每3个步级设置一个水平隔板。

（七）挂座设计

挂座焊于巨柱外壁的16号槽钢支座上，主要功能有：①上方U形槽为爬升操作架提供钩挂位置；②中心单向锁死卡舌作为爬升梯提升时的悬挂和防坠装置（图7-53）。

挂座安于柱对接焊缝下端，确保爬升操作架固定于挂座时，伸缩平台标高于焊缝下方1.2m处。按巨柱分段长度，每隔4.5m标高安装一个，于混凝土施工至该楼层时拆除周转。

（八）爬升操作架自动回位挂爪设计

爬升操作架利用上自动回位挂爪钩挂于挂座上部凹槽。挂爪焊接于爬升操作架上端主梁端部，爬升过程中承担整个爬升系统的全部重量。挂爪设计如图 7-54 所示。

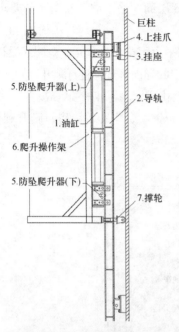

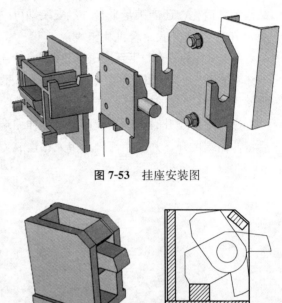

图 7-53 挂座安装图

图 7-52 液压爬升机构组成图

图 7-54 挂爪示意图

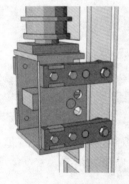

图 7-55 防坠爬升
器示意图

（九）防坠爬升器设计

油缸上下两端各设一个防坠爬升器（图 7-55），防坠爬升器上下与上挂架、油缸拴接，其功能为：①抱紧导向爬升梯；②卡舌于导向爬升梯爬升、操作架爬升时单向锁死，起爬升过程中的防坠锁紧作用。防坠爬升器两侧设置抱轮。抱轮为防坠爬升器抱紧导向爬升梯的部件，两抱轮间设置滚轮方便导向爬升梯上下滑动。

卡舌可顺时针、逆时针转动，应按使用需要调整可单向自动复位弹簧的安装位置。当导向爬升梯爬升时插上下部插销，导向爬升梯每爬升一步均能自动复位卡住步级；操作架爬升时插上上部插销，每爬升一步均能自动卡住操作架。

抱轮为防坠爬升器抱紧导向爬升梯的部件。抱轮用螺钉固定于防坠爬升器两侧后，上下用抗剪板顶紧，将抗剪板焊接于防坠爬升器两侧，令抗剪板代替螺钉受剪。两抱轮间设置滚轮方便导向爬升梯上下滑动。

二、自动焊接技术

随着钢结构发展大潮，建筑业人工成本日益增加，且钢结构焊接工种专业程度非常高，劳动强度大。焊工储备的数量无法满足钢结构快速发展的需求。同时，人工施焊质量不一，受人为限制大，换班频繁。对于超高层巨型钢结构超大截面焊缝和超厚板施焊，人工作业连续性差，质量控制难。基于上述背景条件，本项目钢结构工程探索和引进自动焊技术，应用在外框巨柱的横焊缝。

主要优点如下：

（1）稳定和提高焊接质量，保证其均匀性。

（2）提高劳动生产率，一天可 24h 连续生产。

（3）改善工人劳动条件，可在无弧光、烟尘、有害气体的环境下工作。

（4）降低对工人操作技术的要求。

（5）可实现小批量产品的焊接自动化。

（6）缩短产品改型换代的准备周期，减少相应的设备投资。

（7）为后期焊接柔性生产线提供技术基础。

（一）自动焊机的机构组成

自动焊机主要为横焊机的安装，由电机和减速器组成。该运行机构是在模块组合体系基础上设计的，其能耗低、性能优越，减速器效率高达 96%，震动小，噪声低。其结构上采用高刚性铸铁箱体，斜齿轮采用锻钢材料，表面经过渗碳硬化处理，经过精密加工，确保轴平行度和定位的精度，这一切构成了齿轮传动的完美组合，使得整个横焊机的平稳运行有了结构上的保证（图 7-56、图 7-57）。

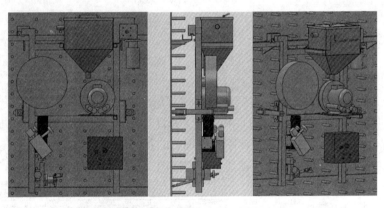

图 7-56 更新设计方案图

图 7-57 自动焊接实景图

（二）现场使用概况

本自动焊接技术主要使用于巨柱的焊接，现场施工使用于 L45 层以上结构 7 号巨柱。根据实际情况投入两台自动埋弧横焊机对称施焊，以下两种方案供现场调用：

方案一：拟在巨柱长边（5m）投入两台自动焊接设备对称施焊，同时在短边（3.5m）投入 4 名焊工施焊，能保证 1 个工作日完成焊接工作（图 7-58）。

方案二：拟先在巨柱长边（5m）投入两台自动焊接设备对称施焊，完成后，在短边（3.5m）投入该自动焊接设备对称施焊，能保证 1.5 个工作日完成焊接工作（图 7-59）。

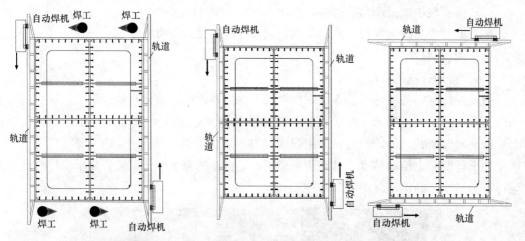

图 7-58　施工平面模拟示意图一　　　　图 7-59　施工平面模拟示意图二

（三）现场装配要求

本自动埋弧横焊机是专门用于壁板墙横向焊缝的焊接设备。该机型采用直流驱动技术，并配备了美国米勒电气公司的自动焊接系统，实现了平稳运行、高效焊接的完美结合，大大提高了工效和焊接质量，能够保证现场的正常使用。

根据该设备的外形结构设计，现场装配遵循图 7-60 所示尺寸要求。

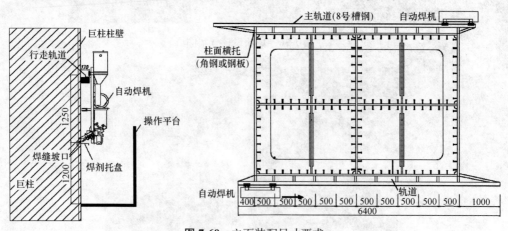

图 7-60　立面装配尺寸要求

（四）焊接操作过程

（1）开启电源箱中的总空气开关，供电给电焊机和横焊机操作箱。

（2）开启电焊机电源，待电焊机电源指示灯亮后则可开启 HDC 1500 控制箱。

（3）开启横焊机操作箱，待操作箱上的电源指示灯亮，速度数显表显示为"000"，接着启动变频器则速度数显表显示为此时设定的速度，则横焊机可以设定的速度或全速运行。

（五）前景分析

由于自动焊接技术的使用必须要有一定的施工操作空间且只适用水平焊缝的施工，具有一定的局限性，故项目将其作为钢结构技术拓展的研究，这也是无法大面展开使用该技术的原因，以后针对该技术将会继续探索，解决自动焊接技术对操作空间和竖向焊缝无法焊接的难题。

第八章 智能顶模系统升级优化及应用

第一节 顶模的研发及应用背景

随着建筑高度不断刷新，建筑结构功能使用日趋多元化，建筑的结构也越来越复杂，在保证施工质量和工期的前提下，传统的施工工艺已经很难适应超高层的施工。

在 440.75m 的西塔项目的建设中，针对该工程混凝土核心筒沿竖向复杂多变，特殊构件繁多，工期要求紧等情况，西塔项目管理团队积极研发智能整体顶模系统。通过此项发明，优化了混凝土施工工序，加快了施工速度，在保证安全质量的前提下，实现了 1200m² 工作平台和模架的整体提升。

同时在 441.80m 的深圳京基 100 大厦的项目建设中，针对京基 100 大厦项目自身的结构特点，设计并成功应用顶模完成工程的建设，并实现了两天一层的施工速度，既保证质量，又安全可靠，效率也非常高，整层提升一次仅需要 2h，标准层实现了 2~3 天 1 层的施工速度。

与传统爬模系统相比，超高层智能顶模系统实现了 5 个方面的创新。

（1）平面最少支撑点。一般设置 3~5 套顶撑结构，通过支撑钢柱与大刚度工作平台连接，形成一个稳定的钢骨架。

（2）低位支撑。其特点是"顶撑合一"，有效避免了混凝土早期强度对系统顶升的影响，加快了施工速度。

（3）长行程、大吨位。使用长行程、大吨位液压双作用油缸（行程 4.5~5m，顶升能力 300t，提升能力 30t，顶升速度 100mm/min），一个行程即可顶升一个结构层，在很短时间内即可完成全部顶升工序。

（4）智能化控制。整个系统的伸缩牛腿采用小油缸驱动为动力，所有小油缸和顶升油缸采用一套智能化控制系统，该系统主要包括液控和电控两个分系统，实现对各个主缸和各个小缸的联动控制。

（5）空间三维"可调模架"。模板上部通过导轮连接在钢平台下导轨梁上，模板支设及拆除均为有轨作业。配模时考虑墙体平面布置变化，墙体厚度变化，楼层高度变化，墙柱互变等因素，方便施工中模板改造。

另外顶模系统可根据不同工程特点单独进行设计，能适应不同核心筒墙体变截面的施工，顶模本身也是一个巨大的作业平台，可减少 50% 的工作量，缩短工期 40% 左右，提高了超高层建筑混凝土结构施工水平，其不但具有施工速度快、安全高效的特点，同时是一种绿色环保、低碳节能的大型施工机具和施工工艺，为国内国际同类工程提供了成功范例，是国内外首创、国际领先技术，具有广阔的推广前景，也是当今超高层施工的一项革命性创举。

第二节 顶模系统的总体介绍

一、顶模原理介绍

（1）低位顶升钢平台模架体系由动力系统、控制系统、支撑系统、钢平台系统、挂架及安全防护系统、模板系统六大系统组成（图 8-1）。

（2）动力系统采用长行程（5m）高能力（350t）液压油缸，控制系统采用电脑控制，圆管支撑钢柱及箱梁组成支撑系统，钢平台用 H 型钢组成桁架式，配合定型大钢模板和可调节移动式挂架。

（3）顶升液压油缸一次性可顶升一个楼层高度，通过支撑圆管支撑钢柱顶升平台，进而带动模板和挂架整体提升，整个过程最大限度地降低了人工作业量，提高了施工功效，降低了人工作业的强度和安全风险。

（4）在核心筒内壁设置预留洞，支撑大钢梁通过两端的伸缩机构支撑在核心筒预留洞处，支撑钢管柱及液压油缸分别焊接固定在上下两道支撑大钢梁上，利用双向液压油缸的顶升与回收动作实现整个顶模系统的自爬升。

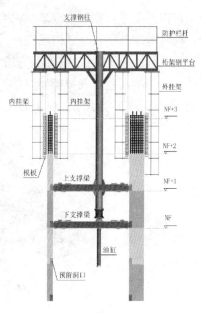

图 8-1 顶模顶升原理图

二、顶模系统的组成

（一）支撑系统

本工程核心筒为规则的矩形筒体，内含 9 个矩形筒，为了提高模架堆载的能力，同时增强模架的稳定性，最优的选择是将支点布置在四个角部的矩形筒内。

支撑包括支撑柱和支撑箱梁。支撑柱选取两种形式：分别为直径 900mm，厚度 20mm 的钢管柱及 1020mm×1800mm、1020mm×1920mm 格构柱；支撑箱梁采取钢板焊接而成，箱梁截面 750mm×400mm×25mm×35mm，在支撑中部焊接 35mm 厚加强板；牛腿采用钢板焊接而成，截面 470mm×300mm×25mm×25mm。另外考虑适应楼层高度由 4.5m 变为 3.5m 及 3.75m，上下支撑箱梁之间增加一段 1m 高的钢柱，层高由 4.5m 变为 3.5m 时拆除。构件材质除特殊说明外均采用 Q345B 钢。支撑系统效果如图 8-2 所示。

（二）钢平台系统

本工程塔楼为劲性钢板混凝土剪力墙核心筒。劲性构件尺寸较大，为了便于劲性构件

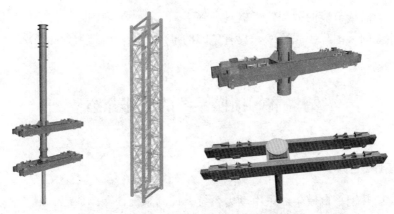

图 8-2　顶模支撑系统示意图

施工，钢桁架平台在核心筒墙体部位应尽量预留更大的空间以便劲性构件可分层整体吊装，同时考虑到平台堆载以及变形的要求，将钢平台支点放在四个角部的筒体内。

钢平台由一级、二级桁架、外圈三级桁架及挂架梁组成。一级桁架共四榀，如图红色，二级桁架蓝色，三级桁架绿色，整体钢平台如图 8-3 所示，钢平台重约 160t，各级桁架由 H 型钢或工字钢组合焊接而成，截面尺寸及材质见表 8-1。

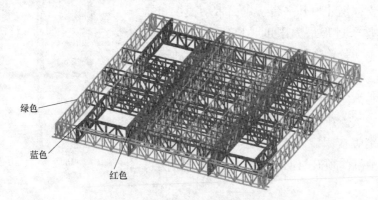

绿色
蓝色
红色

图 8-3　钢平台系统效果图示意图

截面尺寸及材质　　　　　　　　　　　　　　　　　　　　　　　表 8-1

构件名称	零件名称	截面尺寸（mm）	材　质
一级桁架	上、下弦杆	HW500×300×11×18 B304×300×10×10	Q345B
	竖向腹杆	B160×8	Q345B
	斜向腹杆	B160×8	Q345B
二级桁架	上、下弦杆	B304×300×10×10 HW150×100×6×9 HW150×100×7×10	Q345B
	竖向腹杆	B120×8	Q345B
	斜向腹杆	B120×8	Q345B
外圈三级桁架	上、下弦杆	LH150×100×4.5×6	Q345B
	竖向腹杆	B80×5	Q345B
	斜向腹杆	B80×5	Q345B
挂架梁		H200×100×5.5×8	Q345B

（三）动力及控制系统

动力系统主要为放在平台上的液压油泵，泵站上设置有 2 台电机，互为备用。由泵站引出两条主油管（其中粗直径的为回油管，细直径的为进油管），主油管分成 4 路，接至安装在每个柱节点位置的阀块（阀块上设置有电磁换向阀——控制各个油缸的动作），顶升压力 300t，顶升有效行程 5000mm，单缸顶升速度 120mm/min，油缸内径 400mm，活塞杆直径 300mm。

控制系统主要包括液控系统和电控系统两个分系统，实现对 4 个主缸和 32 支小缸的联动控制。

液控系统主要包括泵站、各种闸阀和整套液压管路，通过控制各个闸阀的动作控制整个系统的动作和紧急状态下自锁，利用同步控制方式，通过液压系统伺服机构调节控制 4 个油缸的液压油流量，从而达到 4 个油缸的同步顶升要求。

电控系统主要包括一个集中控制台、连接各种电磁闸阀与控制台的数据线、主缸行程传感器、小油缸行程限位等，实现对整个系统电磁闸阀动作的控制与监控，对主缸顶升压力的监控，对主缸顶升行程的同步控制与监控。

其中行程控制设置为不超过 3mm，任意油缸顶升行程与另外两个超过 3mm 后即自动补偿，主油缸压力控制考虑到施工荷载的不均匀，以顶升开始前初始压力为基准，顶升过程中若压力出现急剧变化超过 0.3MPa 即紧急制动。

（四）模板系统

模板系统指的是核心筒结构施工时墙体采用的大钢模板系统及配套的补偿模板。核心筒施工所用到的大钢模板按内外墙分成 2 种类型，由于核心筒外墙在 32 层以下设计有剪力墙劲性钢板，因此，外墙采用新设计的少穿墙螺杆的强背楞大钢模板，核心筒内墙采用传统的大钢模板。

1. 配模原则

本工程楼层层高主要有 4.5m、3.5m、3.71m 三种楼层，模板配置要适应楼层高度，标准模板设计为 900mm×2400mm＋3800mm×2400mm，下部施工 4.5m 层高楼层时，模板标准高度为 4.7m，上部施工 3.5m、3.71m 楼层时拆除 900mm 段模板，模板标准高度减为 3.8m。

同时，配模尽可能多地配置标准模板，便于工厂加工。墙体两边模板基本对应，配模从边角开始，分区域进行配置。分标准模板、非标准不变模板、角模和补偿模板进行配置。

2. 模板配置

因核心筒外墙 32F 以下设计有钢板剪力墙劲性钢骨，受钢板剪力墙劲性钢骨阻挡，对拉螺杆无法对穿，施工较为困难。针对这一特点，外墙模板设计一种带桁架背楞的新型大钢模板，模板只设上、中、下三道螺杆，最大限度减少对拉螺杆的数量，并在模板设计上采取解决对拉螺杆位置偏差的措施，以顺利解决钢板墙无法安装对拉螺杆的问题；内墙采用传统的大钢模板，该模板由方通次楞、双槽钢主楞和钢板肋组成（图 8-4、图 8-5）。

（五）吊架及围护系统

吊架系统利用钢平台下挂设的吊架梁作为吊架的吊点及滑动轨道，外挂架挂设 6 步架

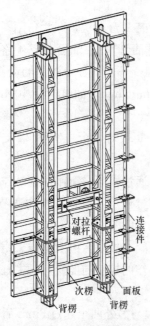

图 8-4 外墙模板示意图

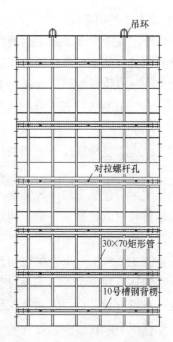

图 8-5 内墙模板示意图

子，内挂架挂设 5 步架子。

根据工程实际需要，设计外挂架立杆中心距离 1m，内挂架立杆中心距离 0.73m，内、外挂架内立杆以内根据不同层数设置不同宽度翻板装置，便于模板拆除后退开面板清理作业空间。脚手板采用 2mm 厚冲压钢板或 4mm 钢板网（网孔 30mm×80mm），吊架悬空立

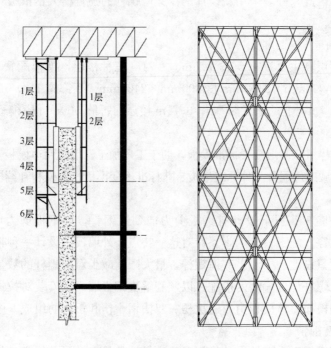

图 8-6 吊架及围护示意图

面均采用 20mm×20mm×2.0mm 喷塑钢网或 0.7mm 厚喷塑冲孔钢板，封闭平台上四周喷塑钢网封闭，规格同前，其余临边部位设置 1400mm 高钢管栏杆（图 8-6）。

第三节 顶模系统的优化思路及措施

顶模系统已经成功在多个超高层建筑中成功应用，在施工速度、安全性能、工程质量、适用范围、使用成本等方面效果显著。广州东塔项目管理团队总结之前应用顶模的成功经验，结合项目本身的结构特点及现场施工的需求对顶模进行了部分优化。

一、少穿墙上下对锁大钢模板

在常规的核心筒竖向结构墙体施工工艺，一般采用木模板、传统大钢模板等材料及工艺进行施工。

因木模板为散拼安装，在整个安装期间需要耗费较多的人工、材料，周转率低且工期较慢，对超高层核心筒竖向墙体的施工质量及现场施工进度有非常大的影响，而传统大钢模板工厂预制化加工，损耗小，可周转次数多，但针对超高层而言，经过长时间多次循环使用后，容易变形，对拉螺栓设置较多，导致施工过程中耗费的材料及人工同样较多。

东塔项目核心筒外墙 32F 以下设计有钢板剪力墙，受钢板剪力墙劲性钢骨阻挡，对拉螺杆无法对穿，施工较为困难。

为此针对核心筒双层劲性钢板剪力墙的工程特点，设计了一种带桁架背楞的新型大钢模板，模板只设上、中、下三道螺杆，最大限度地减少了对拉螺杆的数量，并在模板设计上采取解决对拉螺杆位置偏差的措施，能顺利解决钢板墙无法安装对拉螺杆的问题。该设计结构简单，强度大，安装或拆卸方便，它既能有效提高钢模板本身强度，又能大大减少对拉杆数量，不仅实用，而且经济性好。

（一）大钢模板的组成

少穿墙上下对锁大钢模板主要由以下构件组成：①钢模板；②桁架；③钢板条；④方钢；⑤对拉孔；⑥夹具式连接件；⑦翻板；⑧对拉杆；⑨套筒；⑩角部钢模板（图 8-7）。

（二）大钢模板对拉螺杆预先留设

由于外墙大钢模板采用的是桁架式背楞的形式，最下部一道对拉螺杆处于混凝土施工缝以下，因此，在第 3 段仍采用散拼木模板的墙体（10.950～14.450m）施工时，需预先设置大钢模板最下面一道的对拉螺杆。

对拉螺杆分成两节，埋在混凝土里的为一段 $\phi 28$ 的钢筋，焊接在钢板剪力墙劲性钢骨上。通过连接套筒，外段的对拉螺杆可以周转使用，对拉螺杆需严格按本方案后述的平面定位图预留，并控制标高。连接套筒要用胶带封严，防止灌入混凝土。

（三）模板锁脚处理

本工程核心筒大钢模板，初次安装是用来施工 14.450～18.950m 的核心筒墙体，由于该阶段顶模系统尚未安装，墙体上无固定模板的支点，为此，需提前预埋外墙套筒及假设支撑木枋。模板支撑支架的顶标高为 14.400m。

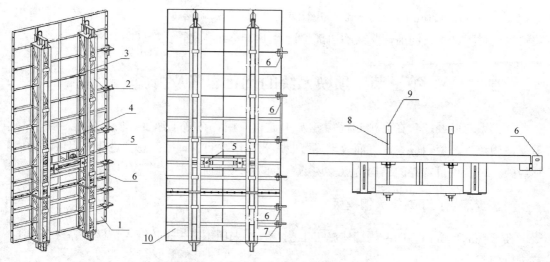

图 8-7 少穿墙上下对锁大钢模板组成图

将第三次浇筑段的模板取下后利用已有的螺杆固定木枋,在浇筑面以下 100mm 处设置压顶木枋。外墙节点如图 8-8 所示。

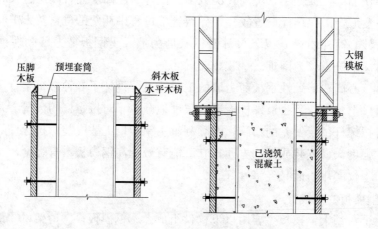

图 8-8 大钢模板外墙节点图

(四)实施效果

优化带背楞的少穿墙大钢模板满足了钢板剪力墙体系的施工,同时优化了合模和拆模的施工效率,极大地减少了模板的周转次数,提高了整体施工的速度,满足现场的施工进度要求。

二、工具式挂架

普通的挂架吊装完成后进行拼装且高空作业危险性较大,针对该情况优化设计了集工具化、标准化、集成化为一体的工具式挂架。该挂架设计为标准化单元体,利用地面整体拼装、单元体整体吊装,利用螺栓和销轴进行连接,并可通过设在顶模系统平台下弦杆下方的轨道内外滑动,以适应所施工墙体截面变化,实现了顶模系统挂架的工具化生产和拼装(图 8-8、图 8-9)。

（一）工具式挂架的组成

工具式挂架主要由以下构件组成（图 8-10）：①平台下弦；②轨道梁；③滑轮；④立杆；⑤立网；⑥走道板；⑦翻板。

（二）工具式挂架吊装原则

（1）在一级桁架、二级桁架及部分三级桁架安装完成后进行安装。留置部分三级桁架暂不安装，供筒内内挂架吊装单元吊入安装。

（2）外挂架吊装在内挂架吊装之后进行。

图 8-9　顶模工具式挂架图

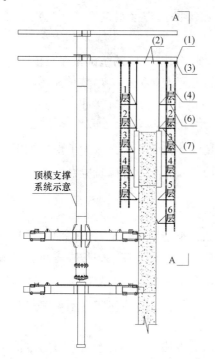

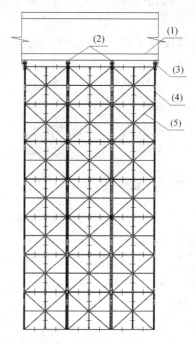

图 8-10　顶模工具式挂架组成图

（3）对于内挂架吊装，9 个内筒对称进行。外挂架也采取对称的方式安装，目的是使平台的受力相对均衡。

（4）安装施工工艺：施工准备→单元地面拼装→起吊→临时固定→挂设安装→验收。

（三）工具式挂架吊装准备

1. 挂架进场及堆放

挂架总重约 200t，考虑到现场仅能提供 1 台塔吊进行顶模的安装，并且挂架堆场面积有限且与拼装场地有一定的时间冲突，所以挂架需要分批进场。挂架构件堆放及拼装场地选在塔吊作业半径内。

2. 脚手架拆除

内挂架高度 12m，外挂架 14m，挂架安装时需要将首层至三层结构施工脚手架拆除至 6m 高方可进行。

3. 桁架吊装

桁架吊装要求一级桁架、二级桁架吊装完毕，三级桁架部分吊装，预留一部分挂架吊装空隙。

4. 安装准备

所有参与作业的操作人员必须经三级安全教育和施工作业交底，操作人员必须配齐劳动安全防护用品，并正确佩戴使用，平台顶平台滑轨应伸出顶平台，以便于连接滑轮穿入，安装作业人员操作面为顶平台下弦部位，应铺设不小于 600mm 宽的作业面，并沿平台周圈满铺，脚手板应固定牢固。

（四）工具式挂架吊装单元介绍

吊架系统利用钢平台下挂设的吊架梁作为吊架的吊点及滑动轨道，挂设 5 步或 7 步架子。

挂架系统标准单元由 2 个 6m 的基础单元，或者 1 个 6m 的基础单元与 1 个 18m 的基础单元组成。为了方便安装与调运，可以适当组合标准单元成为吊装单元吊运安装，2 个单元拼装后总重量约为 2.5t。现场的 M1280D 塔吊可以满足施工要求。

（五）实施效果

工具式挂架实现了工厂的标准化生产，现场整体拼装，大大减少了现场焊接，提高了安装和拆除的效率，并可回收重复利用，极大地提高了施工进度且节省成本。

三、顶模抗侧力装置

顶升系统利用长行程顶升油缸的活塞式运动将钢桁架工作平台整体向上顶升。在施工过程和顶模顶升过程中，顶模钢平台系统以及挂架系统承受风力，伴随着超高层施工高度的不断攀升，风力将逐渐增加，导致顶模侧向位移增大。风力产生的部分水平荷载直接传递给墙体，而部分水平荷载将通过顶升钢柱、活塞杆、支撑大梁传递给牛腿，并通过牛腿传递给结构。

针对上述问题，设计一种防止顶模系统倾斜的方法及抗侧力装置，可通过抗侧力装置承载顶升系统在风作用下产生的水平荷载，让活塞杆免受水平荷载的作用。

与现有技术相比，该装置通过固定在下梁上的抗侧力架与滑轨的滑动连接，承载顶模系统的水平位移，使活塞杆从过大的水平力中释放出来，明显增加顶模系统顶升节点处抗侧移的水平刚度。

（一）顶模抗侧力装置的组成

顶模系统抗侧力装置主要由以下构件组成（图 8-11）：①下梁；②抗侧力架；③顶升柱；④上梁；⑤滑轨；⑥水平钢梁；⑦支撑件；⑧斜撑；⑨活塞杆。

（二）实施效果

该装置的活塞杆从水平荷载的作用中释放出来，提高顶模顶升施工过程中的可靠性和稳定性，保证了整体的安全性能，有效地保证了东塔顶模 108 次的顺利顶升。

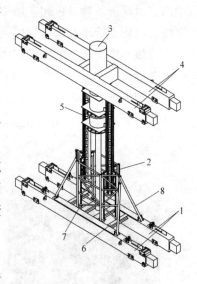

四、直登顶模平台的施工电梯设计

根据京龙电梯公司的技术参数，标准节最大自由高度为 7.5m，远小于顶模拦架高度，无法直登顶模平台，严重影响了现场的施工效率。

要解决上述问题，需要设计一种能直达顶模的施工升降机，该施工升降机可上顶模的连接结构，可用于升降机导轨架与顶模之间的连接固定，可以很便捷地安装与拆卸。

图 8-11 顶模系统倾斜的抗侧力装置组成图

（一）直登顶模平台的施工升降梯

直登顶模平台的施工升降机包括导轨架、辅助导轨架、吊笼和爬升模，吊笼通过小车机构与主要导轨架连接，辅助导轨架通过连接架与主要导轨架连接；爬升模通过升降机构沿着建筑物墙体上下运动；辅助导轨架与建筑物墙体之间设有多个附墙架连接，附墙架包括两个以上的预埋在建筑物墙体内的连接件，辅助导轨架通过连接杆与所述连接件连接。

上顶模的施工升降机主要由以下构件组成（图 8-12）：①辅助导轨架；②吊笼；③爬升模；④墙体；⑤连接架；⑥吊笼；⑦连接件；⑧连接杆。

（二）实施效果

直登顶模平台的施工升降梯设计提高了施工过程中的运输效率，实现了施工人员直达顶模。

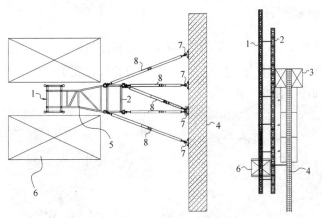

图 8-12 上顶模的施工升降机组成图

五、可视化监控系统

由于顶模顶升过程有很多细节需要注意，发现异常需要及时处理，为解决顶模顶升过程中的实时动态管理，广州东塔项目管理团队在设计顶模的同时优化设计了一套可视化监控系统，以便于管理和指挥顶模顶升的全过程，保证顶模平台的顺利顶升（图 8-13）。

项目核心筒为规格的矩形筒体，内含 9 个矩形筒，为保证顶模的顺利顶升，实时监控顶模的全过程，在上支撑箱梁和下支撑箱梁上部各安装 2 个监控，共安装 16 个监控摄像头，监控顶模顶升过程中人员操作的过程和支撑梁牛腿的变化。保证顶模平台的顺利顶升，具体安装部位如图 8-14 所示。

图 8-13　顶模支撑系统监控实景图

图 8-14　顶模可视化监控系统安装示意图

可视化监控系统实现了顶模顶升全过程的实时监控，有效地避免了施工的延迟，提高了顶模顶升过程的工作效率和准确性。

六、喷淋养护系统

常规的混凝土养护方法存在养护用水量大、养护质量不易控制、养护人工成本高等一系列问题，针对常规的混凝土养护方法，东塔项目顶模设置了一套喷淋养护系统，保证了现场的施工工期和施工质量（图 8-15）。

图 8-15　喷淋养护系统实景图

1. 顶模喷雾系统的布置

（1）在顶模消防环管上接出 *DN*65 支管为顶模喷淋管网供水。

（2）顶模挂架共布置 4 面，每面共布置 30 个喷头，分为 3 条管网供给，每条管网均设置 *DN*50 闸阀、电动蝶阀、金属软管，每个闸阀控制 10 个喷头。

（3）喷头采用水喷雾喷头，喷头角度采用 60°设置。

具体平面布置如图 8-16 所示。

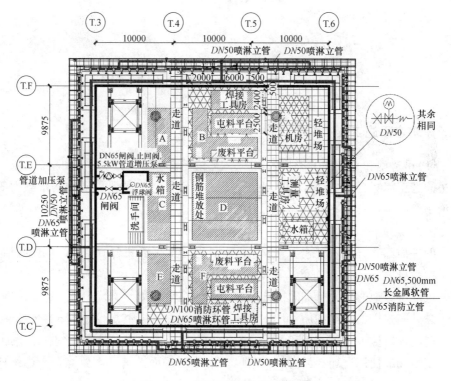

图 8-16　喷淋养护系统平面布置图

2. 实施效果

喷淋养护系统装置设置在顶模系统的挂架内侧，并随模板拆除后进行核心筒剪力墙的混凝土养护，喷淋养护系统从供水到工作完毕均自动控制，喷出的水雾均匀，养护效果好，达到全天候、全方位、全湿润的"三全"养护质量标准，充分利用水资源，从而节约用水达到保护施工环境的目的，并且提高工作效率，节约人力物力财力。

第九章　大型机械部署、运营及特殊设计

第一节　塔吊部署、运营及特殊设计

一、东塔塔吊施工技术重难点

（一）塔吊选型和平面部署影响因素多，需慎重考虑

塔吊的选型需综合考虑构件的重量、类型、截面尺寸、数量以及结构承载力等因素，塔吊选型是否合理，直接决定着垂直运输的效率和整体工程的进度，是项目前期策划的核心内容之一。

塔吊的平面部署分为内爬式和外爬式两种，两种部署方式各有特点。内爬式塔吊可充分利用结构自身内外墙体和连梁，将荷载比较均匀地分布在整个核心筒上，较为安全可靠，同时也能很好地避免大量加固措施的使用。但塔吊内爬，会减小吊装有效范围，影响堆场布置。外爬式塔吊则需利用单片墙体的承载力，受力集中，一般需要在墙体和连梁内增设加固措施，以保证塔吊使用和爬升过程的安全稳定。但塔吊外爬，能有效增加堆场覆盖范围，使堆场的使用更加灵活有效。所以，塔吊的平面部署，需要综合考虑结构承载、塔吊自身安全稳定以及堆场的布置等因素。

（二）核心筒内空间狭小，塔吊和顶模的支撑系统相互影响，周转困难

东塔项目核心筒为正方形，共分为 9 个小筒，筒内空间极为狭小，不但需要布置塔吊支撑系统，同时还需要布置顶模的支撑系统、钢模板、外挂架等各种设施，传统的塔吊支撑系统设计难以布置，也无法周转（图 9-1）。如何解决狭小筒内塔吊和顶模和谐共存、互不影响，是塔吊设计和使用过程中面临的难点之一。

（三）传统塔吊支撑系统构件多，周转周期长，难以满足紧张工期的需求

传统塔吊支撑系统设计包含牛腿、支撑鱼腹梁、水平斜撑、竖向斜撑、C 形框等众多构件，每次的周转吊次多，作业时间长。如何优化支撑系统的设计，减少支撑系统周转吊次和作业时间，有效提高塔吊爬升效率，是保证紧张工期的关键问题之一。

（四）钢筋用量大，钢构件数量多，吊装效率的提高和吊次的合理分配难

东塔主塔楼钢筋总用量 6.5 万 t，钢结构总用量 9.7 万 t，钢构件总构件数超过 4.5 万个，塔吊吊装的工作量巨大。通过何种手段、措施和方法，有效提高塔吊吊装的效率，合理分配、充分利用并优化塔吊现有的吊次，是塔吊使用和管理的重点。

图 9-1 传统做法（筒内空间极为狭小）

（五）塔吊间距离近，相互制约，裙塔防碰撞尤为重要

受到核心筒尺寸的影响，三台巨型塔吊相互之间距离非常近（平衡臂之间最小距离仅有 2m），如何有效控制塔吊各自的运转，防止塔吊碰撞，尤其是台风来临时的裙塔防碰措施，是塔吊使用过程中需要重点研究的问题。

二、塔吊选型和平面布置

（一）塔吊选型

为保证工期，减少水平焊缝，外框巨柱底部最大截面区段分节为一层一节（高4.5m），单构件最重为 69t。为满足巨柱吊装需求，项目选择两台 M1280D 斜对角布置，最大吊重 100t，满足外框 8 个巨柱和桁架的吊装需求。此外，再额外增加一台 M900D，辅助吊装土建施工材料和楼层间的钢梁。

（二）塔吊平面布置

1. 采用内爬式附着

为满足顶部吊装需求，塔吊需爬升至 106 层，此处核心筒剪力墙的外墙厚度仅有400mm，内墙厚度也仅有 400mm，根据计算分析，若选用外附式，则单片墙体的承载力不足，故选用内爬式，通过利用核心筒内外墙的共同作用和核心筒整体稳定性，提高塔吊附着的安全性（图 9-2）。

2. 塔吊与智能顶模系统的平面关系

本工程核心筒为 30m×30m 的九宫格形式（图 9-3），其中顶模支撑系统共 4 根支撑柱，占据 T1、T3、T7、T9 小筒，而 1 号、2 号、3 号塔吊与顶模支撑系统共用 T1、T7、T9 小筒。这种布置形式实现了 2 台 M1280D 的最大距离，增大了材料堆场面积，也保证了顶模 4 根支撑柱较远的间距，有效地提高了顶模系统抗倾覆能力。另一方面，提高了塔吊支撑系统设计的难度，包括支撑梁难以布置水平斜撑，支撑梁倒运过程因空间狭窄而较困难等。

三、塔吊支撑系统设计

本工程 3 台核心筒塔吊均为内爬式塔吊，即通过上、中、下 3 道支撑系统不断向上轮

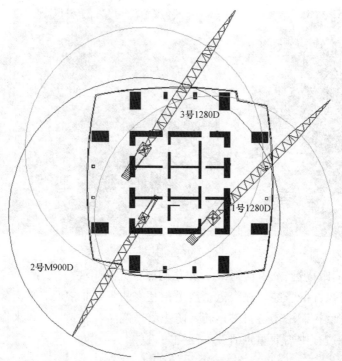

图 9-2　主塔楼塔吊定位图

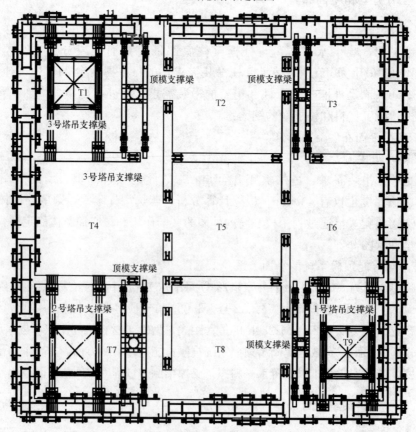

图 9-3　核心筒内爬式塔吊与顶模支撑系统平面布置图

转及塔吊自顶升实现爬升。

（一）无斜撑支撑系统

考虑到本工程中 3 台塔吊的支撑梁均与顶模系统共用核心筒小筒，筒内空间不足以布置常规的水平斜撑。因此支撑梁设计过程中取消了水平斜撑，通过增加箱梁截面来保证无斜撑支撑梁的侧向承载力（图 9-4）。

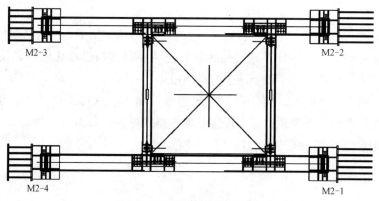

M2-3　　M2-2　　M2-4　　M2-1

图 9-4　无斜撑支撑梁平面图

计算分析显示，由于支撑梁侧向刚度偏弱，取消斜撑后，鱼腹梁的水平承载力（N_1 和 N_2）已不能完全抵抗塔吊的弯矩，部分弯矩将分配由塔吊自身承载，转化为标准节根部的两个竖向荷载（V_1 和 V_2）。额外的竖向荷载将引起塔身额外的竖向位移，并且引起塔身中部与抱箍 C 形框之间的相对移动，且由于 C 形框抱箍压力的作用，这种钢材与钢材之间的巨大摩擦挫动将会引起巨大的异响，影响塔吊的正常使用（图 9-5）。

为了解决这个问题，并且兼顾筒内空间狭小、塔吊周转困难的问题，我们设计了附墙支撑，有效地增强了支撑梁的水平刚度，具体设计的三维模型如图 9-6 所示。

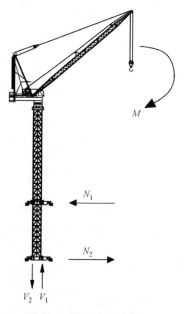

图 9-5　塔吊受力分析图

图 9-6　塔吊支水平横撑设计方案

（二）梁头系统

塔吊内爬升过程中，垂直度的控制是保证塔吊安全及正常使用的重要内容，一般要求两道附墙之间误差不超过 2/1000，对于本工程选用 M1280D 及 M900D18～22m 的夹持距离，相当于 C 形框水平误差不超过 36～44mm。而实际施工过程混凝土剪力墙的厚度、支撑梁的加工尺寸、支撑牛腿的安装定位等均存在发生误差的可能性，如何保证塔吊标准节、C 形框能按垂直度要求快速、准确安装成为一个难题。

另外，每台塔吊进行支撑梁轮转吊装时，需另一台塔吊协助，同时自身的使用也受协助塔吊大臂过近的影响，因此，造成轮转安装完成前两台塔吊都无法正常供现场施工使用，其安装的速度直接影响了现场施工材料的吊运。

塔吊自下向上逐步爬升，而标准节及 C 形框均属于厂家加工生产，精度较高，设计一套多维可调的牛腿与支撑梁的固定连接装置才能确保各个方面出现的施工、加工误差均不会影响 C 形框及标准节的安装精度（图 9-7）。

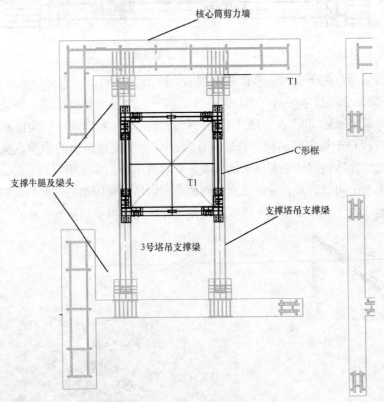

图 9-7 梁头系统设计方案（C 形框）

本工程的塔吊支撑梁头设计不但实现了对支撑梁端部三向（X、Y、Z 向）约束，同时三个方向上的约束都是灵活可调的，能较好地适应复杂的现场工况并消化施工、加工误差（图 9-8）。

四、辅助拆装系统

塔吊周转过程中，构件多（梁头牛腿各散件、C 形框、鱼腹梁的水平支撑等），周转

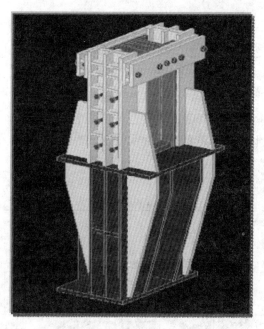

图 9-8 梁头系统设计方案（牛腿）

时间长，且必须同时占用 2 台塔吊（受制于吊装的塔吊，被周转的塔吊自身必须停止作业，以防止碰撞），极大地影响了工期。为了解决这个问题，我们自主设计了一套辅助拆装系统。该系统附着于塔吊上部标准节，运用自带的电动葫芦吊装自身各个较轻的构件（由于荷载较重，不允许吊装支撑梁和 C 形框），有效地释放了塔吊吊次，提高了塔吊使用效率，缩短了塔吊周转爬升的周期（图 9-9）。

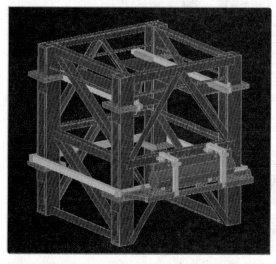

图 9-9 塔吊辅助装拆系统的设计和应用实况

此外，此辅助装拆系统使用电动葫芦，功效极高，有效地节省了巨型塔吊柴油消耗，绿色节能。

五、群塔防碰撞

工程主塔楼共布置 3 台塔吊：2 台 M1280D，编号为 1 号和 3 号；1 台 M900D，编号为 2 号。1 号塔吊与 2 号塔吊之间距离为 23m；1 号塔吊与 3 号塔吊中心距离 32m；2 号塔吊与 3 号塔吊之间距离为 23m。1 号、3 号塔吊都安装 55m 起重臂，2 号安装 45.8m 起重臂。爬升后保持 3 台塔吊相同高度。塔吊之间有相互交叉的作业区域，塔吊部件间、塔吊同周围建筑间容易发生碰撞，需要有针对性地设计防碰撞措施（图 9-10）。

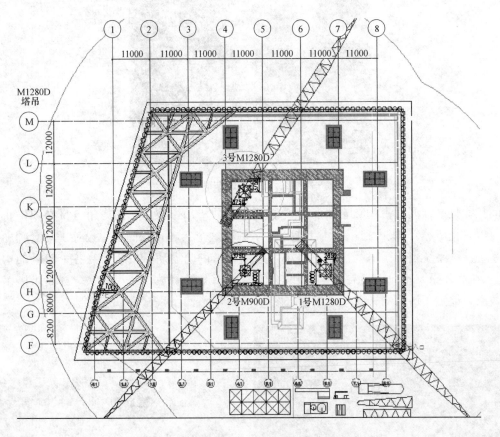

图 9-10　主塔楼核心筒塔吊平面布置图

（一）塔吊工作状态时的防撞要求

（1）塔吊布置及工作状态时需满足自由回转要求（图 9-11）。

（2）工作状态时高位塔吊的起重臂钢丝绳与低位塔吊的起重臂防碰撞措施。

由于塔吊臂长不同，存在高差，作业面有交叉处，所以臂短塔吊的起重臂与臂长塔吊的钢丝绳或吊物有可能发生碰撞。为此要求各塔吊工作时划定工作区域，不在相邻塔吊起重臂上侧回转或吊物，严格执行交底制度，由总承包方对指挥信号工及塔吊司机进行详细安全技术交底和吊装任务安排（图 9-12～图 9-14）。

钢结构每天上报第二天钢结构构件吊装工作内容及详细吊装顺序，要求吊装顺序安排能避开塔吊交叉施工，吊装顺序样表见表 9-1。

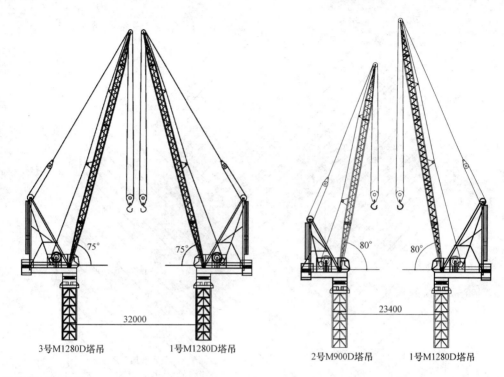

1号 M1280D 与 3号 M1280D（两塔吊臂长 55m）　　1号 M1280D（臂长 55m）与 2号 M900D（臂长 45.8m）

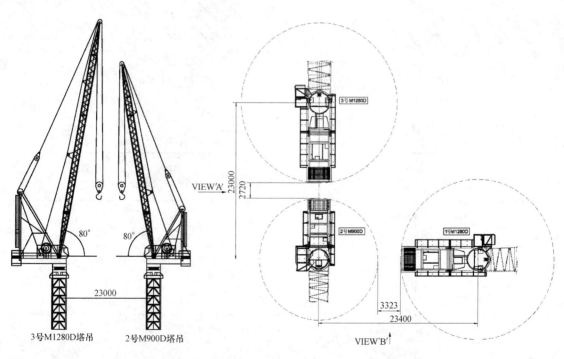

2号 M900D（臂长 45.8m）与 3号 M1280D（臂长 55m）　　3台塔吊平衡臂间不发生干涉

图 9-11　塔吊布置及工作状态时需满足自由回转要求

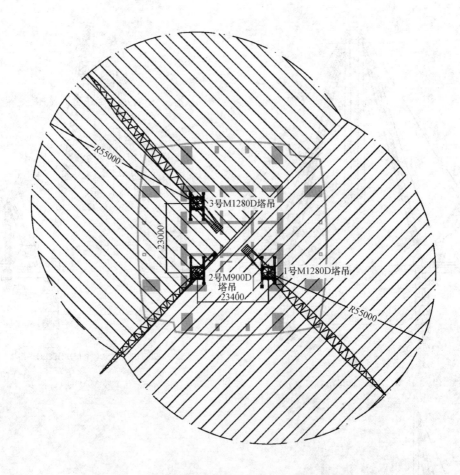

图 9-12 钢柱吊装塔吊主要负责区域示意图

构件、材料吊装计划表　　　　　　　　　　　　　　表 9-1

报送部门：钢结构部　　　报送日期：2012.××.××　　　吊装日期：2012.××.××

序号	吊装构件名称	标　高	所属区域	所用塔吊	计划吊装开始时间	计划吊装结束时间	备注
1	TKZ1	119.450～123.950	2 区	3 号	8:00	9:00	
2	TKZ3	119.450～123.950	4 区	1 号	8:00	9:00	
3	×××钢梁	L22(103.350)	7 区	2 号	8:00	11:40	
4	TKZ2	119.450～123.950	3 区	3 号	10:30	11:30	
5	TKZ4	119.450～123.950	4 区	1 号	10:30	11:30	
6	......						

报送部门负责人（签字）：×××

日期：

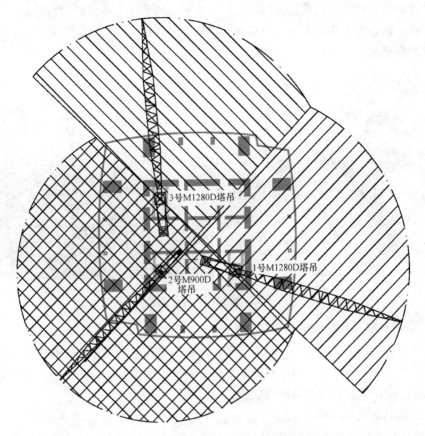

图 9-13 钢梁吊装塔吊主要负责区域示意图

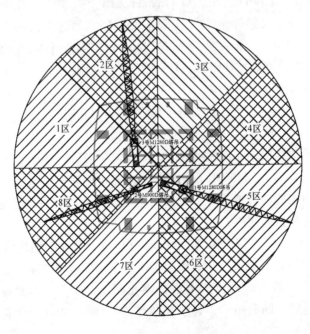

图 9-14 楼层吊装分区示意图

同时每台塔吊回转盘内设防撞回转限位装置；当塔吊作业中回转接近至预设"可能碰撞"区域时，该装置动作，驾驶舱中有声光报警，警告塔吊司机减速甚至停机，保证吊装安全。声光报警及防撞回转限位装置如图 9-15 所示。

图 9-15　防撞回转限位装置

（二）塔吊在非工作状态时的防撞措施

在台风来临之前，项目动力部发出警报，组织相关人员现场巡查，然后采取措施，由项目部作出总交底，塔吊公司与项目部一起做好防台风的准备工作，由塔吊公司专职安全员对设备进行检查并监督防台风措施的执行。

1. 非工作状态台风来临、风速＜42m/s（14 级台风以下）防碰撞措施

对塔楼塔吊上摆放的浮动物进行固定，对塔吊驾驶室、平台、栏杆检查加固，避免大风吹落。然后使 1 号 M1280D 塔吊大臂对着 TKZ3 巨柱，3 号 M1280D 塔吊大臂对着 TKZ2 巨柱，两塔吊起重臂俯仰至 59°，1 号 M1280D 塔吊起重臂用 2 根 16m 长钢丝绳（6×19-1550-24）与 TKZ3 巨柱拉结，3 号 M1280D 塔吊起重臂用 2 根 16m 长钢丝绳（6×19-1550-24）与 TKZ2 巨柱拉结（图 9-16）。

计算钢丝绳许用拉力 P：

$$P=0.5d_2/K=24×24÷4=144\text{kN}$$

式中　K——安全系数，$K=4$。

主塔楼塔吊防风加固措施完成经项目安全部验收合格后，打开 M900D 塔吊的回转制动，起重臂俯仰至约 59°，使 M900D 塔吊随风 360°自由回转。

所有防风安全措施验收完成后，人员撤离施工现场。待台风过后对塔吊整机进行检查，确认各项合格方可投入使用。

2. 非工作状态时特大台风天气风速＞42m/s（14 级风以上）时的防碰撞措施

当特大台风天气风速＞42m/s 时，采取用 1 号 1280D 拆除其他 2 台塔吊起重臂和配重，将拆下的塔吊大臂放在外框钢梁上进行绑扎固定，配重吊至地面，然后打开 1 号 M1280D 塔吊回转制动、回收吊钩、起重臂仰起 55°，随风 360°自由回转（图 9-17～图 9-19）。

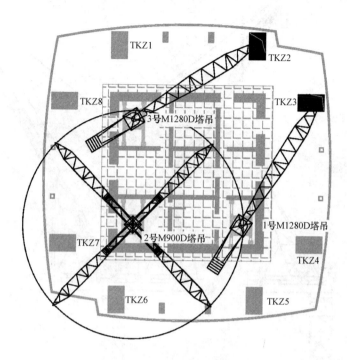

图 9-16 防台风平面图

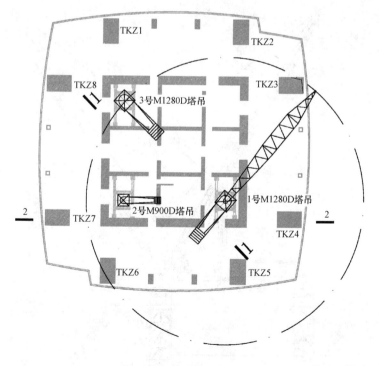

图 9-17 拆大臂后平面图

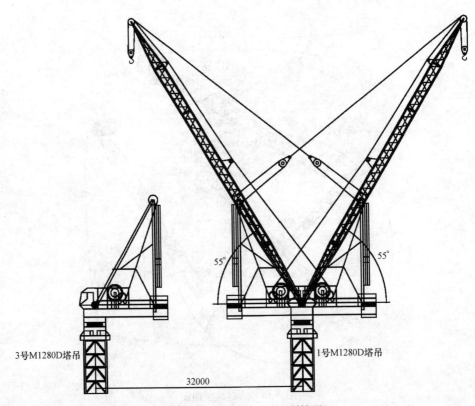

图 9-18 1-1 剖面图（最不利情况）

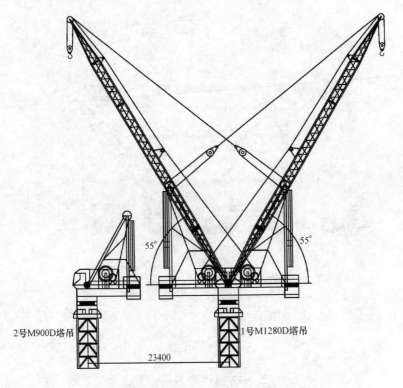

图 9-19 2-2 剖面图（最不利情况）

3. 台风来临前塔吊大臂来不及拆除时的应急处理措施

考虑台风多变，在台风将要到来前可能出现风力变大来不及拆除塔吊大臂的情况，制定如下应急措施：

（1）先按照风速 < 42m/s 时的拉锚措施，将 1 号、3 号塔吊臂端拉锚（图 9-20～图 9-22）。

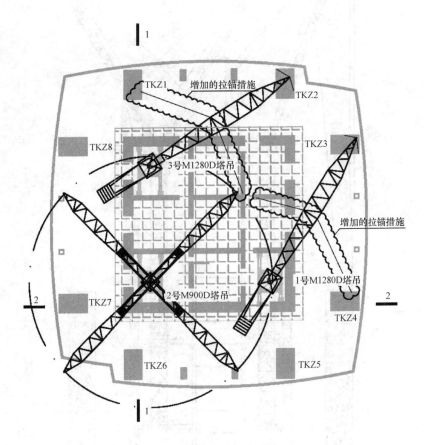

图 9-20　塔吊固定平面图

（2）用剩余 2 号塔吊配合，将 1 号、3 号塔吊大臂中部、大臂标准节连接位置，用扁平环形吊带缠绕绑扎，再连接钢丝绳往左右两个方向各再加设拉锚一道，其中 1 号塔吊加设的拉锚钢丝绳锚固点，一个在 TKZ4 柱上，一个在核心筒内墙上；3 号塔吊加设的拉锚钢丝绳锚固点，一个在 TKZ1 柱上，一个在核心筒内墙上。钢丝绳选用 6×19-1550-24 钢丝绳。

（3）1 号、3 号塔吊大臂加固拉锚措施完成经项目安全部验收合格后，打开 2 号 M900D 塔吊的回转制动，起重臂俯仰至约 59°，使 2 号 M900D 塔吊随风 360°自由回转。

（4）所有防风安全措施验收完成后，人员撤离施工现场，待台风过后对塔吊整机进行检查，确认各项合格方可投入使用。

（三）群塔施工中应遵循的原则

低塔让高塔原则：一般情况下，主要位置的塔吊、施工繁忙的塔吊应安装的较高，次

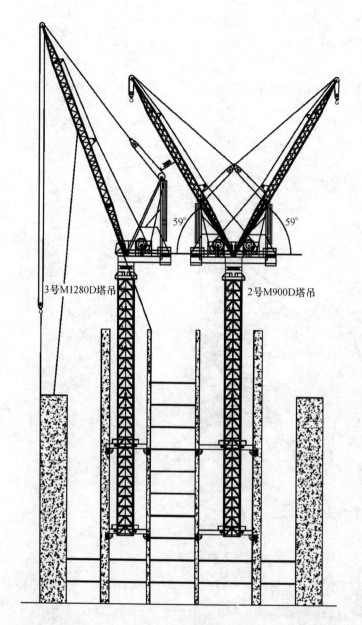

图 9-21　塔吊固定 1-1 剖面图（最不利情况）

要位置的塔吊安装的较低，施工中，低位塔吊应关注相关的高位塔吊运行情况，在查明情况后再进行动作。

后塔让先塔原则：塔吊同时在交叉作业区运行时，后进入该区域的塔吊应避让先进入该区域的塔吊。

动塔让静塔原则：塔吊在交叉作业区施工时，有动作的塔吊应避让正停在某位置施工的塔吊。

荷重先行原则：两塔同时施工在交叉作业区时，无吊载的塔吊应避让有吊载的塔吊，吊载较轻或所吊构件较小的塔吊应避让吊载较重或吊物尺寸较大的塔吊。

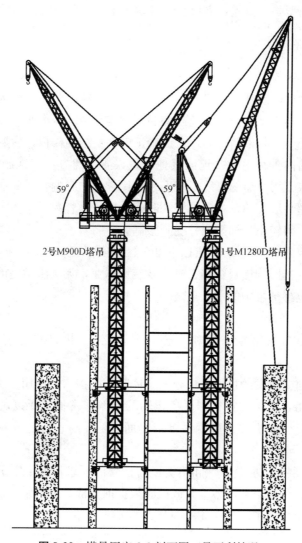

图 9-22 塔吊固定 2-2 剖面图（最不利情况）

客塔让主塔原则：在明确划分施工区域后，闯入非本塔吊施工区域的塔吊应主动避让该区域塔吊。

第二节 施工电梯部署、运营及特殊设计

一、施工电梯部署与运营

（一）施工电梯部署及设计的重难点

1. 选型重难点

施工电梯是施工过程中人员及小型设备、材料运输的主要设备，它的选型直接关系着垂直运输的效率和成败。广州东塔建筑总高度 530m，电梯垂直运输距离长，使用时间长，

服务对象多，电梯选型必须慎重，需要充分考虑各个分包单位对电梯的使用需求。

2. 部署重难点

在超高层结构施工时施工电梯的布置及规划管理需要系统考虑，施工电梯布置需根据不同的工程特点进行选择，主要包括以下几个方面：

（1）结构外立面比较规则，可设置在结构体外，以减小对内部结构施工的影响，但会影响到幕墙和外立面的收尾工作，以及内部局部砌体和精装修作业。

（2）设置在核心筒与外框筒之间，考虑施工电梯穿结构楼板，后期需逐层封堵楼板。

（3）利用核心筒内永久电梯井道或其他井道设置。此方法二次施工的工作内容比较少，但对正式电梯或占用井道的管线系统安装有比较大的影响，在后期施工电梯与正式电梯转换时，考虑到超高层高速正式电梯安装时间比较长，容易对总体工期产生比较大的影响，且永久井道内空间较小，梯笼尺寸受到限制。

（4）根据业主要求，主塔楼67层以下办公区域需要提前交验运营，外框筒施工电梯由底至顶的布置，直接影响楼板封堵、砌体及装修作业，无法满足提前交验的需求，如何解决这个问题，是电梯部署中的重难点之一。

3. 设计重难点

广州东塔项目在配置施工电梯时，充分考虑了减少因结构超高带来的功效降低的后果。

（1）项目使用自主研发的顶模系统施工主体竖向结构，若使用传统电梯，垂直运输仅抵达顶模外挂架下沿，人员、材料和设备运输的效率非常低，所以，如何解决施工电梯19m超远距离附着，使其直登顶模钢平台工作面，是提高垂直运输效率，保证工期的关键重难点。

（2）为保证67层以下办公区域和裙楼提前运营的要求，地下室负三层（包含大量的机房和设备）中的机房施工和设备安装调试必须提前完成，如何解决施工电梯基础贯穿地下室，影响负三层机房施工，是保证工期节点的关键一环。

4. 管理重难点

（1）如何解决塔楼工作面众多，电梯逐层停靠，运输效率低，超高降效严重的问题，是施工电梯使用中的一个重难点。

（2）主塔楼施工人员众多，材料、设备数量庞大，如何合理分配电梯的使用，保证在既定的运力和运次的基础上，提高主体结构和各分包垂直运输的效率，是电梯施工过程中的重难点。

（二）电梯选型

为保证广州东塔施工期间的人员及材料运输要求，项目部与专业电梯生产厂家进行沟通协商及合作，采用了特制高速施工电梯，以供现场施工需要（表9-2）。

（三）电梯布置

广州东塔外立面为不规则矩形结构，但结构变化影响较小，主塔楼南侧、北侧及东侧均存在正处于施工阶段的裙楼结构，东侧为钢结构堆场，通行不便，因此在主塔楼南侧裙楼地下室施工阶段，布设2台特制高速施工电梯于塔楼核心筒北侧外框与核心筒之间（图9-23）。

电梯选型表　　　　　　　　　　　　　　　　表 9-2

升降机编号	1a	2a	2b
升降机型号	SC200G	SC200/200G	SC200/200G
额定载重量(kg)	2000	2×2000	2×2000
吊笼尺寸 (长×宽×高)(m)	3.2×1.5×2.5	3.2×1.5×2.5	3.2×1.5×2.5
标准节总高度(m)	340	370	180
提升速度(m/min)	0～96	0～96	0～96
电机功率(德国)(kW)	3×18.5	2×3×18.5	2×3×18.5
变频器功率(kW)	110	2×110	2×110
附墙类型	特制	特制	特制
标准节类型(mm)	650×650×1508	650×900×1508	650×900×1508
标准节配置	93节,4.5m 80节,6.3m 53节,8m	93节,4.5m 80节,6.3m 73节,8m	41节,4.5 80节,6.3
防坠安全器型号	SAJ50-2.0	SAJ50-2.0	SAJ50-2.0
升降机编号	3	4	5
升降机型号	SC270/270GZ	SC200/200G	SC200/200G
额定载重量(kg)	2×2700	2×2000	2×2000
吊笼尺寸 (长×宽×高)(m)	4.8×1.5×2.5	3.8×1.5×2.5	3.8×1.5×2.5
标准节总高度(m)	494.45	494.45	450.5
提升速度(m/min)	0～63	0～96	0～96
电机功率(德国)(kW)	2×3×22	2×3×18.5	2×3×18.5
变频器功率(kW)	2×3×45	2×3×37	2×3×37
附墙类型	V型	V型	V型
标准节类型(mm)	650×900×1508	650×650×1508	650×650×1508
标准节配置	93节,4.5m 80节,6.3m 80节,8m 75节,10m	93节,4.5m 80节,6.3m 80节,8m 75节,10m	93节,4.5m 80节,6.3m 80节,8m 46节,10m
防坠安全器型号	SAJ60-2.0		
升降机编号	6		
升降机型号	SC270/270GZ		
额定载重量(kg)	2×2700		
吊笼尺寸 (长×宽×高)(m)	4.8×1.5×2.5		
标准节总高度(m)	450.5		
提升速度(m/min)	0～63		
电机功率(德国)(kW)	2×3×22		
变频器功率(kW)	2×3×45		
附墙类型	V型		
标准节类型(mm)	650×900×1508		
标准节配置	93节,4.5m 80节,6.3m 80节,8m 46节,10m		

为满足 F67 层以下提前交付使用的工期节点，在 F67 层外框水平结构施工过程中，选取结构南侧核心筒剪力墙与外框间结构作为电梯基础，将 1a 号、2a 号电梯进行拆除，人员经主塔

楼南侧施工电梯进入 F67 层，随后经由 2b 号施工电梯转换进入顶模操作平台（图 9-24）。

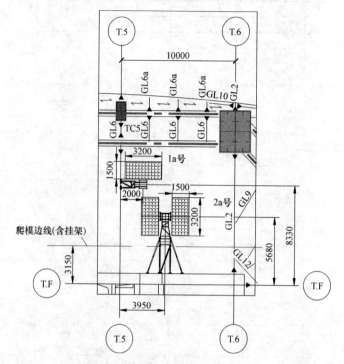

图 9-23 东塔主塔楼施工电梯布置图

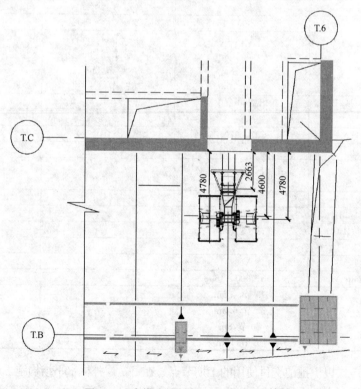

图 9-24 东塔主塔楼施工电梯布置图

在南侧裙楼地下室施工完成后布置 4 台特制高速施工电梯，分高、中、低 3 个区段服务（图 9-25）。

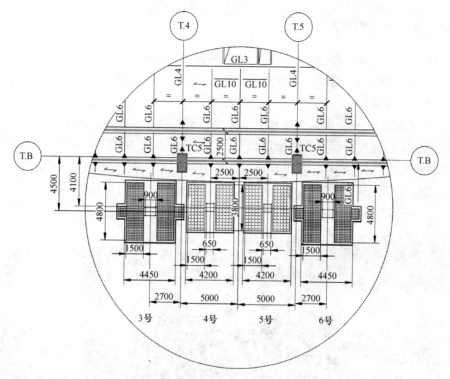

图 9-25　东塔主塔楼施工电梯布置图

（四）电梯配置

根据施工电梯的需求情况，本工程塔楼部分按计划 2012 年 2 月开始投入劳动力，并根据施工阶段需要，投入的劳动力逐月加大，其后按照施工任务需求，开始减少施工人员，于 2015 年结束。材料垂直运输从 2012 年初开始，到 2013 年 10 月达到顶峰，其中塔楼作业人员高峰达到 1837 人，于 2015 年 11 月结束。对各阶段楼层及人数进行分析，2014 年 9～11 月精装饰进行最后阶段，此时运输量要求达到最低。

按电梯投入时间和数量，对运输阶段进行划分，共分 3 个阶段（表 9-3）。

施工阶段划分　　　　　　　　　　　　　　表 9-3

阶段	工况	电梯需求	电梯配备
第一阶段	F1～F66 结构施工阶段	混凝土结构及钢结构施工：人及料	2 台施工电梯（1a 号、2a 号）
第二阶段	F67～F107 结构施工阶段	上部结构：人和料；下部装修、机电：人和料	5 台施工电梯（2b 号、3 号、4 号、5 号、6 号）
第三阶段	F107～结构封顶施工阶段及装饰装修阶段	结构基本施工完成，装饰、机电大面积施工	12 台正式电梯

为充分提高施工电梯功效，实现施工电梯能直接运输人和料至最高顶模平台，在高区施工电梯设置时，本工程考虑在核心筒南侧设置一部施工电梯，采用双标准节超长附墙措

施提高电梯标准节抗侧弯刚度，进而实现了施工电梯 19m 自由高度，大大提高了电梯运输功效。

二、施工电梯特殊节点设计

如前所述，为充分提高施工电梯的功效，结合施工电梯的布置，广州珠江新城东塔项目采用了许多辅助措施，通过一些特殊的节点设计，提高了电梯的服务功效，降低了电梯的安装、维护工作量。

（一）施工电梯 19m 自由高度设计

为满足施工电梯直接运输人员至顶模平台，结合顶模系统的设计特点（常规的爬模、滑模体系也存在此类问题），施工电梯需要达到 19m 自由高度才能实现，对此本工程联合广州京龙电梯公司，共同研究探讨、分析计算，以相对经济的措施手段实现了这一目标（图 9-26、图 9-27）。

图 9-26　上顶模平台施工电梯

（1）将计划为最高工作面服务的施工电梯布置在核心筒南侧，并保证电梯梯笼可避开顶模钢平台，直冲到顶。

（2）将施工电梯的标准节壁厚加大，并采用双标准节形式，提高其强度与刚度。

（3）由于正式附墙设计为两层一道，在顶模系统桁架底部及顶部设置周转临时附墙，以最大限度降低电梯的自由高度。

通过上述措施，并在使用过程中，对施工电梯垂直度进行密切监控，安装风速仪，采取遇高空 8 级风以上时施工电梯补上平台等系列辅助措施，顺利保证了施工电梯能直接服务最高工作面，为主体结构 3 天 1 层的施工速度提供了有力的保障。

（二）超远变距离附墙设计

受制于结构特点，广州珠江新城东塔项目主塔楼南侧核心筒剪力墙为变截面墙体，外侧墙面内收，墙体厚度由 1500mm 变化至 400mm，电梯在 F67 层转换后除仍存在超高自由高度要求外，还需设计成最长超过 8m 的超远变距离使电梯附着。

在工期如此紧张的情况下若层层设置超远距离附墙，工作量及工作难度均大大增加，

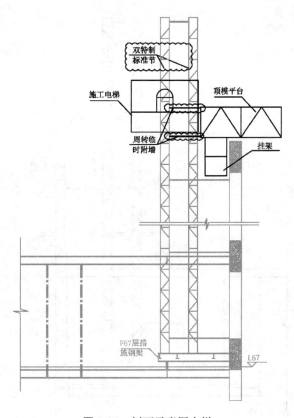

图 9-27　剖面示意图大样

且每次加节作业势必会对关键线路造成影响，对此本工程采取以下措施对 2a 号、2b 号施工电梯进行处理，以解决上述问题：

1. 加厚电梯标准节壁厚，增强标准节抗侧弯刚度

增加一套附墙标准节，即在每部电梯标准节旁边增设一套标准节用于电梯附墙（图 9-28）。

2. 设置电梯转换层

在设备桁架层 F67 层楼板增设一个电梯基础，并对结构进行加固，安装上顶模平台的 2b 号转换电梯，减小竖向剪力墙体截面变化对电梯附墙长度的影响（图 9-29、图 9-30）。

（三）高层转换电梯基础设计

在主塔楼外框组合楼板施工至 F67 层并将塔楼北侧 1a 号、2a 号上顶模施

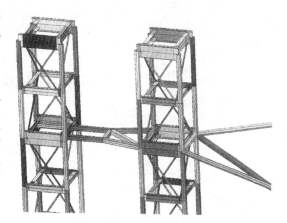

图 9-28　增加附墙标准节示意图

工电梯拆除后，在塔楼南侧外框组合楼板上安装 2b 号施工电梯，直通顶模平台，经受力复核验算，F67 层桁架层结构承载力基本满足要求，只需局部加强即可。

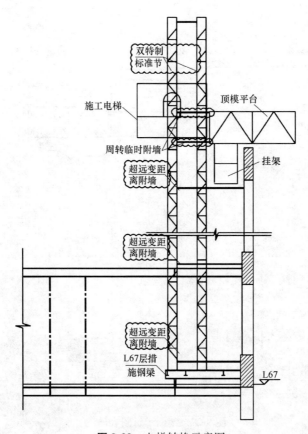

图 9-29 电梯转换示意图

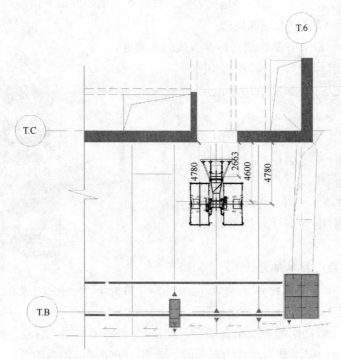

图 9-30 L67 层以上施工电梯定位图

1. 转换电梯基础设计（图 9-31～图 9-33）

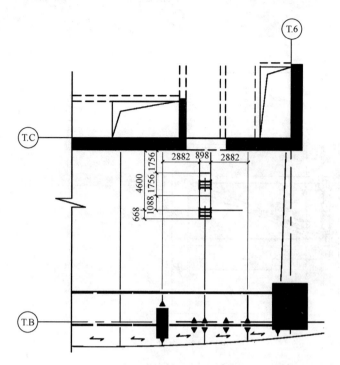

图 9-31　电梯基础平面布置图

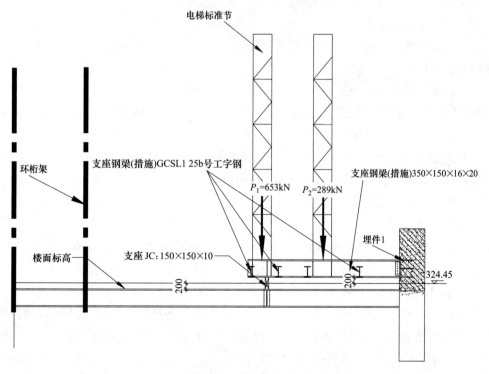

图 9-32　底层基础立面

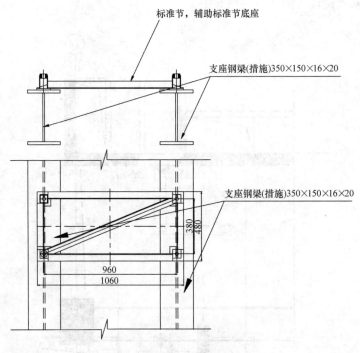

图 9-33 电梯基础大样

2. 基础制作要求

（1）基础钢结构的制作、安装满足本工程钢结构施工要求。

（2）基础表面应校水平。

（3）电梯接地保护电缆连接至结构防雷接地装置，置于地基锚固联结的基础节绝不可作接地避雷器用。

（4）接地避雷器的电阻不得超过 4Ω。

（5）接地装置即使可以用其他安全保护装置，如高敏差的差动继电器（自动断路器）也必须安装"接地保护装置"。

（6）接地装置应由专门人员安装，因为接地电阻率视时间和当地条件不同而有很大变化，要用高效精密的仪器定期检查接地线及电阻。

（7）严格按照《GJJ 使用说明书》提供的基础尺寸及技术要求制作。

3. 基础受力验算

2b 号电梯相关施工荷载直接作用于主体结构，荷载参数已提供结构设计用于核算，经设计核算及现场实际使用，该电梯基础完全符合现场使用及安全要求。

（四）施工电梯基础转换

主塔楼 F67 层外框结构施工完成后，为满足主塔楼各楼层各施工面人员及材料运输要求，在主塔楼南侧结构外安装 4 台特制高速施工电梯（3 号、4 号、5 号、6 号），但主塔楼南侧地下结构尚未施工完成，等待结构施工完成会对塔楼进度产生影响，如果将电梯基础布置于基坑底板，后期裙楼地下室施工完成后，施工电梯无法及时拆除，又会对裙楼地下各机电设备房提前交付使用造成影响。

因此，在对 3 号～6 号施工电梯基础进行深化设计时，项目部采用电梯基础转换理念，即采用双辅助标准节方式，先将电梯基础布置于裙楼结构底板，在裙楼地下结构施工至首层时，采用首层板加固措施，增设措施梁及混凝土斜撑，并于措施梁内增设电梯转换基脚增加电梯标准节与措施梁锚固力。

1. 双辅助标准节

采用双辅助标准节，在辅助标准节顶部做弹簧支座支撑弹簧，满足电梯停靠于结构首层时，必须具备梯笼缓冲功能的要求（图 9-34～图 9-36）。

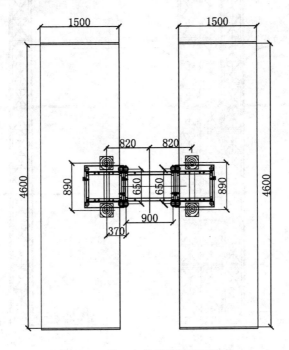

图 9-34　施工电梯及弹簧平面定位

在地下结构施工至首层板时，在首层板进行缓冲弹簧安装，并将辅助标准节拆除。

2. 首层 3 号、4 号、5 号、6 号电梯基础转换

在裙楼地下室结构施工完成后，因主塔楼南侧 3 号～6 号施工电梯标准节穿过地下设备机房，为满足项目 F67 层以下机电提前运营的工期节点要求，需将电梯拆除，但因主塔楼 F67 层以上精装及机电工作面尚未施工完成，垂直运输量仍十分巨大，因此产生了相应矛盾。

为解决此矛盾难题，在裙楼地下室施工

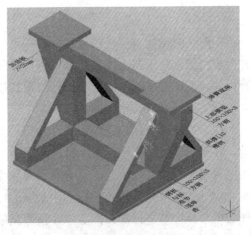

图 9-35　弹簧标准节支座三维示意图

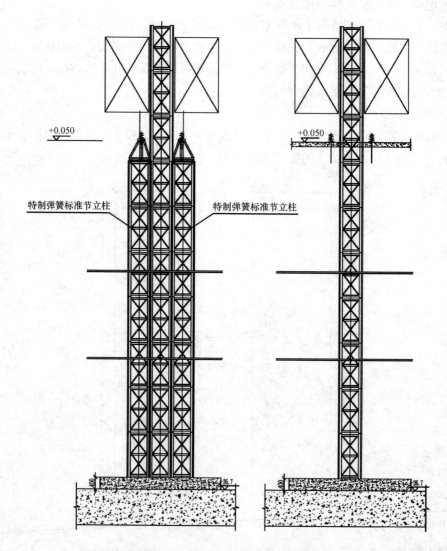

图 9-36 电梯缓冲弹簧立面大样

至首层时,对结构首层板进行加固,并采用措施结构梁、转换基座、混凝土斜撑等措施,并要求将裙楼地下与主塔楼后浇带进行封闭,相关措施施工完成后,对首层以下标准节进行拆除,使电梯基础由裙楼底板转换至裙楼地下结构首层板。

(1)电梯基础转换(图 9-37)。

(2)措施梁、措施斜撑设计。由专业设计单位进行顶板加固及措施斜撑、措施梁设计,在现场施工过程中严格保证施工质量,并严格遵照专业设计方案进行现场施工,经现场电梯基础转换实际检验,完全满足现场使用及安全要求(图 9-38、图 9-39)。

(3)转换承托。转换承托采用 Q345 钢材焊接而成,在施工首层措施梁时,将转换承托与电梯标准节进行焊接固定,并预埋至措施梁内,以增大电梯标准节与措施梁间的锚固力(图 9-40)。

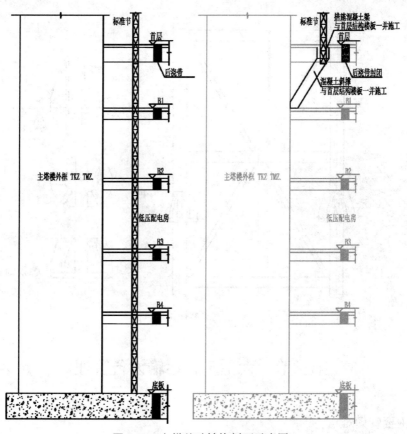

图 9-37　电梯基础转换剖面示意图

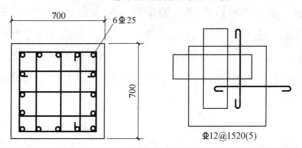

图 9-38　新增混凝土斜撑配筋

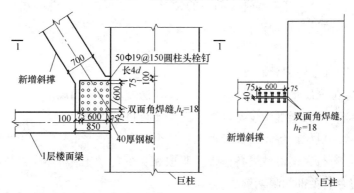

图 9-39　措施梁、措施斜撑设计

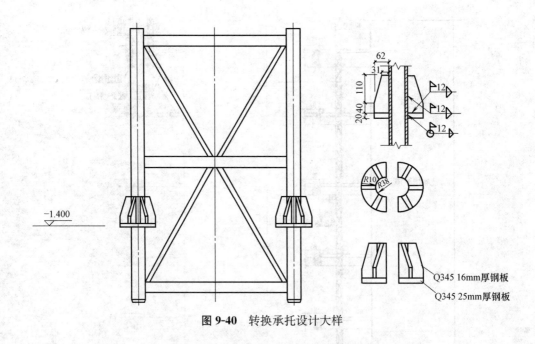

Q345 16mm厚钢板
Q345 25mm厚钢板

图 9-40 转换承托设计大样

第三节 大型垂直运输设备管理

一、主要管理难点

为满足施工需要，东塔项目选用的大型垂直运输设备都是较为先进，甚至代表了施工设备领域最先进的技术。这些先进性表现在两个方面：一是设备本身的技术含量高，从而要求管理者潜心研究，熟悉其结构及原理；二是这些设备在项目施工中的安装方式、实施条件、使用环境都是比较特殊和新颖的，故此在管理过程中必定会遇到诸多困难。

二、管理职责

大型机械设备在生产中有着重要作用，项目所属各部门、各单位必须加强大型机械设备的管理工作，在项目主管工程管理部门的领导下，依据国家、总公司有关制度的要求，建立完善的大型机械设备管理责任制，全面履行管理职责，不断提高大型机械设备的运行和管理水平。

（1）工程管理部主管领导职责：

1）认真贯彻国家质量安全管理方针、政策、法规、标准和规范。

2）组织建立项目大型机械设备管理制度，实行目标管理。

3）对项目大型机械设备安、拆管理工作负全面责任。

4）组织定期进行大型机械设备检查，听取相关部门的工作汇报，对检查出的安、拆安全问题，要责令有关部门限期解决。

5）主持机械设备安、拆作业中发生人身事故的调查、分析、处理和整改工作，并督促实施。

6）审批大型机械设备人员培训计划。

（2）项目技术总工、机械工程师职责：

1）认真贯彻执行大型机械设备的有关法规、标准、规范和规程。

2）主持新型、进口大型机械设备的选型、技术实验和验收工作。

3）审批大型机械设备的安、拆方案。

4）主持解决大型机械设备安、拆、使用、修理和改造中的重大技术问题。

5）参与大型机械设备的年审工作。

6）主持大型机械设备在安、拆、附着锚固、修理和技术改造中重大技术方案的编制、审批，参与安装验收工作。

7）参与大型机械设备重大事故的调查、分析和处理工作。

8）对大型机械设备安、拆队的技术质量管理工作负领导责任。

（3）工程管理部职责：

1）贯彻执行大型机械设备管理的有关标准、规范、规章制度和实施细则，并组织实施。

2）负责大型机械设备的登记、建档及档案管理工作。

3）督促实施已批准的大型机械设备安、拆方案。

4）组织大型机械设备安、拆前的检验工作。

5）指导大型机械设备的安、拆、使用、保养、修理和运输工作，组织技术实验和安装验收工作。

6）主持大型机械设备的年审工作。

7）组织和参与大型机械设备事故的调查分析或处理工作。

8）组织大型机械设备人员的技术培训和考核工作。

（4）安全部职责：

1）对现场电源及设施、基础、地锚、附着加固等是否符合安全制度，负监督责任。

2）参与大型机械设备安、拆事故的调查处理工作。

3）负责组织塔吊覆盖区内的现场施工人员相关的安全教育工作，配合安全技术交底工作。

4）负责大型机械设备安装、使用过程中的安全监督工作。

5）组织大型机械设备的安全检查工作，详见《塔式起重机检查评分表》（表9-4）、《施工升降机检查评分表》（表9-11）。

（5）质量部职责：

1）负责向大型机械设备安、拆队提供质量符合要求的上一道工序，经双方检测验收，填写检验记录。

2）参与大型机械设备安、拆完毕的技术试验和验收工作。

（6）安、拆单位职责：

1）贯彻执行大型机械设备安、拆管理的有关标准、规范、规章制度和实施细则，并组织实施。

2）全面负责大型机械设备安、拆队的管理工作。

3）合理安排安、拆队的劳动力组合，组建安、拆班组。

4）参与编写大型机械安、拆方案，组织实施已批准的安、拆方案。负安、拆工作的安全责任。

5）负责向安、拆人员进行安全技术交底工作。

6）参与定期安全检查，及时落实安全隐患的整改工作。

7）主持安、拆队日常生产管理工作。

8）负责与总包单位联系，明确对大型机械设备安、拆、运输、使用的现场要求及安全等方面的要求。

9）合理安排大型机械设备使用、维修、安、拆、运输的劳动力组合，组织实施安、拆、运输工作。

10）组织安、拆、使用操作人员的技术培训和考核工作。

11）参与大型机械设备事故的调查分析和处理工作。

12）负责大型机械设备的日常保养、检修工作。

三、过程控制管理表格

过程控制管理表格见表 9-4～表 9-16。

塔式起重机检查评分表　　　　表 9-4

序号	检查项目		扣　分　标　准	应得分数	扣减分数	实得分数
1		载荷限制装置	未安装起重量限制器或不灵敏,扣 10 分 未安装力矩限制器或不灵敏,扣 10 分	10		
2		行程限位装置	未安装起升高度限位器或不灵敏,扣 10 分 未安装幅度限位器或不灵敏,扣 6 分 回转不设集电器的塔式起重机未安装回转限位器或不灵敏,扣 6 分 行走式塔式起重机未安装行走限位器或不灵敏,扣 8 分	10		
3	保证项目	保护装置	小车变幅的塔式起重机未安装断绳保护及断轴保护装置或不符合规范要求,扣 8～10 分 行走及小车变幅的轨道行程末端未安装缓冲器及止挡装置或不符合规范要求,扣 6～10 分 起重臂根部绞点高度大于 50m 的塔式起重机未安装风速仪或不灵敏,扣 4 分 塔式起重机顶部高度大于 30m 且高于周围建筑物未安装障碍指示灯,扣 4 分	10		
4		吊钩、滑轮、卷筒与钢丝绳	吊钩未安装钢丝绳防脱钩装置或不符合规范要求,扣 8 分 吊钩磨损、变形、疲劳裂纹达到报废标准,扣 10 分 滑轮、卷筒未安装钢丝绳防脱装置或不符合规范要求,扣 4 分 滑轮与卷筒的裂纹、磨损达到报废标准,扣 6～8 分 钢丝绳磨损、变形、锈蚀达到报废标准,扣 6～10 分 钢丝绳的规格、固定、缠绕不符合说明书及规范要求,扣 5～8 分	10		
5		多塔作业	多塔作业未制定专项施工方案,扣 10 分;施工方案未经审批或方案针对性不强,扣 6～10 分 任意两台塔式起重机之间的最小架设距离不符合规范要求,扣 10 分	10		

续表

序号	检查项目		扣分标准	应得分数	扣减分数	实得分数
6	一般项目	安装、拆卸与验收	安装、拆卸单位未取得相应资质,扣10分 未制定安装、拆卸专项方案,扣10分;方案未经审批或内容不符合规范要求,扣5~8分 未履行验收程序或验收表未经责任人签字,扣5~8分 验收表填写不符合规范要求每项,扣2~4分 特种作业人员未持证上岗,扣10分 未采取有效联络信号,扣7~10分	10		
		小计		60		
7		附着	塔式起重机高度超过规定不安装附着装置,扣10分 附着装置水平距离或间距不满足说明书要求而未进行设计计算和审批的,扣6~8分 安装内爬式塔式起重机的建筑承载结构未进行受力计算,扣8分 附着装置安装不符合说明书及规范要求,扣6~10分 附着后塔身垂直度不符合规范要求,扣8~10分	10		
8		基础与轨道	基础未按说明书及有关规定设计、检测、验收,扣8~10分 基础未设置排水措施,扣4分 路基箱或枕木铺设不符合说明书及规范要求,扣4~8分 轨道铺设不符合说明书及规范要求,扣4~8分	10		
9		结构设施	主要结构件的变形、开焊、裂纹、锈蚀超过规范要求,扣8~10分 平台、走道、梯子、栏杆等不符合规范要求,扣4~8分 主要受力构件高强螺栓使用不符合规范要求,扣6分 销轴联结不符合规范要求,扣2~6分	10		
10		电气安全	未采用TN-S接零保护系统供电,扣10分 塔式起重机与架空线路小于安全距离又未采取防护措施,扣10分 防护措施不符合要求,扣4~6分 防雷保护范围以外未设置避雷装置,扣10分 避雷装置不符合规范要求,扣5分 电缆使用不符合规范要求,扣4~6分	10		
		小计		40		
	检查项目合计			100		

建筑起重机械安装验收表 　　　　　　　　　　　　　　　　表 9-5

GDAQ2090105 □

工程名称			工程地址			
施工总承包单位				项目负责人		
使用单位				项目负责人		
安装单位				项目负责人		
起重机械名称		型号规格		备案编号		工地自编号
检验评定机构名称		检验报告编号		报告签发日期		

续表

序号	验收项目	检查内容与要求	现场和资料是否符合要求	
1	安全运行条件	(1)与周边建构筑物、输电线路的安全距离; (2)周边杂物以及机体上堆积杂物和悬挂物的清理; (3)专用配电箱、电缆的安置位置是否恰当; (4)水平吊运作业路线的规定; (5)施工作业人员的安全通道; (6)基础部位的防水、排水设施; (7)作业环境危险部位的安全警示标识	(1)	
			(2)	
			(3)	
			(4)	
			(5)	
			(6)	
			(7)	
2	落实安全管理责任	(1)明确起重机械的安全管理部门和管理员,及其安全管理责任; (2)本台设备管理责任人及其责任; (3)定期维护保养、顶升加节合同; (4)安全操作规程; (5)在机身上显著位置张挂设备管理标牌	(1)	
			(2)	
			(3)	
			(4)	
			(5)	
3	安全管理资料	(1)按规定建立一机一挡的安全技术档案; (2)特种作业人员的上岗资格证; (3)安全技术交底记录; (4)各项起重机械安全管理制度(含应急顶案及加节、附着装置的验收等制度)	(1)	
			(2)	
			(3)	
			(4)	
4	其他资料	(1)安装单位安装自检表; (2)安装检验报告; (3)检验报告中不合格项的整改情况	(1)	
			(2)	
			(3)	

验收结论

验收日期: 年 月 日

参加验收人员	总承包单位	使用单位	安装单位	设备产权(或出租)单位	监理单位
	专业技术人员(签名):	专业技术人员(签名):	专项方案编制人(签名):	负责人(签名):	专业监理工程师(签名):
	项目技术负责人(签名):	项目技术负责人(签名):	专业技术人员(签名):		总监理工程师(签名):
	项目负责人(签名):	项目负责人(签名):	项目负责人(签名):		
	(公章)	(公章)	(公章)	(公章)	

建筑起重机械运行记录

表 9-6

GDAQ20613-1 ☐

第　页

年	运　行		故障	维修	司机 (签名)
月　日 时　分起 时　分止	作业前试验：				
	安全装置、电气线路检查：				
	作业情况：				
月　日 时　分起 时　分止	作业前试验：				
	安全装置、电气线路检查：				
	作业情况：				
月　日 时　分起 时　分止	作业前试验：				
	安全装置、电气线路检查：				
	作业情况：				

塔吊交接班记录表

表 9-7

工程名称			使用单位	
设备型号			备案登记号	
时　间	年　　月　　日　　时　　分			
检查项目	内容描述		检查结论	处理结果
安全装置	急停限位,急停按钮,各限位器,操作手柄(是否有效)			
金属结构	标准节及螺栓,大臂(有无明显松动)			
液压系统	油管、接头、马达、发动机(有无异响)			
保养情况	加注黄油、液压油、机油、齿轮油(检查油量)			
运行环境	现场作业面施工情况要记录			
其他				
交接班时间			交接塔机编号	
交班司机			接班司机	

建筑起重机械维护保养记录表

表 9-8

GDAQ20612 ☐

工程名称：

设备名称			设备型号	
出厂编号		备案编号	自编号	
出厂日期			产权单位	
维保单位			上次维保日期	

项　类		维护保养内容	技术要求	备注
清洁润滑	名机构、传动系统、部件润滑		按设备使用说明书及相关标准规程	
检查调整更换	基础及轨道			
	部件附件连接件,各机构制动器和限位开关与机械元件间隙调整更换,钢丝绳、吊具、索具、链条、滑轮缺损情况			

续表

项 类		维护保养内容	技术要求	备注
检查调整更换	金属结构与连接件		按设备使用说明书及相关标准规程	
	电气与控制操作系统			
	维保结论			

维护保养人员（签名）：

维保单位（公章）

年　月　日

垂直运输设备使用申请表　　　　　　表 9-9

工程名称：_____　　　　　编号：_____

申请部门	
运输内容	

运输数量		最大起重量	

申请使用时间

设备名称与编号	计划使用时间			
	时	分起到	时	分止
	时	分起到	时	分止
	时	分起到	时	分止
	时	分起到	时	分止
	时	分起到	时	分止
	时	分起到	时	分止
	时	分起到	时	分止
	时	分起到	时	分止
	时	分起到	时	分止
使用部门（单位）安全责任人签字	
申请单位领导签字	

编号一栏由工程管理部统一编排，申请单位不得填写

备注：使用单位每天下午 16：00 前将此表报工程管理部。

表 9-10

项目施工垂直运输设备（塔吊）使用审批表

工程名称：商业、办公、酒店工程（珠江新城东塔）（广州东塔）

日期：2014 年 10 月 03 日～04 日

	时间																								
1号机	18:00	19:30	20:00	21:30	22:00	23:00	0:00	1:00	2:00	3:00	4:00	5:00	6:00	7:00	8:00	9:00	10:00	11:00	12:00	13:00	14:00	15:00	16:00	17:00	18:00
2号机	18:00	19:00	20:00	21:00	22:00	23:30	0:00	1:00	2:00	3:00	4:00	5:00	6:00	7:00	8:30	9:00	10:00	11:00	12:00	13:00	14:00	15:00	16:00	17:00	18:00
3号机	18:00	19:00	20:00	21:00	22:00	23:00	0:00	1:00	2:00	3:00	4:00	5:00	6:00	7:00	8:00	9:00	10:00	11:00	12:00	13:00	14:00	15:00	16:00	17:00	18:00
8号机	18:00	19:30	20:00	21:30	22:00	23:00	0:00	1:00	2:00	3:00	4:00	5:00	6:00	7:00	8:00	9:00	10:00	11:00	12:00	13:00	14:00	15:00	16:00	17:00	18:00

备注：1. 指挥、司机安排时间提前 30min 到场做好准备工作，如尺到按 200 元/人·次罚款，并罚其公司 1000 元/次。1 号机指挥在东面茶亭待岗，2 号、3 号机指挥在西门安全通道待岗。2. 各使用单位严格按排班时间使用，如无特殊情况故意超时 10min，罚款 1000 元/次，超 20min 罚款 2000 元/次，超 30min 罚款 4000 元/次，以此类推。最高罚款 20000 元/次

吊物数量（吊次）：

填表人：

钢构负责人：
土建负责人：

副总审批：

业主审批：

备注：本表由设备部根据使用单位 16：00～16：30 上报的使用表进行审批，当日下午 18：00 前各使用单位领取表格，并凭此单联系吊塔系吊指挥，作为当晚至第二天的使用依据。

施工升降机检查评分表 表 9-11

序号	检查项目		扣 分 标 准	应得分数	扣减分数	实得分数
1		安全装置	未安装起重量限制器或不灵敏,扣 10 分 未安装渐进式防坠安全器或不灵敏,扣 10 分 防坠安全器超过有效标定期限,扣 10 分 对重钢丝绳未安装防松绳装置或不灵敏,扣 6 分 未安装急停开关,扣 5 分;急停开关不符合规范要求,扣 3～5 分 未安装吊笼和对重用的缓冲器,扣 5 分 未安装安全钩,扣 5 分	10		
2		限位装置	未安装极限开关或极限开关不灵敏,扣 10 分 未安装上限位开关或上限位开关不灵敏,扣 10 分 未安装下限位开关或下限位开关不灵敏,扣 8 分 极限开关与上限位开关安全越程不符合规范要求的,扣 5 分 极限限位器与上、下限位开关共用一个触发元件,扣 4 分 未安装吊笼门机电连锁装置或不灵敏,扣 8 分 未安装吊笼顶窗电气安全开关或不灵敏,扣 4 分	10		
3	保证项目	防护设施	未设置防护围栏或设置不符合规范要求,扣 8～1 分 未安装防护围栏门连锁保护装置或连锁保护装置不灵敏,扣 8 分 未设置出入口防护棚或设置不符合规范要求,扣 6～10 分 停层平台搭设不符合规范要求,扣 5～8 分 未安装平台门或平台门不起作用,每一处扣 4 分;平台门不符合规范要求、未达到定型化,每一处扣 2～4 分	10		
4		附着	附墙架未采用配套标准产品,扣 8～10 分 附墙架与建筑结构连接方式、角度不符合说明书要求,扣 6～10 分 附墙架间距、最高附着点以上导轨架的自由高度超过说明书要求,扣 8～10 分	10		
5		钢丝绳、滑轮与对重	对重钢丝绳绳数少于 2 根或未相对独立,扣 10 分 钢丝绳磨损、变形、锈蚀达到报废标准,扣 6～10 分 钢丝绳的规格、固定、缠绕不符合说明书及规范要求,扣 5～8 分 滑轮未安装钢丝绳防脱装置或不符合规范要求,扣 4 分 对重重量、固定、导轨不符合说明书及规范要求,扣 6～10 分 对重未安装防脱轨保护装置,扣 5 分	10		
6		安装、拆卸与验收	安装、拆卸单位无资质,扣 10 分 未制定安装、拆卸专项方案,扣 10 分;方案无审批或内容不符合规范要求,扣 5～8 分 未履行验收程序或验收表无责任人签字,扣 5～8 分 验收表填写不符合规范要求,每一项扣 2～4 分 特种作业人员未持证上岗,扣 10 分	10		
	小计			60		

续表

序号	检查项目		扣 分 标 准	应得分数	扣减分数	实得分数
7	一般项目	导轨架	导轨架垂直度不符合规范要求,扣7~10分 标准节腐蚀、磨损、开焊、变形超过说明书及规范要求,扣7~10分 标准节结合面偏差不符合规范要求,扣4~6分 齿条结合面偏差不符合规范要求,扣4~6分	10		
8		基础	基础制作、验收不符合说明书及规范要求,扣8~10分 特殊基础未编制制作方案及验收方案,扣8~10分 基础未设置排水设施,扣4分	10		
9		电气安全	施工升降机与架空线路小于安全距离又未采取防护措施,扣10分 防护措施不符合要求,扣4~6分 电缆使用不符合规范要求,扣4~6分 电缆导向架未按规定设置,扣4分 防雷保护范围以外未设置避雷装置,扣10分 避雷装置不符合规范要求,扣5分	10		
10		通信装置	未安装楼层联络信号,扣10分 楼层联络信号不灵敏,扣4~6分	10		
小计				40		
检查项目合计				100		

_____安全技术交底　　　　　　表 9-12

GDAQ330601 □□

施工单位:

工程名称		分部分项工程		工种	

交底人签字:

日　期:

接受人(全员)签字:

注:本交底一式三份,班组、交底人、资料保管员各一份。

施工升降机交接班记录表　　　　　　　　　　　　表 9-13

工程名称		使用单位	
设备型号		备案登记号	
时　间	年　　月　　日　　时　　分		

检查项目	检查结论	处理结果
施工升降机通道无障碍物		
地面防护围栏门、吊笼门机电联锁完好		
各限位挡板位置无移动		
各限位置灵敏可靠		
各制动器灵敏可靠		
清洁良好		
润滑充足		
各部件紧固无松动		
其他		

交接班时间		交接设备编号	
交班司机		接班司机	

垂直运输设备使用申请表　　　　　　　　　　　　表 9-14

工程名称：_____　　　　　　　编号：_____

申请部门			
运输内容			
运输数量		最大起重量	

申请使用时间

设备名称与编号	计划使用时间			
	时	分起到	时	分止
	时	分起到	时	分止
	时	分起到	时	分止
	时	分起到	时	分止
	时	分起到	时	分止
	时	分起到	时	分止
	时	分起到	时	分止
	时	分起到	时	分止
	时	分起到	时	分止
使用部门（单位）安全责任人签字				
申请单位领导签字				
编号一栏由工程管理部统一编排，申请单位不得填写				

备注：使用单位每天下午 16：00 前将此表报工程管理部。

施工升降机材料运输申请表 表 9-15

工程名称：广州周大福金融中心 日期： 年 月 日

序号	申请单位	运输材料	申请使用时间	运输申请人	备 注
1					
2					
3					
4					
5					
6					
7					
8					
9					
10					

施工工长：_____ 施工/工程部经理：_____ 主管领导：_____

施工升降机材料运输安排表 表 9-16

工程名称：广州周大福金融中心 日期： 年 月 日

序号	申请单位	运输货物名称	申请运输时间	梯笼	运输申请人	所到楼层	备注
1							
2							
3							
4							
5							
6							
7							
8							
9							
10							
11							
12							
13							
14							
15							

注：1. 申请单位在申请使用时间内必须完成运输作业，不能占用高峰期（06：00～08：00、08：00～10：30、12：30～14：00、15：30～16：40、17：00～19：00、22：30～00：00）及其他单位使用时间，否则处罚2000元。

2. 申请单位在申请使用时间内，不使用施工升降机或实际货物运输装载时间与申请时间不符，导致施工升降机使用效率降低，将给予1000元处罚。

3. 申请单位因自身原因或者其他原因不能按申请时间使用的，应提前与专管部门取得联系，否则给予500元处罚。

4. 申请时间为每日下午4：30（该申请时段为申请次日使用时间）。

5. 此表更改后无效。

制表人：_____ 主管部门经理：_____ 主管领导：_____

第十章 超高层复杂机电系统施工统筹管理

第一节 机电系统概述

机电安装工程贯穿整个工程施工，是一个十分复杂的过程，结构施工阶段需要进行预留预埋，结构工程完成以后开始施工主要管线及设备，并在装饰工程开始以前基本完成，装饰施工时还有大量的配合施工。对于超高层建筑，机电系统复杂，垂直运输量大，专业分包众多，协调难度大。因此超高层工程的总承包机电管理及策划显得非常重要，合理的统筹及工序安排能提高效率，加快工程进度，节约成本，提高工程施工质量。

一、东塔机电安装工程重难点分析

（1）专业图纸数量庞大，报审程序复杂，且设计变更频繁，图纸的深化设计和管理工作极为繁重复杂。

一方面是建筑结构的修改引起的机电系统的变更。截至结构封顶，业主已经发放 800多份项目管理指令（PMI），大部分是对建筑结构的修改，以裙楼最为明显，尤其是对建筑功能区的修改往往导致机电系统的调整。二是机电系统本身的变更也很多，B5～F67 商业及办公区，业主对机电招标图纸进行了一次大调整，并重新发放项目管理指令（PMI）要求施工单位重新深化后报审。

由于本工程所有机电专业的合同图纸均不能作为施工图，施工单位需进行深化后报审业主、监理和顾问公司，业主、监理和顾问公司批复通过后方可作为施工图。而业主、顾问对于深化图的要求非常高，报审流程复杂，批复时间为 14d 甚至更长。

另一方面，由于业主及咨询公司责任主体不是唯一的，责任主体不清晰，一张图纸往往需报审很多顾问公司，得到的批复意见不同也是常有的事情，这就增加了图纸的协调工作量。如果对海量图纸的深化、报审、批复等工作跟踪不到位，极易产生疏漏，影响现场施工。

所以机电专业深化图纸往往需要多次报审，给图纸深化设计增加了难度，也给深化设计的管理提出了更高的要求。

（2）工期紧张，专业分包及施工工作面多，协调难度大。

本工程总工期 1554 个日历天，在工程开工 690d 内完成 66 层以下办公区的安装工程，工程开工 900d 内完成服务式酒店的安装工程，工程开工 1065d 内完成酒店的安装工程。超高层建筑通常结构施工周期长，交叉施工多，要保证在如此短的工期下完成机电安装，其施工组织的难度可想而知。另外，业主对消防、外电、装修施工单位的招标较晚，其进场时间晚，导致专业分包的深化设计滞后。业主方面的报审、验收流程比较复杂，变更较多，也导致机电有效的施工时间被压缩。

机电专业分包主要包括暖通空调及给水排水专业分包、弱电系统专业分包、电气系统专业分包、消防系统专业分包、高压供电系统专业分包、电梯专业分包等，这几大专业分包管线多，机房布置复杂，需要经常召开协调会讨论解决现场施工遇到的问题。比如综合支架的安装，由谁安装，如何安装，需要综合几个专业考虑，不能"各自为政"，既要满足净高要求又要满足美观要求。除此之外，还有绿墙专业分包、视听系统专业分包、污衣槽专业分包、真空垃圾专业分包、水景专业分包、建筑围护系统专业分包等20多家机电专业分包。这些专业虽然工程量相对少，相对独立，但是协调量并不少，比如供电的协调、消防的协调、BMS的配合等。

精装修专业施工单位也很多，仅办公区（9～66层）就有4家，裙楼商业区、酒店区细分的装修分包就更多了，如洁具供应、商铺的装修、大堂的装修等都是独立的专业分包。因此机电与装修的配合施工，其交叉作业量多，协调难度很大。

另外，机电施工的工作面众多，比如裙楼A区一层、三层、五层同时开始施工，塔楼标准层每5层进行流水作业。精装修进场以后，各装修工作面的配合也是同时进行，所以机电的作业面非常多，必须进行有效的管理，才能满足进度要求。

（3）受"超高降效"影响，垂直运输工作非常紧张。

垂直运输紧张是超高层建筑施工的一大难题，随着楼层高度的不断增高，不但塔吊、施工电梯的运输效率下降，而且上部结构与下部机电、幕墙的插入施工同时进行，更增加了运输工具的负担。如当核心筒竖向结构施工至98层，内筒水平楼板施工至88层，外框压型钢板施工78层，幕墙施工至56层，二次结构圈梁及导墙施工61层，机电施工23层，以上工作面同时施工，其材料运输量是巨大的：一个标准层钢筋约340t，钢构件270t，混凝土1440m³，模板5483m²，而机电方面一个标准层风管约1600m²，消防管道$DN50$以上约350m，还有空调机组、阀门等设备。主塔楼主要运输工具为2台1280D和1台900D塔吊及南面6台施工电梯，面对如此大量的材料运输，项目部采用"兵马未动，粮草先行"的策略，提前将施工所需的材料运到相应楼层，以保证结构、砌体、幕墙、机电施工大量的材料供应。

超高层建筑通常建设在城市的核心商务区，根本没有额外的场地供堆放材料。裙楼地下室分仓施工，首层部分结构施工较晚，首层供材料堆放的场地变得非常有限。而且由于广州白天禁止大型货车进入市中心区域，因此，晚上成了材料进入施工现场的密集阶段，材料一旦进入施工现场，马上需要二次运输至各施工楼层。

（4）影响水、电、风各系统永久系统与临时系统转换的因素多，条件复杂，转换时机的确定非常关键。

随着工程的向前推进，临时管线、临时设备如不及时进行拆除，将会影响永久管线安装、土建砌筑，甚至影响精装修的施工。如何统筹规划水电风的永久系统与临时系统转换，是一个很大的挑战。超高层建筑水、电、风系统永久系统与临时系统转换多在二次结构施工阶段，需要提前施工相关的管线及设备，而这部分管线穿越的地方，设备所在的机房、水池等均要求完成土建的工序（砌筑、抹灰、刮白等）后方可进行安装，如果规划得不好，就会造成转换时间拖后，临时管线会影响其他工序施工。而对于风系统来说，超高层地下室较深，闷热且湿度大，转换永久通风以后有利于改善地下室的施工环境，也有利于成品保护。

二、东塔机电系统及管理模型简述

东塔机电系统主要包括以下几个部分：

（1）采暖通风及空调系统。包括采暖、通风、排风、防排烟、空调水系统、空调风系统。办公区采用 VAV 系统，商场、卫生间、酒店客房采用风机盘管加新风系统，办公区预留 24h 冷冻水系统。

（2）电气系统。包括配电、动力、照明、应急照明、应急疏散、防雷接地系统、漏电火灾报警系统、应急发电机系统等。

（3）弱电工程，包括通信网络系统、综合布线系统、有线电视及卫星电视接收系统、安全技术防范系统、无线对讲系统、停车场管理系统、不间断电源（UPS）系统、背景音乐及紧急广播系统等。

（4）给水排水系统。包括生活给水系统、污水排水系统、雨水排水系统、中水系统等。

（5）消防系统。包括消防给水系统、智能泡沫灭火系统、消防报警系统等。

（6）电梯。包括 96 台直梯和 62 台扶梯。

（7）其他建筑功能系统。包括真空垃圾系统、污衣槽系统、水景系统、擦窗机系统、防火卷帘、绿墙等。

管理模式简介：

本项目是典型的总承包管理模式，业主不直接对接分包，只对接总包，事无巨细均要经过总包审核，纳入总包管理体系。

根据合同的要求，总包机电部分的工作主要分两部分：一是综合管理协调；二是综合管线图、综合留洞图的制作。项目部决定成立机电管理部，设两个工作小组：深化设计组和现场管理组。暖通、电气、弱电、给水排水、电梯专业配备专业工程师，对机电专业工程的协调管理及深化设计任务进行分解，具体任务落实到人，职责分明。

第二节　机电管理关键技术

一、深化设计及图纸管理

（一）综合管线图深化设计管理

综合图深化设计任务主要包括两个方面：一是综合机电土建要求图（CBWD），主要是参照建筑图、结构图、专业图，绘制预留孔洞及套管图；二是综合管线图（CSD），主要依据建筑图、结构图、专业平面图、装修点位图综合布置管线，绘制剖面图、详图，确定各专业管线的定位、标高。

综合管线深化设计在机电安装工程中有着重要的意义，尤其是商业、酒店、机房等管线密集区域。综合图制作的优劣，不仅影响各专业分包的成本、进度、质量，而且对总包的管理协调工作也有非常大的影响，如果综合图做得不好，施工出现拆改，分包索赔，扯皮，一系列的问题随之而来。一张高质量的综合图，有如下要求：

（1）确保设计安全性。

（2）符合合同要求、规范要求。

（3）具有可靠性、可执行性。

（4）符合排布的美观性。

为保证综合管线图纸的质量和进度要求，采用"总包牵头，各家复核"的方法，对综合管线深化设计进行系统管理。

（1）所有分包及总包图纸信息统一编码。在深化设计前期阶段，需要对各专业的图纸进行统一编码，对业主下发的建筑图、结构图建立台账，确保综合管线参照专业的图纸为最新有效的图纸。

（2）规定统一的制图标准。对专业分包提供的图纸，对其图纸坐标、单位、标注样式、字体样式、建筑结构底图颜色、各专业管线及标注颜色、各专业图层命名等予以详细规定，以方便综合图纸绘制（图10-1）。

图 10-1 规定专业分包图纸统一标准

（3）图纸会审制度。本工程的图纸变更频繁，而且通常是局部变更图纸，并无涵盖所有变更的建筑结构图。如不及时对变更图纸进行会审，就不能及时发现其对机电深化设计的影响。因此总包要组织所有机电专业分包针对上一周的PMI（项目管理指令）进行图纸预会审，列出疑问，为业主与各家顾问图纸会审做好准备。同时分析改变更（项目管理指令）对工期、造价的影响，每月月底统计，发函告知业主。详细流程图如图10-2所示。

（4）会议协调制度。会议协调制度是工程建设中最常用的方法，也是最有效的手段。对于深化设计的管理来说，尤其是兼负综合管线设计任务的总承包单位来说，就要通过经常性的设计协调会来解决图纸冲突。每周一、三、五召开综合管线协调会，让所有专业分包参与到管线综合图纸的设计中，协调专业分包图纸交叉、冲突问题。

（5）图纸会签制度。包括综合图纸报审会签和综合管线施工图纸的会签。图纸会签是对会议讨论结果的肯定，说明各专业分包单位对此版图纸是经过复核确认的。通过图纸会签制度避免日后的纠纷。

（6）综合管线图纸交底。综合管线制图完成后并不意味着下发专业分包就万事大吉，图纸交底是关键的一个环节。本项目采用Magicad进行深化设计，图纸交底时可显示管线的三维效果，直观地看出管道之间、管道与建筑结构之间的关系，给施工带来了很大的方便。

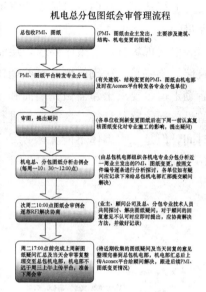

机电总分包图纸会审管理流程

图 10-2　图纸会审流程图

（7）综合管线样板先行制度。样板先行即样板参照法，意义在于找到一个参照点，进而制定切实可行的优化方案。在超高层建筑标准层的安装工程中，很有必要实行样板先行制度。办公区标准层机电大面积施工之前，在13层进行机电综合管线施工样板施工，样板确认后进行其他楼层的施工。在装修进场后，在F17、F28、F48进行机电与装修配合施工样板。

（二）综合点位图设计管理

综合点位图的设计，通俗地分为"天、地、墙"，即天花、地面、墙面点位。一般在装修单位进场后开始，由装修单位主导，机电专业分包配合，总包督导。具体流程如下：

精装修提供装修设计图－机电专业分包将点位提供装修－机电与装修协调会解决冲突－机电专业会签报审图纸－报审业主/顾问公司。

综合点位图的协调工作量大，既要满足机电的规范要求，又要符合装修设计的美观要求。而涉及装修的顾问公司多，如灯光顾问、标识顾问、声学顾问、机电顾问、装修顾问以及物业管理公司等，图纸变更潜在风险多，如：办公区顶棚铝板方案经过三次变更后业主才最后定版，导致综合顶棚图多次制作、浪费资源。因此作为施工单位要做到凡事有据可依，有据可查。

（三）机电与二次结构的配合策划

机电与土建之间存在大量的配合施工，相互影响，如果管理不当，不仅会产生大量的机电后开洞，甚至打墙、凿墙，而且对于现场的文明施工、成品保护带来不利影响。

对于机电管井，通常有检修要求的管井要加开检修门，而建筑图上往往没有考虑全面机电的检修门。所以专业分包深化图纸后，要对所有机电管井进行梳理，复核所有检修门是否满足机电检修要求，以便在砌筑施工前确定管井工序。需要开检修门的管井，通常需要先进行抹灰，刮白，然后安装管道。如果不明确管井的要求，导致工序倒置，将会浪费大量的人工和增加施工难度。

根据现场进度及工序要求，绘制机电与砌体配合要求图。其难点是区分哪些是一次砌筑墙，哪些是二次砌筑墙，哪些墙体需要优先抹灰、刮白。如水管房、强弱电房，无吊顶后勤走道，要求土建需做完墙面和顶板抹灰、刮白后才进行机电管线施工。空调机房需预留设备运输路径，待设备就位后进行砌筑。从机电的进度节点时间倒推砌体、粉刷的要求时间，但是二次砌体不能无限期地等，在精装开始施工前必须将所有砌体完成。参见图10-3 所示的 F24～F26 砌体配合图。

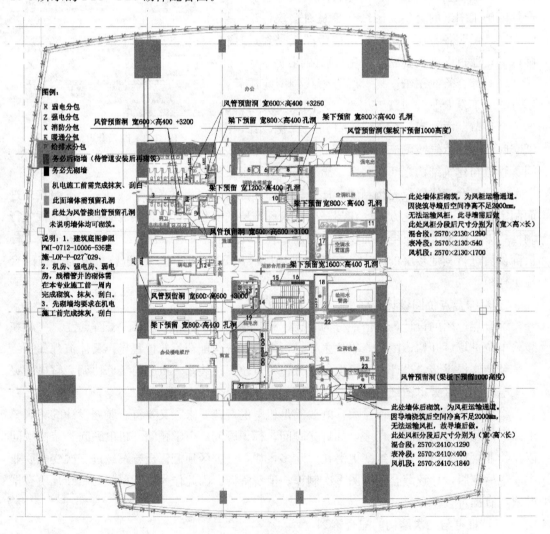

图 10-3　砌体配合要求图

图纸报审跟踪表

表 10-1

序号	内容	第一次送审				第二次送审					第三次送审				
		记录 发文编号/版本	业主/顾问/监理回复 公司	日期	审批结果	送审记录 日期	送审记录 发文编号/版本	业主/顾问/监理回复 公司	日期	审批结果	送审记录 日期	送审记录 发文编号/版本	业主/顾问/监理回复 公司	日期	审批结果
1	中建四局安装工程有限公司资质报审	ET-BS-安 Z4[2012]001号 A版	中建	2012/3/9	B 4	2012-10-23 四局报审	ET-BS-安 Z4[2012]001号 B版	中建	2012/11/8	B 16					
			监理	2012/3/14	D 4			监理	2012/11/15	B 7					
			柏诚	2012/3/19	C 9			柏诚	2012/11/27	B 19					
		CSCEC-ET-BS-安 Z4[2012]001号 A版	奥雅纳	—		2012-11-8 中建送出	CSCEC-ET-BS-安 Z4[2012]001号 B版	奥雅纳	—						
			利安	—				利安	—						
			新策	2012/3/28	C 18			新策	2012/11/28	C 20					
2	东塔空调、采暖、通风系统及给排水系统专业分包工程深化设计单位资质报审	ET-BS-安 Z4[2012]002号 A版	中建	2012/3/8	A 3	2012-10-24 四局报审	ET-BS-安 Z4[2012]002号 B版	中建	2012/11/7	B 14					
			监理	2012/3/13	D 3			监理	2012/11/16	D 9					
			柏诚	2012/3/19补资料	C 9			柏诚	2012/11/30	B 23					
		CSCEC-ET-ES-安 Z4[2012]002号 A版	奥雅纳	—		2012-11-7 中建送出	CSCEC-ET-BS-安 Z4[2012]002号 B版	奥雅纳	—						
			利安	—				利安	—						
			新策	2012/4/1	C 22			新策	2012/11/28	B 21					
3	深化设计图纸计划	ET-BS-安 Z4[2012]003号 A版	中建	2012-3-10	D 4	2012-5-31 四局报审	ET-BS-安 Z4[2012]003号 B版	中建	2012-6-7	C 7	2012-6-27 四局报审	ET-ES-安 Z4[2012]003号 C版	中建	2012-7-2	B 5
			监理	2012-3-13	D 3			监理	—				监理	2012-7-5	D 1
			柏诚	2012-3-22	D 12			柏诚	—				柏诚	2012-7-20	B 16
		CSCEC-ET-BS-安 Z4[2012]003号 A版	奥雅纳	—		2012-7-4 中建送出	CSCEC-ET-安 Z4[2012]003号 B版	奥雅纳	—		2012-7-4 中建送出	CSCEC-ET-BS-安 Z4[2012]003号 B版	奥雅纳	—	
			利安	—				利安	—				利安	—	
			新策	2012-4-5	C 26			新策	—				新策	—	834

续表

序号	内容	记录 发文编号/版本	第一次送审 公司	第一次送审 日期	第一次送审 审批结果	第二次送审 发文编号/版本	第二次送审 送审日期	第二次送审 公司	第二次送审 日期	第二次送审 审批结果	第三次送审 发文编号/版本	第三次送审 送审日期	第三次送审 公司	第三次送审 日期	第三次送审 审批结果
4	通风空调与给排水材料品牌报审计划	ET-BS-安Z4[2012]004号A版	中建	2012-3-10	B / 4	ET-BS-安Z4[2012]004号B版	2012/5/11 四局报审	中建	2012-5-14	B / 3	ET-ES-安Z4[2012]004号C版	2012/5/31 四局报审	中建	2012-6-7	B / 7
			监理	2012-3-13	D / 3			监理	2012/5/17	D / 2			监理	2012-6-11	D / 4
			柏诚	2012-3-22	D / 12			柏诚	2012/5/16	C / 1			柏诚	2012-6-25	B / 18
		CSCEC-ET-BS-安Z4[2012]004号A版	奥雅纳	—		CSCEC-ET-BS-安Z4[2012]004号B版	2012/5/15 中建送出	奥雅纳	—		CSCEC-ET-BS-安Z4[2012]004号C版	2012/6/7 中建送出	奥雅纳	—	
			利安	—				利安	—				利安	—	
			新策	2012-3-28	C / 18			新策	2012-5-24	C / 9			新策	2012-6-28	B / 21
5	空调、采暖、通风系统及给排水系统（地库、裙楼、办公楼）专业分包工程总进度计划	ET-BS-安Z4[2012]006号A版	中建	2012-5-4	B / 8	ET-BS-安Z4[2012]006号B版	2012-7-4 四局报审	中建	2012-7-4	B / 0			中建		
			监理					监理	2012-7-6	D / 2			监理		
			柏诚					柏诚	2012-7-27	C / 23			柏诚		
		CSCEC-ET-BBS-安Z4[2012]006号A版	奥雅纳										奥雅纳		
			利安										利安		
			新策			CSCEC-ET-BS-安Z4[2012]006号B版	2012-7-4 中建送出	新策	2012-8-6	C / 33			新策		

（四）分包图纸报审的跟踪

专业分包图纸管理指的是总承包方对专业分包深化设计的管理，主要是图纸进度、质量管理，通过总承包方的管理程序、制度使专业分包的图纸进度、图纸质量满足工程实际进度需要。

（1）专业分包报审各自专业的图纸报审计划，报审计划中需对图名图号有明确规定。

（2）建立报审跟踪表。业主、顾问内部程序多批复慢，批复时间往往很长。我们需要建立图纸跟踪台账，区分轻重缓急，提醒业主什么时候该批复图纸，对哪些图纸需要进行重点关注等。图纸报审跟踪表见表10-1。

（3）建立报审偏差分析表。通过报审分析表，追查图纸报审滞后原因，及时纠偏。专业分包设计任务繁重，尤其是暖通专业，需要重点关注。报审偏差分析表见表10-2。

（五）机电设备全过程跟踪

机电设备是机电安装工程的核心部分，是机电安装工程进度的关键路线。通常来说，机电设备从深化到安装有以下步骤的工作（尤其是暖通设备）：系统参数计算—计算报审—工厂选型—选型复核—选型报审—设备订货—设备进场—设备安装—设备调试—设备验收。为此本项目建立了关键设备跟踪台账，对各专业关键设备进行综合分析后建立设备跟踪统计表（表10-3），从管道材料订货、进场、吊装运输以及安装进行全程监控，确保设备的进场、安装进度。

二、机电施工程序化管理

建筑机电工程与土建、装修工程在施工过程中密不可分、相互交叉，各专业的协调管理和相互配合成为施工的关键，为此，我们提出要进行程序管理，标准化管理。

（1）制定材料进场程序。所有专业分包材料进场时填写材料进场申请单和物资验收申请表，验收不合格的产品不得进入工地。

（2）制定施工验收程序。所有专业分包要严格落实"三检"制度。

（3）会议制度协调。每周一召开机电协调例会，做好会议记录。

（4）定期现场巡查制度。一是总分包的现场巡查，由总包组织，各专业分包参加，既是履行总包的管理协调责任，也是发现问题解决问题的过程；二是与业主监理顾问的现场巡查。

（5）制定场地、工作面交接程序。由总包组织交接双方对移交场地进行实地勘察，对现场把所有问题进行拍照记录，逐条销项，促使上道工序施工单位按时间节点完成其工作。

（6）制定工序交接程序。首先要梳理出一套符合本工程实际情况的工序表；二是要有详细的工序交接程序，移交后开始计算施工时间，避免某道工序消耗过多时间，影响下道工序施工图10-4给出了卫生间施工工序的示例。

表 10-2

报审偏差分析表

图纸报审偏差分析表

分区	楼层	时间 计划开工 实际开工 日期	报审编号	计划报审	计划通过	实际报审	实际通过	报审时间偏差	通过时间偏差	责任主体方	原因分析
		图纸目录 专业				暖通空调、水、防排烟系统平面图					
裙楼	7	2014-6-17	SCEC-ET-BS-安Z4[2013]079号	2014-3-19	2014-5-18	2013-9-17	暖通空调		244		业主批C后分包未重新报审
	6Ⅲ	2014-5-31	CSCEC-ET-BS-安Z4[2013]076号	2014-3-2	2014-5-1	2013-5-6			261		业主批C后分包未重新报审
	6	2014-5-31	CSCEC-BS-安Z4[2013]075号	2014-3-2	201-5-1	2013-5-6			261		业主批C后分包未重新报审
	5	2014-5-31	CSCEC-ET-BS-安Z4[2013]087号	2014-3-2	2014-5-1	2013-5-16			261		业主批C后分包未重新报审
	4	2014-5-13	CSCEC4BAZ-ET-BS-Z4[2012]035号	201-2-12	2014-4-13	2012-6-18			279		业主批C后分包未重新报审
	3	2014-5-13	CSCEC4BAZ-ET-BS-安Z4[2012]029号	2014-2-12	2014-4-13	2012-6-11			279		业主批C后分包未重新报审
	2	2014-8-28	CSCEC-ET-BS-安Z4[2013]081号	2014-5-30	2014-7-29	2013-5-10			172		业主最近新发PMI指令，分包重新报审
	1	2014-7-26	CSCEC4BAZ-ET-BS-安Z4[2013]042号	2014-4-27	2014-6-26	2013-2-28			205		业主批C后分包未重新报审
地下室	-1	2014-4-5	CSCEC4BAZ-ET-BS-Z4[2013]011号	2014-1-5	2014-3-6	2013-1-14			317		业主最近新发PMI指令，分包重新报审
	-2	2014-4-24	CSCEC4BAZ-ET-BS-安Z4[2013]006号	2014-1-24	2014-3-25	2013-1-9			298		业主最近新发PMI指令，分包重新报审
	-3	2014-4-9	CSCE4BAZ-ET-安Z4[2012]145号	2014-1-9	2014-3-10	2012-12-6					业主平于5月15日重新报审
	-4	2014-4-9	CSCEC4BAZ-ET-BS-安Z4[2012]101号	2014-1-9	2014-3-10	2012-10-26			313		业主最近新发PMI指令，分包重新报审
	-5	2014-4-29	CSCEC4BAZ-BS-安Z4[2012]093号	2014-1-29	2014-3-30	2012-9-29			293		业主最近新发PMI指令，分包重新报审

表 10-3

设备跟踪统计表

序号	区域	项目	参数计算完成	计算发顾问审核	计算顾问审核确定	发厂家选型	厂家选型确定	选型发顾问审核	顾问选型确定	参数计算计划报审	参数计算	参数计算实审审批	设备选型计划报审时	设备选型实际报审	设备选型实际审批时	备注
1	A	总数	149	149	149	149	149	149	138	2014-9-15			2014-9-25			
		过程进度	9月6日前 134 9月11日 3 9月12日 9 9月15日 2 9月22日 1	9月6日前 123 9月12日 17 9月17日 8 9月22日 1	9月6日前 123 9月12日 17 9月18日 8 9月22日 1	9月6日前 123 9月12日 16 9月18日 9 9月22日 1	9月6日前 63 9月12日 36 9月18日 40 9月22日 3 9月23日 2 9月24日 2 9月24日 5	9月6日 45 9月18日 6 9月19日 7 9月20日 13 9月22日 19 9月23日 22 9月24日 12 9月26日 1 9月29日 1 10月16日 5	9月前 4 9月22日 14 10月9日 26							
		小计	149	149	149	149	149	138	44							
		剩余数	0		0	0										
2	B	总数	139	138	116	116				2014-9-25			2014-10-5			
		过程进度	9月6日前 59 9月12日 35 9月16日 5 9月17日 8 9月19日 2 9月25日 25	9月6日前 20 9月12日 3 9月19日 53 9月26日 8 9月27日 11 10月7日 32 10月9日 1 10月10日 8 10月13日 1 10月14日 1	9月6日前 20 9月12日 3 9月27日 10 10月7日 68 10月15日 12 10月16日 3	9月6日前 17 9月11日 3 9月12日 3 9月27日 10 10月7日 68 10月15日 12 10月16日 3	9月6日前 11 9月19日 3 9月20日 2 9月26日 2 10月14日 35	9月6日前 1 9月19日 3 9月20日 2 9月26日 4 10月15日 9	10月9日 3							
		小计	139	138	116	116	53	19	3							
		剩余数	0	1	22	0	63	34	16							

续表

序号	区域	项目	参数计算完成	计算发顾问审核	计算顾问审核确定	发厂家选型	厂家选型确定	选型发顾问审核	顾问选型确定	参数计算计划报审	参数计算实际审批	设备选型计划报审	设备选型实际报审	设备选型实际审批时	备注
		总数	99	99	99	13	13	12	13						
			32	5	5	2	2	2	2						
			9月6日前	9月6日前	9月6日前	9月6日前	9月6日前	9月19日前	10月9日前						
			30	3	3	3	3	4							
			9月11日	9月12日	9月12日	9月11日	9月12日	9月26日							
3	C区		3	31	4	3	2	1							
			9月12日	9月18日	9月27日	9月12日	9月19日	10月16日		2014-10-1	2014-10-11				
			2	4	1	4	3								
			9月16日	9月20日	10月7日	9月27日	9月26日								
			4	8		1	4								
			9月17日	9月26日		10月7日	10月14日								
		过程进度	19	5											
			9月18日	9月27日											
			9	11											
			9月25日	9月30日											
				1											
				10月7日											
				2											
				10月9日											
				12											
				10月10日											
				10											
				10月13日											
				7											
				10月14日											
		剩余总数	0	0	86	0		5							
			103	103	103	21	21	19	16						
			2	2	2	2	1	4	4			2014-10-20			
			9月6日前	9月6日前	9月6日前	9月6日前	9月6日前	9月19日前	10月9日前						
			4	4	4	4	4	2	2						
			9月11日	9月11日	9月11日	9月11日	9月19日	9月20日							
4	裙楼群塔轴		3	8	2	1	2	1			#######				
			9月12日	9月12日	9月12日	9月12日	9月20日	9月26日							
			8	2	8	2	1	9							
			9月18日	9月18日	9月20日	9月20日	9月26日	10月16日							
			2	2	2	2	11								
			9月20日	9月22日	9月22日	9月20日	10月16日								
		过程进度	15	15	10	10									
			9月22日	9月27日	10月16日	10月16日									
				4											

卫生间施工工序：

结构预留洞、砌墙 →(移交装修) 装修放线、安装台盆钢架 →(移交机电) 吊顶管线施工，地面：复核预留洞是否准确、安装排水管；墙面开槽，预埋线管、给水管

移交土建 吊洞、抹灰、防水施工 →(移交装修) 墙砖、地砖、龙骨安装 →装修开孔、封板，机电配合点位施工

图 10-4　卫生间施工工序

（7）文明施工管理。文明施工管理是一个管理的难点，现场产生的垃圾各单位往往各执一词，难以协调。为此，如果各专业分包逾期不清理垃圾，总承包将安排专人清理，按各层工程量比例进行文明施工的相关处罚。

三、大型设备及大口径管道吊装

机电大型设备及大口径管道吊装的总体部署，需由总包统筹协调，各专业分包根据实际情况编写大型设备运输方案，尽量配合施工工作。比如 F67 东面预留幕墙，既可以作为冷水机组的吊装口，又可以作为变压器的吊装，B3 层 C 区预留吊装口，可同时满足冷水机组、发电机及其他大型管道的吊运。机电专业安装单位牵头制作可移动式卸料平台，除满足自己的材料运输外，也使其他专业分包能够用得上，避免重复制作，浪费资源。

（一）B3 冷水机组吊装简述

B3 层冷水机组安装位置在裙楼 C 区，最重达 30t。C 区结构施工完毕时间为 2013 年 10 月，根据总包施工部署，冷水机组从 B 大门进入，货车停放在 B 区塔吊可吊区域内，采用 1 号 M1280D 塔吊卸车（冷水机组货车距离 M1280D 塔吊 47m，可吊 49t）吊至东南角材料堆场。B3 层的冷水机房内布置 5 台冷水机组和各种水泵及 9 台板式换热器，在轴线 F~1/D 与轴 2/8 轴~1/9 轴之间预留 7800mm×7200mm 的吊装孔（吊装孔距离 1 号 M1280D 塔吊 38m，可吊 55t）运输冷水机组货车从 B 大门进场后沿下述路线运至塔吊起吊位置，冷水机组吊至 B3 层冷水机房内，然后用叉车，配合卷扬机和坦克轮将冷水机组移至安装位置。B3 层冷水机组运输路线见图 10-5。

（二）电梯主机吊装简述

电梯主机的吊装根据现场的实际情况，可利用 2 号 M1280D 塔吊吊装。根据土建施工计划，提前安排主机进场，待土建结构施工至机房层，利用 2 号 M1280D 直接将主机吊装至机房就位，并做好主机成品保护。井道中间的电梯主要部件：导轨、对重等利用移动式卸货平台送至所需楼层。如 A 组电梯的运输吊装：

（1）分析主要设备所在楼层，重量、尺寸等参数。A 组电梯平面图、立面图见图 10-6；主要设备表见表 10-4。

（2）根据土建施工计划，分析工况，分析吊装对幕墙、土建配合需求。A 组电梯利用 2 号 M1280D 塔吊起吊至 F92 西侧避难区，要求土建暂缓 F93 以上楼层 T.1~T.3 和 T.E~T.D 轴的组合楼板结构施工，预留吊装孔，待吊装完成后施工。A 组电梯配合预

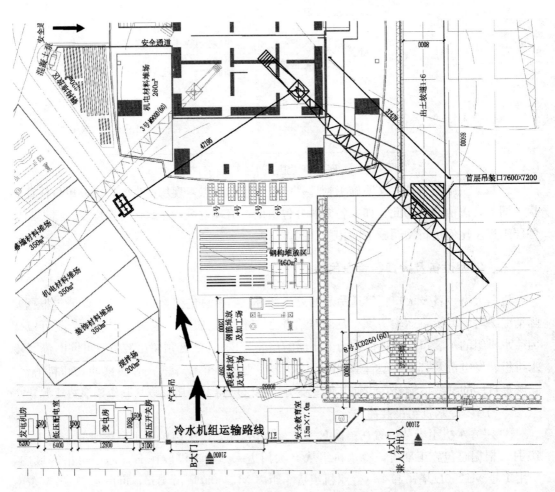

图 10-5 B3 层冷水机组运输路线图

留孔，见图 10-7。

A 组电梯主要设备表 表 10-4

电梯部件	装箱尺寸(mm)(长×宽×高)	单台电梯量		11 台电梯量		停放楼层	起吊时间
		箱数	重量(kg)	箱数	重量(t)		
曳引机	3030×1550×2310	1	7500	11	82.5	92F	
控制柜	1200×600×1600	2	600	22	13.2	92F	
导轨	5250×780×580		3200kg/箱	19	60.8	68F	
				10	32	79F	
				9	28.8	80F	
厅门	2300×800×600		250	47	11.75	68F	2013.10.6~2013.11.4
				34	8.5	80F	
对重	5300×800×600	1	900	11	9.9	90F	
底坑件	1000×1000×300	2	1000	22	22	68F	
桥架	5000×600×600	5	250	55	13.5	68F	
轿厢壁板	1500×2100×500	5	250	55	13.5	68F	

（3）确定吊装设备落放点及运输路线，绘制土建配合要求图。A 组电梯运输路线图，见图 10-8。

电梯型号	UVF-1250-CO300或2S300	井道总高	90.3m
层/站	23/21	停层 68,70~90	提升高度	78.5m

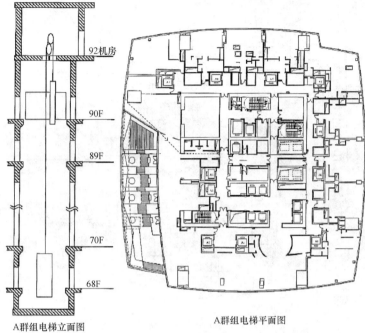

A群组电梯立面图　　　　　　A群组电梯平面图

图 10-6　A 组电梯平面图、立面图

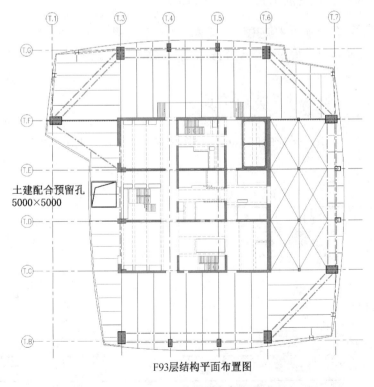

土建配合预留孔
5000×5000

F93层结构平面布置图

图 10-7　A 组电梯配合预留孔

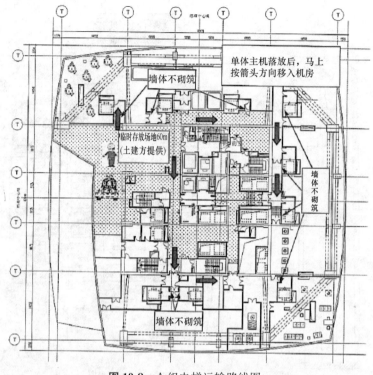

图 10-8　A 组电梯运输路线图

四、永久管线、设备提前投入使用施工部署

永久管线、设备提前投入使用施工部署，主要是使用部分永久管线及设备替代临时给水排水、临时消防水、临时通风，分析策划永久管线提前投入使用对图纸、材料、施工面、进度的要求。

（一）污、废水临时排水系统与永久排水系统的转换

按照设备层楼层分段转换原则进行临时排水系统与正式排水系统的转换，首先需要根据施工总体进度计划拟定转换时间。具体转换区段与转换时间见表 10-5。

排水永久系统与临时系统转换计划表　　　　　表 10-5

序号	楼层转换区段	转换时间
1	F2～F23	2013 年 11 月 15 日
2	F23～F40	2014 年 2 月 15 日
3	F40～F56	2014 年 6 月 15 日
4	F56～F67	2014 年 10 月 15 日
5	F67～F79	2014 年 2 月 15 日
6	F79～F92	2015 年 5 月 15 日
7	F92～顶层	2015 年 8 月 15 日

转换条件分析：

（1）按照给水排水专业图纸采用 HWL-1、HFL-1 两条酒店区使用的排水立管作为临时排水管网与正式排水管网的转换立管。

（2）按照施工总体进度各分区内的排水管网按照上述转换节点完成安装及调试。

（3）室外排水系统未施工完成前，正式排水管网在首层接入临时化粪池内。待室外排水管网施工完毕后，再行接入室外排水系统。

转换步骤：

本工程临时排水系统和永久排水系统均采用重力排水系统。所以临时排水系统与正式排水系统的转换具有通用性。F23 层以下排水系统的转换步骤如下：

（1）将永久 HWL-1、HFL-1 污废水立管在 L23 层接出与临时污废水立管接通的排水水平管至临时污废水立管附近。

（2）停止 F23 层以上用水点的使用，禁止排水 30min，连通永久排水立管与临时排水立管。

（3）拆除 F23 层以下临时排水立管。完成 F23 层以下临时排水系统与永久排水系统转换。

23 层以下临时排水与永久排水立管转换平面图见图 10-9。其余区段的转换步骤相同。

（二）临时消防与永久消防转换

临时消防与永久消防的转换，以设备层为界，分段转换。首先根据施工总体进度计划拟定转换计划。具体转换区段与转换时间见表 10-6。

消防永久系统与临时系统转换计划表　　　　　　　　　　　　表 10-6

序号	楼层转换区段	转换时间
1	B5～F23	2013 年 11 月 15 日
2	F23～F40	2014 年 2 月 15 日
3	F40～F56	2014 年 6 月 15 日
4	F56～F67	2014 年 10 月 15 日
5	F67～F79	2014 年 2 月 15 日
6	F79～F92	2015 年 5 月 15 日
7	F92～顶层	2015 年 8 月 15 日

转换条件分析：

（1）按照施工总体进度 B5、F9、F23、F40、F67、F79、F92、F102 层设备层的转输水箱、减压水箱、转输水泵安装完成及调试运行。

（2）按照施工总体进度各分区内的管网、消防箱等按照上述转换节点完成安装及调试。

（3）本工程消防系统采用常高压系统供水，由 B5 层消防转输水池分级经过 F23、F40、F56、F67、F79、F92 的转输水泵至 F109 层消防水池。由 F109 层消防水池向下经 F92、F79、F67、F56、F40、F27、F23、F9 层减压水箱分区供水。

转换步骤：

由于本工程临时消防系统和永久消防系统均采用常高压系统供水。所以临时消防系统与正式消防系统的转换具有通用性。F23 层以下消防系统的转换步骤如下：

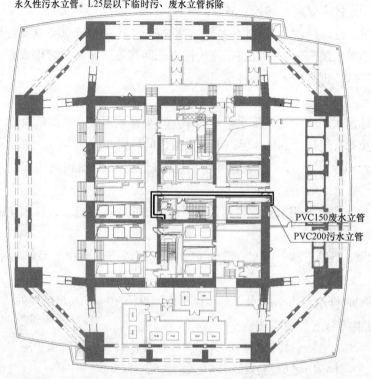

说明：在永久性污水立管设置接驳口，L23层以下的污、废水立管转换至永久性污水立管。L25层以下临时污、废水立管拆除

PVC150废水立管
PVC200污水立管

图 10-9 主塔楼 F23 层以下永久性排水立管转换定位图

（1）水源：由于按照施工进度 2013 年 11 月室外给水系统还未施工，所以消防系统的水源采用临时水管 $DN100$ 供至地下室 B5 层 249m³ 消防水池。

（2）通过 B5 层转输水泵供水至 F23 层转输水箱，再由 F23 转输水泵供水至 F27 层消防减压水池内。F6~F21 层消防用水采用永久消防系统管网供水，保证消防管网压力。

（3）F2~F5 层消防用水采用永久消防系统管网供水，由 F27 层减压水箱供水至 F23 层减压水箱，再由 F23 层减压水箱供水至 F2-F5 层。

（4）裙楼消防系统及地下室 B5~F1 层消防用水采用永久消防系统管网供水。由 F23 层供水至裙楼 F9 层消防减压水箱，再由 F9 层消防减压水箱供水至所需楼层。

B5~F23 层临时消防给水与永久消防给水转换如图 10-10 所示。其他楼层消防系统转换步骤类同。

（三）地下室永久风管提前投入使用

东塔共 5 层地下室，随着地下室楼板回顶的逐步完成，施工过程中地下室空间较封闭，空间内空气无法循环，空气质量相对较差，施工过程中大量焊接和切割作业导致地下室空间内存积大量有害气体，对施工操作人员职业健康产生威胁，同时，施工期间无法避免有积水，湿度较大，成品保护无保障。

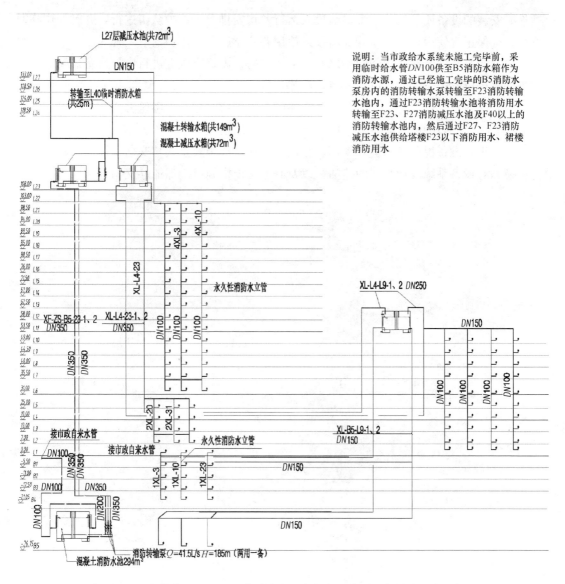

图 10-10　主塔楼 B5～F23 层临时消防给水与永久消防给水转换系统示意图

为增加裙楼地下室空气流通，提高空气质量，同时保证地下室工人的安全，经分析，可利用部分永久排风或排烟管井作为通风路径。

在地下室 B5～B2 安装轴流风机，采用机械排风、自然进风的通风方式。地下室施工过程中，无法进行正式通风系统的安装，只能采用临时设置轴流风机往竖向井道排风的方式来促进空间内的气流循环，风机采用风压较高的设备，临时风机与竖向管井连接，离排风井较远地方设置轴流风机往排风井附近排风。

当正式通风系统具备安装条件后，根据综合管线设计图纸，选定通风管井（尽量选择排烟或排风管井）优先进行管井的砌体施工，进而逐步开启部分正式的系统。同时考虑利用楼梯间和前室的加压系统提前开启，尽可能多地往施工区域补给新风，提高室内空气质量，正式设备安装前，利用竖向井道自然补风，具备安装设备条件后优先安装设备。无论是临时安装的设备还是正式系统提前投入运行，均安排专职维护队伍进行，并且使用临时电缆，确保正常使用。永久风管提前投入使用要注意以下几点：

（1）所有与外界联通的竖向排风井、补风井需优先移交机电进行内衬风管的安装，如有条件进行风管先安装的，风管先装，砌体后做。

（2）提前投入运行的正式设备安装需要的机房等应优先配合砌筑移交。

（3）临时安装的风机设备需采取必要的临时围蔽措施。

（4）正式设备提前投入运行使用，在设备使用过程中及正式移交前，需对损耗元件进行更换和对设备系统进行必要的清洁，以及其他必要措施以确保能移交给业主。

第十一章　超高层施工测量与监测关键技术

第一节　超高层施工测量与监测概述

测量和监测技术不仅是保证超高层建设的基础，而且是影响超高层工程质量的关键。在施工过程中，测量方案是否合理，测量数据是否准确可靠，都直接影响着工程质量。

东塔项目塔楼超高、基坑超深，地处珠江新城 CBD 的核心区域：东面紧邻两个在建超高层的深基坑，南面为广州市新图书馆，西面为游人如织的花城广场，北面紧邻地铁 5 号线和地下空间，项目周边高楼林立，路网纵横。因此，策划并实施合理的测量和监测技术，保证主塔楼的垂直度、控制主塔楼的沉降和压缩、监控深基坑的安全、保证周边已有市政和建筑不受破坏，是东塔建造过程中的重点。

东塔的施工测量和监测工作主要存在如下重难点：

（1）地处核心 CBD 地段，周边高楼林立，控制网传递受到周边建筑的阻挡，无法通视，控制网的布控及过程中的检验校核控制难。

（2）由于塔楼楼体超高，受日照、风力及塔体自震的影响，楼体本身一直处在运动状态，轴网、高程的竖向传递精度控制难。

（3）由于自重荷载的差异，主塔楼与裙楼的沉降量存在差异，如何做好沉降观测、消除主裙楼的沉降差异，是监测工作的重点之一。

（4）伴随塔楼建设过程中荷载的不断增加，塔楼会出现压缩变形。由于力学性能存在差异，特别是受施工期间混凝土收缩、徐变、加载龄期等因素的影响，钢结构及混凝土在施工过程中的竖向压缩变形存在差异，导致外围巨型钢混柱与核心筒之间变形不同。两者自身的压缩变形和差异变形的存在会给超高层建筑施工质量控制带来影响，如果处理不好，不但会出现施工质量问题，甚至会造成安全隐患。所以，如何在东塔项目施工中保证绝对标高，控制内外变形差，就成了测量与监测的重中之重。

（5）超高层在建造过程中受日照及风力的影响而出现摆动，但具体摆动的幅度及对塔楼垂直度精度控制的影响，尚未有很好的总结。所以，选择合适的测量时间，利用现有的技术手段，对塔楼日照和风力状况下的摆动进行精确持续的观测，为日后超高层建造提供经验数据，意义非常重大。

针对上述重难点，下面将围绕多级控制网布控、轴网和高程的传递、主裙楼沉降观测、主塔楼内外筒压缩变形监测、楼体摆动（CCD）监测 5 个方面展开详细的阐述。

第二节 超高层施工测量关键技术

一、多级控制网布控

由于项目周边高楼林立，所以我们因地制宜，选取沉降微小、视野开阔，通视程度高的临近高楼顶层，利用GPS系统建立首及控制网，并通过首级控制网，布设并复核项目内的一、二级测量控制网。

（一）首级控制网

通过审慎的观察走访和分析对比，选取临近项目的三栋建筑物布设首级控制网，分别为基坑北面的高德置地广场16层（GDZ）、南面广州市新图书馆10层（TSG）和东南面利雅湾住宅小区32层（LYW）。这三栋建筑临近项目，投点精度受温度、风力的影响非常微小；三点形成相互通视理想的三角形网络，基本覆盖东塔全项目；三栋建筑皆竣工两年以上，沉降和压缩变形已经基本稳定，对控制点带来的沉降和位移量可忽略不计。由这三点形成的控制网，有利于项目场地内一、二级控制网点的布控、监测和恢复，有效保证了一、二级控制网的布设精度（图11-1）。

首级控制网建立后，利用GPS技术对其进行周期性监测，及时掌握基准网的位置信息，保证控制网的稳定性。主要控制方法如下：

经实地踏勘，综合观测条件、控制网网形、点位稳定性及通视因素等多方面考虑，在塔体外围布设网点JC01、JC02、JC03，与施工首级控制网TSG（图书馆）、LYW（利雅湾）、GDZ（高德置地）构成东塔施工监测的基准平面控制网。GPS点位布设示意图见图5-221。

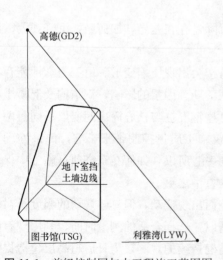

图 11-1 首级控制网与本工程施工范围图

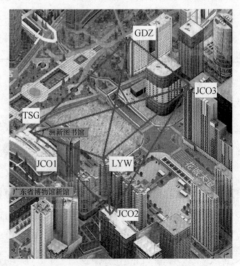

图 11-2 GPS点位布设示意图

其中JC01、TSG为埋设在楼面的牢固观测标志，JC02、JC03、LYW、GDZ均为强制对中观测标志。依据《工程测量规范》（GB 50026—2007）和《全球定位系统城市测量技术规程》（CJJ 73—97）和采用静态模式，按照 GPS 一级网要求，在 6 个控制点上架设 GPS 接收机进行同步观测，为了提高观测的精度，选择合适观测时机和延长观测时段。经多次观测检验，图书馆（TSG）、利雅湾（LYW）两个点稳定性较好，用该两点作为已知点参与约束平差。

基线解算采用 Topcon 公司的基线处理软件 Pinnacle 来完成，每一条基线均按双差固定解来解算，同时根据同步环闭合差及时了解基线的质量情况。

采用独立基线观测向量 11 条；闭合环 6 个，网平差计算采用同济大学 TGPPS 软件完成，首先在 WGS84 坐标系下进行无约束平差，再把图书馆（TSG）、利雅湾（LYW）两个点作为已知点进行约束平差。约束平差网如图 11-3 所示。

配合使用高精度全站仪对可通视的控制点进行对向观测，并实时加入温度和气压改正，与 GPS 约束平差解算的平面坐标反算点对的边长进行比较，边长检核，全面掌控首级控制点的变化情况并及时处理校正。

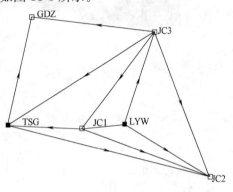

图 11-3 GPS 网约束平差示意图

（二）一级控制网的布置与应用

由于首级施工控制网距离基坑较远，不利于地下室轴线的放线工作，结合基坑周边的实际情况，在基坑周边建立一级控制网，作为服务于项目内部各轴网引测及施工过程测量监控的主控制网。一级控制网各点位会根据施工工况的变化进行动态布置。

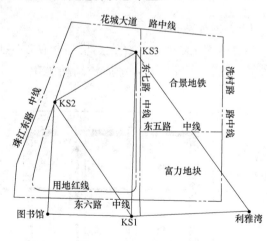

图 11-4 一级控制网

考虑基坑开挖过程中的变形对点位的影响，所以首级控制网点尽量远离基坑，主要选择在图书馆东北角楼顶（KS1）、靠近主楼基坑外西北面（KS2）和裙楼东北角的基坑以外（KS3）。这三点与着级控制网点组成三个三角形监控网络（图 11-4），相互通视，并且皆布设在基坑范围以外，满足了施工现场精准放线和控制网点长期保存的需求。

KS2、KS3 点位底部设置 70cm 深的混凝土基础，上部用混凝土、钢筋做成 1.2m 高的强制对中测量点（图 11-5）。在测量点周围用钢管和安全网围闭加以保护，防止车辆、材料等物体碰撞。

定期用首级控制点对一级控制网进行复核，发现偏差立即纠正，避免因基坑变形、人为碰撞等因素造成的控制点偏移，影响结构的测量精度。

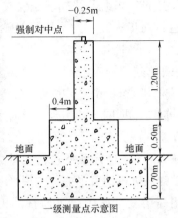

一级测量点示意图

图 11-5 一二级控制点

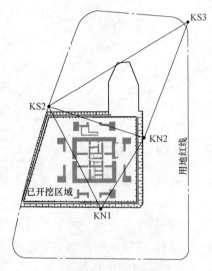

图 11-6 二级控制网

（三）地面二级控制网（点）布设

二级控制网是由一级控制网引测至主塔楼周边，用于主塔楼主轴网放线定位的主控点。最初根据地面施工现场情况，在主塔楼基坑东、南面布设 KN1、KN2，由一级点 KS2、KS3 起算，构成二个三角图形控制网（图 11-6）。以后根据工程施工进度、基坑开挖程度和点位破坏情况，重新按现场再布设二级控制网。

二、主塔楼主轴网布控及高程引测

（一）内控网布置

综合考虑主塔楼施工工艺、塔吊和顶模爬升、内外筒施工工序等因素，主塔楼结构施工（不含外框组合楼板施工）共分为 5 个工作面，包括主塔楼竖向结构，核心筒内 2、3、4、5、6 筒，核心筒内 1、7、8、9 筒，外框巨柱，外框钢梁。根据这 5 个工作面的划分，并结合建筑结构设计，内控网共布置 10 个轴网控制点，具体如图 11-7 所示。

其中 ZL1、ZL2、ZL3、ZL4 主要用于外框钢结构巨柱和幕墙工程测量放线使用，ZL5、ZL6、ZL7、ZL8 用于核心筒竖向结构放线，ZL9、ZL10 用于核心筒内筒、外框梁板放线。

（二）控制点制作

（1）主塔楼施工至首层浇筑混凝土之

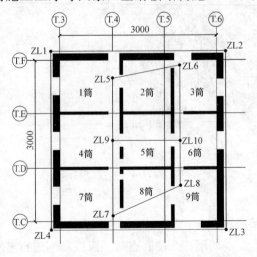

图 11-7 内控点位置示意图

前，利用一、二级控制网在首层底板上放出 ZL1～ZL10 控制点的设计位置（图 11-8）。

（2）ZL1～ZL4 设计尺寸为 200mm 长，200mm 宽，1000mm 高；ZL5～ZL10 设计尺寸为 200mm 长，200mm 宽，500mm 高。在底板面上预埋钢筋，绑扎后，安放一个净空为设计尺寸的木盒，连同底板混凝土一起浇筑，待混凝土即将凝固之前在木盒的上方安装强制对中不锈钢埋件。

图 11-8　内控点

（三）内控点坐标引测

控制点制作完成后，待混凝土完全凝固，并放置一段时间（一般以 15～30d 为宜），以首级利雅湾、图书馆两个控制点和内控网联测组成一个闭合环。利用平差软件计算出各个内控点的坐标，并定期进行检查校核，作为以后主塔楼结构施工测量放线使用（图 11-9）。

（四）内控点竖向传递

为减小温度和空气扰动给控制引测带来的影响，分别在 11 层、25 层、41 层、57 层、68 层、94 层设置 6 个内部控制点转换层，实现控制点由首层向上的精准传递，各转换层之间的竖向高层和水平轴网均以转换层内的控制点为准。

每个转换层做预埋件，在预埋件上标示出控制点的位置（图 11-10（a））。转换层架设激光垂准仪向上投点（图 11-10（b））。

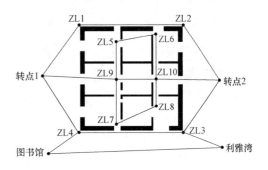

图 11-9　内控点导线平差路线示意图

（五）核心筒竖向结构放线

（1）核心筒竖向墙柱施工中，在首层内控点 ZL5、ZL6、ZL7、ZL8 分别架设垂准仪，投点至钢平台上方，激光穿过楼层和钢平台位置要作开洞处理，每个洞口必须作盖板防护，投点时打开，平时保持封闭状态。同时在顶模钢平台的主桁架梁上做固定点，架设仪

(a)　　　　　　　　　(b)

图 11-10　控制点转换层投点示意图

图 11-11　垂准仪架设和钢平台架设仪器

器脚架（图11-11）。

垂准仪在 0°、旋转 90°、180°、270°四个方向，向上投点。钢平台上方接收 4 个点并把 4 个点交叉连接得到精度较高的一个交点。全站仪架设在传递上来的点上，每次至少投 3 个点，检查两边一角的关系，确认无误后开始放点。根据墙柱定位图计算出墙柱角点坐标，用极坐标法对每个点进行放样（图 11-12）。

（2）钢平台面与钢模上口有 8m 的高度，点不能直接放到合模位置。需要在钢平台上方焊接接收点操作台，在操作台上方用双面胶把一块有机玻璃板粘牢，点放在玻璃板上，用手持激光投点仪向下投点，下方接点后定位钢模位置。

（六）核心筒内水平结构梁板放线

以 ZL9、ZL10 为主要控制点，ZL5、ZL6、ZL7、ZL8 作为检查点，在核心筒 9 个筒中放出主控轴线（控制点投点、接点同核心筒竖向结构放线），保证每个筒横向、竖向各有一条轴线，控制梁板位置。并作为控制线提供给后续施工的二次结构、精装修使用。主控轴线如图 11-13 所示。

（七）塔楼外框梁板放线

同样以 ZL9、ZL10 为主要控制点，ZL5、ZL6、ZL7、ZL8 其中任意一个点作为检查点。全站仪架设在 ZL9 控制点上，在核心筒东面和西面各引测两个点，然后全站仪分别架设东面和西面放出 1、6、11、16 四个角点，并利用四个角点放样其他各点。

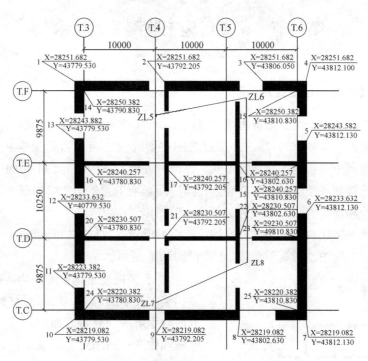

图 11-12　钢平台上方墙柱放线图

1~20 点放样后，分别在每个点上架设仪器依次放线每条轴线和核心筒外围 4 条控制线。外框主控轴线放线图 11-14 所示。

此外，外框主控轴线主要供二次结构、砌体及精装修定位使用。

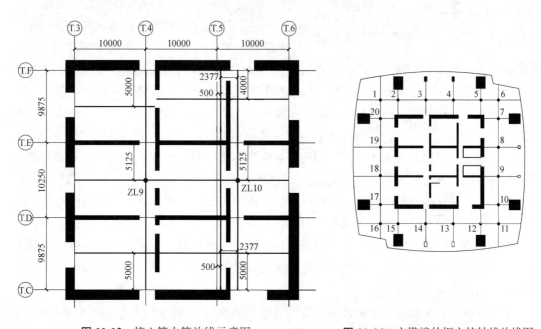

图 11-13　核心筒内筒放线示意图　　　　**图 11-14**　主塔楼外框主控轴线放线图

第三节 超高层施工监测关键技术

一、主塔楼内外筒压缩变形监测

主塔楼核心筒为钢筋混凝土剪力墙（最厚2.5m），外框巨柱为大截面钢管混凝土巨柱（最大截面3500mm×5600mm），内外框筒之间主要通过4道伸臂桁架连接成框筒结构。由于钢结构、混凝土材料压缩性能的不同，以及内外筒荷载的差异，不同的压缩变形会影响内外框筒的连接和各楼层钢梁的准确定位，进而影响工程质量和结构安全。所以，压缩变形的过程监控和逐步消除，是极为必要的一项工作。

为全面准确地掌握核心筒和外框巨柱的压缩变形量，我们在核心筒的4个外角和8根巨柱表面都布置了压缩变形观测点，具体如图11-15所示。

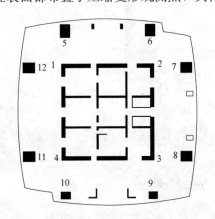

图11-15 典型楼层压缩变形观测点布置图

（一）竖向变形调整方法的选择

竖向变形的调整，可以从材料和结构两个方面着手解决。材料方面就是尽量减少混凝土收缩和徐变；而结构方面主要是在超高层结构中设置伸臂桁架层和环桁架层，或者使用柔性节点，还可以使用设置后浇带等方法来减少竖向变形差。变形差调整的方法也可分为两类，一类称为被动适应法，另一类称为主动补偿法。被动方法是先施工徐变量较大的构建。待这些构件完成大部分徐变后再施工与之相连、相邻的构件。如果为了提高施工的整体进度，缩短核心筒与周边框架施工间隔，可以采用主动补偿方法。所谓主动补偿是指墙柱在下料时考虑到由于钢结构、混凝土的弹性压缩以及混凝土徐变而产生的竖向变形差，以若干层为一段调整墙柱的长度，使各层的竖向变形差控制在很小的范围内，不至于给结构造成太大影响。

竖向变形又可以分为施工前变形和施工后变形。施工前变形即施工该层时下部结构已经产生的变形。施工后变形，即无论施工时结构达到设计标高与否，施工后又产生的变形。施工中为保证施工层的标高达到设计标高，需要进行施工平差处理，补偿已经发生的施工前变形。主要有绝对标高控制和相对标高控制两种。绝对标高控制是使施工层的层高满足设计层高。施工中一般采用绝对标高控制，该方法操作简单、便于控制，施工测量人员不必精确知道补偿值大小，只需使施工层满足设计标高即可，其补偿部分为施工本阶段前完成的结构竖向变形。

绝对标高控制虽然弥补了部分竖向变形（施工前变形），但是随着上部结构层的施工，下部结构层的竖向变形（施工后变形）仍在继续，不断累积。这部分不断累积的竖向变形将会对结构的受力状况产生一定影响。整体结构模型分析方法忽略了施工中标高补偿的部分，分析结构的最终变形存在一定的偏差。相对而言，考虑施工阶段分析，以累加的概念施加竖向荷载，再将结果相加的方法更接近于实际情况。

结合本工程情况，采用降低和调整竖向变形的具体方法如下：

1. 施工材料

底部使用 C80 高强混凝土，伴随塔楼高度的不断增加，混凝土强度逐级较小，不仅能节省工程成本，同时能较好地加强整个结构的稳定性，对减少主塔楼压缩变形也起到一定的作用。

2. 设置加强层

本工程设置了 6 个伸臂环桁架层，就像一道道巨大的钢铁锁把整层楼紧紧锁在一起，大大增加了本工程的抗震能力、抗风能力、抗侧压力，同时还能减少压缩变形。

3. 伸臂桁架层后连接

施工期间伸臂桁架于施工后期连接，待主体结构轴向变形差产生并趋于稳定后才将内外筒通过伸臂桁架焊接起来，从而减小核心筒和巨柱竖向压缩差异产生局部巨大的拉力。

4. 主动补偿

将本工程结构总说明图纸中提供的预压缩值平均到竖向每米，以预加值的形式加进施工过程中的标高里，预抬高绝对标高。设计所给预压缩数值见表 11-1。

图纸设计预加值表　　　　　　　　　　　　　　　　　表 11-1

楼层	核心筒预设值 （mm）	巨柱预设值 （mm）
屋顶	162	132
L108	158	128
L91	141	111
L66	116	86
L55	105	75
L39	81	59
L22	55	33

根据提供的预加值算出施工阶段每米预加数值，见表（11-2）。

施工到不同楼层每米预加数值　　　　　　　　　　　　表 11-2

楼层	楼层标高 （m）	核心筒预设值 （mm）	平均每米预加值 （mm）	巨柱预设值 （mm）	平均每米预加值 （mm）
22	103.350	55	0.53	33	0.32
39	186.950	81	0.31	59	0.31
55	269.450	105	0.29	75	0.19
66	319.450	116	0.22	86	0.22
91	420.450	141	0.25	111	0.25
108	494.450	158	0.23	128	0.23
111	518.100	162	0.17	132	0.17

如表中所示，F1～F22 标高向上传递 1m，核心筒标高每米预加 0.53mm，外框巨柱预加 0.32mm；F23～F39 核心筒每米预加 0.31mm，外框预加 0.31mm，依次类推，施工到不同高度就用不同的预加数值。

通过计算发现，核心筒和巨柱除了 F22 和 F55 这两个阶段压缩预加值出现差异，其他区段压缩预加值相同。且核心筒压缩预加值大于外框巨柱,差值最大的在 F22 向下这一段(0.21mm),故在本工程的施工中以核心筒标高为基准向外筒引测,外筒巨柱通过连接焊缝主动抬高,达到内外筒标高一致。

(二)压缩变形的监测

为了检验竖向变形差异理论分析的准确性,在工程施工中进行了监测。塔楼每隔 5 层设置一道监测点,每施工完一道伸臂桁架后,在上部选一楼层进行监测,共测 4 次,分别为主塔楼竖向结构施工至 27 层、45 层、70 层、110 层。具体监测结果如下(数据为各层 12 个监测点的平均数值。"+"表示现有标高比绝对标高高,"-"表示比绝对标高低):

第一次监测:主塔楼竖向结构施工至 27 层外框楼板浇筑至 17 层,监测数据见表 11-3。

1~17 层压缩变形数据表　　　　　　　　　　表 11-3

层号	5 层	9 层	13 层	17 层
与绝对标高差(mm)	+7.8	+14	+19	+23

第二次监测:主塔楼竖向结构施工至 44 层外框楼板浇筑至 35 层,监测数据见表 11-4。

1~35 层压缩变形数据表　　　　　　　　　　表 11-4

层号	5 层	15 层	20 层	25 层	30 层	35 层
与绝对标高差(mm)	+6	+9	+12	+8	+7	+13

第三次监测:主塔楼竖向结构施工至 68 层外框楼板浇筑至 60 层,监测数据见表 11-5。

1~60 层压缩变形数据表　　　　　　　　　　表 11-5

层号	5 层	9 层	20 层	25 层	30 层	35 层	39 层	45 层	50 层	55 层	60 层
与绝对标高差	+5	+7	+7	+8	+2	+4	+6	+7	+8	+16	+22

第四次监测:主塔楼竖向结构施工至 110 层外框楼板浇筑至 102 层,监测数据见表 11-6。

1~110 层压缩变形数据表　　　　　　　　　　表 11-6

层号	11 层	22 层	30 层	41 层	50 层	60 层	70 层	75 层	80 层	90 层	99 层	110 层
与绝对标高差	-3	-13	-20	-28	-27	-19	-16	-24	-27	-19	-23	-23

(三)结论

根据测量结果和理论分析,可以得到以下结论:

(1)根据测量结果显示,至顶部仅有最大 23mm 的压缩变形量,项目所用的"主动补偿、逐层预加"的方法,很好地解决了 530m 超高体量、巨大荷载所带来的压缩变形。

(2)上部结构仅存的 23mm 的压缩变形量,通过在屋面施工过程中一次补偿消除。

（3）由于结构布置与荷载分布的变化，不同位置的核心筒墙与外框巨柱的竖向变形及差异可能存在区别。一般来说，超高层结构核心筒墙与组合柱的竖向变形量及竖向变形差的最大值既不是发生在结构顶部，也不是在结构底部，而是发生在结构中部或者中部偏上。

（4）为了避免外框巨柱与核心筒墙之间的竖向变形差在伸臂桁架中造成过大的内力，在实际施工时，让伸臂桁架首先临时固定，等到施工到上一伸臂桁架层时再把下一加强层的伸臂桁架终固。这样竖向构件的变形差在伸臂桁架中产生较小的自内力，不会影响其在抵抗侧向力时发挥作用。

二、沉降观测

由于结构荷载与地基承载力的不同，主塔楼和裙楼在施工过程中和完工后的一段时间内都会出现不同程度的沉降。监控东塔在施工期间及运营阶段沉降变化的情况、主塔楼内外框筒沉降量的差异以及主裙楼之间沉降量的差异，直接关系着主体结构的安全稳定性，是保证工程质量重要的一环。

（一）监测内容及要求

1. 沉降观测点布设

依据设计要求在建筑地下五层指定位置布设 24 个沉降观测点，在建筑首层指定位置布设 19 个沉降观测点。

2. 施工阶段观测周期

地下室部分 B5、B3、B1 完工时各观测 1 次，地上部分每施工完 6 层观测一次。

3. 使用阶段观测周期

第一年观测 4 次，第二年观测 3 次，第三年观测 2 次，之后每年观测 1 次。

4. 其他要求

如遇特殊情况，应及时增加观测次数。若发现沉降有异常应立即通知工程师及监理，并进行每日连续观测。

（二）高程基准、技术依据

采用独立高程系统，以距东塔基坑影响范围外的基岩点 BM3 为高程起算点，假定其高程为 10m。

技术依据：

（1）《建筑变形测量规范》（JGJ 8—2007）。

（2）《测量产品质量检查验收规定》（TMS/SV03—B—2002）。

（3）设计院提供的设计图纸及相应技术资料。

（三）基准点布设及做法

根据观测需要，布设 4 个基岩基准点和 1 个工作基点。根据规范要求，基准点设置需与本项目保持一定距离；基准点设置要求采用钻孔打入 D100 地质钢管（壁厚 8mm）至微风化层，并设保护井保护。使用 BM1、BM2、BM3、BM4 基岩水准点定期对工作基点 JD 进行复核校正。每次观测以 JD 工作点为起点，按规划好的线路进入本工程，测完各个沉降点后再返回到 JD 工作点，整个线路组成一个闭合环。控制点布设及观测线路如图 11-16，基岩水准点及工作基点做法如图 11-17 所示。

图 11-16 基岩水准点布设点位及线路图

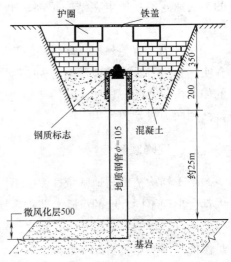

图 11-17 基岩水准点做法

（四）沉降观测点的布设及做法

根据设计方案要求，在建筑 B5 指定位置布设 24 个沉降观测点，在建筑首层指定位置布设 19 个沉降观测点，详细点位布设见图 11-18、图 11-19。

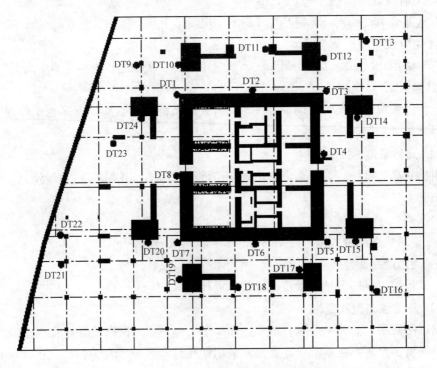

图 11-18 B5 层沉降观测点位布设图

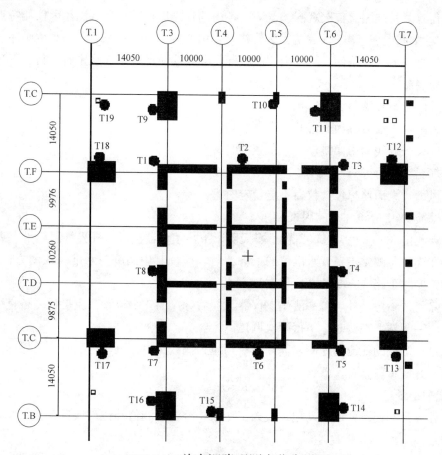

图 11-19　首次沉降观测点位布设图

沉降观测标志的立尺部位为 16mm 孔径的螺纹钢，顶部焊接半球形铜头。标志的埋设位置应避开如雨水管、窗台线、暖气片、暖水管、电气开关等有碍设标与观测的障碍物，并应视立尺需要离开墙（柱）面和地面一定距离，并保证与观测标顶端的净空大于 3.1m。沉降观测标志的详细做法详见图 11-20，由于沉降观测标志埋设与工程施工同步实施，因此埋设工作由施工方实施并负责保护。

（五）观测方法和观测精度要求

1. 观测方法

基准点联测及沉降点观测按《建筑变形测量规范》（JGJ 8—2007）一级水准测量要求施测。

采用的观测仪器为 TOPCON DL-111C 电子数字水准仪（标称精度每公里中误差±0.3mm）及与之相配套的铟钢条码尺。

2. 测站观测顺序和方法

基准点联测及工作基点稳定性检测采用往

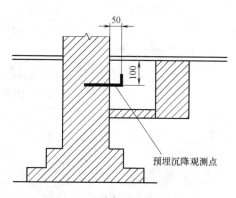

图 11-20　沉降观测标志做法

返测或单程双测站观测，首次观测、复测、各周期观测进行闭合环观测。因仪器特点，在进行水准观测时，往返测，奇数站、偶数站均采用"后—前—前—后"的观测顺序。

观测的时间、气象条件：水准观测应在标尺分划线成像清晰而稳定时进行。下列情况下不应进行观测：

（1）日出后与日落前 30min 内。

（2）太阳中天前后各约 2h 内。

（3）标尺分划线的影像跳动而难于照准时。

（4）气温突变时。

（5）风力过大而使标尺与仪器不能稳定时。

3. 观测过程中应该注意的因素

（1）观测前 30min，应将仪器置于露天阴影下，使仪器温度与外界气温趋于一致。

（2）在连续各测站上安置水准仪的三脚架时，应使其中两脚与水准路线的方向平行，而第三脚轮换置于路线方向的左侧与右侧。

（3）除路线转弯处外，每一测站上仪器与前后标尺的三个位置，应接近一条直线。

（4）同一测站上观测时，不得两次调焦。

（5）每一测段的往测与返测，其测站数均应为偶数。由往测转返测时，两根标尺必须互换位置，并应重新整置仪器。

4. 观测记录

（1）外业观测记录使用自动记录或人工记录，外业观测值和记事项目，必须在现场完成。

（2）每测段的始末，工作间歇的前后及观测中气候变化时，应记录观测日期、时间、天气、成像、前后视标尺号数。

（3）电子记录程序应具有能由计算机自动完成测站高差和限差的计算、自动判断读数是否超限、能记录标题信息和观测条件信息、识别往返测向和奇偶测站，分别进行往测或返测记录、观测间歇记录、检测记录、退站观测处理等功能。

（4）任何原始观测数据必须按规定进行记录，不得删除、修改。

（5）每天观测结束，应将数据输入计算机，并做备份，使用规定程序，按规定的格式打印出观测记录手簿。

（六）其他要求

（1）水准观测的视线长度、前后视距差和视线高度应符合表 11-7 的规定。

水准视线长度、前后视距和视线高度表　　　　　　　　　　　　　　表 11-7

级别	视线长度	前后视距差	前后视距差累积	视线高度
一级	≥3m 且≤30m	≤0.7m	≤1.0m	≥0.6m

（2）观测时仪器 i 角应不超过±15″。

（3）每一测段测站数应为偶数（如非偶数应加标尺零点差改正，或者前后视距均为用同一标尺来消除零点差的影响），观测标尺读数应读至 0.01mm。

（4）各观测点应尽量联成固定的闭合环形路线，无法构成闭合环的个别观测点，应用二次观测测定其高差值，二次高差之差不应超过±0.5mm，这些点数如超过两点时，必须作往返观测测定。

（5）每次观测之前应对所使用的水准尺和水准仪进行全面检验，特别是仪器i角的检验要经常进行，i角需调校至不超过±15″才可使用，仪器检验须作好记录。水准标尺分划线的分米分划线误差和米分划间隔真长与名义长度之差应小于0.1mm。

（6）基准点联测及沉降点观测按《建筑变形测量规范》（JGJ 8—2007）一级水准测量精度施测，具体限差及精度指标应符合表11-8要求。

一级水准测量精度要求表　　　　　　　　　　　　　表11-8

级别	基辅分划读数之差（mm）	基辅分划所测高差之差（mm）	往返较差及附合或环线闭合差（mm）	单程双测站所测高差较差	检测已测高差之差	测站高差中误差（mm）
一级	0.3	0.5	$\leq 0.3\sqrt{n}$	$\leq 0.2\sqrt{n}$	$\leq 0.45\sqrt{n}$	±0.15

注：表中n为测站数。

当采用数字水准仪观测时，对同一尺面的两次读数差不设限差，两次读数所测高差之差的限差执行基辅划分所测高差之差限差。

沉降观测的周期和观测时间一般贯穿整个施工过程至施工完成后一段较长时间，根据建筑设计要求，计划见表11-9、表11-10。

基准水准网观测计划表　　　　　　　　　　　　　表11-9

序号	项目内容	详细内容说明	监测次数	备注
1	水准基准网测量	基准点稳定性测量	18	建筑施工过程按三年计算，每两个月复测1次

沉降观测点观测计划　　　　　　　　　　　　　表11-10

序号	项目内容	详细内容说明	单次工作量	监测次数
1	地下部分观测点测量	地下室观测点测量	24	B5、B3、B1层各观测一次
2	建筑物首层观测点测量	施工阶段	19	每完成6层观测1次，共19次
3	建筑物首层观测点测量	整个建筑物封顶后	19	第一年观测4次，第二年观测3次，第三年观测2次

沉降观测点观测计划说明：

沉降速率预警值：0.5mm/d。

沉降稳定标准：平均每天沉降量小于或等于0.01mm。

特殊情况：整个观测期间内，如果发生超预警值、严重裂缝或大量沉降、不均匀沉降等特殊情况，应该增加观测次数及通知各有关方。

（七）数据处理

（1）观测成果计算、分析时，应根据最小二乘和统计检验原理，采用南方测绘"平差易"平差软件对控制网和观测点按测站进行严密平差计算，对测量点的变形进行几何分析与必要的物理解释。各类测量点观测成果的分析与计算应符合下列要求：

1）观测值中不应含有超限误差，系统误差应减弱到最低程度。

2）合理处理随机误差，正确区分测量误差与变形信息。

3）多期观测成果的处理应建立在统一的基准上。

4）按网点不同要求，合理估计观测成果精度，正确评定成果质量。

（2）测量网点平差前，应做好下列准备工作：

1）核对和复查外业观测与起算数据。

2）进行各项改正计算。

3）验算各项限差，在确认全部符合规定要求后，方可进行计算。

（3）观测值中的超限误差，除在观测过程中应严格作业、认真检核随时予以排除外，在变形分析中应通过检验将判定含有粗差的观测值予以剔除。

由于水准路线较短，水准平差计算中，水准标尺温度改正、正常水准面不平行改正、重力异常改正等改正值较小，不影响变形结果，在进行水准平差计算前，不对以上各项进行改正计算。

（八）沉降观测成果及结论

依照上述方法和步骤，本工程地下室部分共做 5 次沉降观测，测量周期 139d，24 个观测点最大沉降量 3.6mm。平均每天下沉约 0.026mm（具体数据见表 11-11），考虑本工程是新建建筑基坑尚未稳定，中途也未出现明显速率波动，可得出结论，本工程地下室部分的建筑是稳定和可靠的。

地下室 5 期沉降观测成果表 表 11-11

工程项目：				广州东塔项目工程主塔楼沉降监测		
本次观测日期：		2012/4/5		检测仪器：	TOPCON DL-111C 0J0091 TOPCON DL-111C 0J0174	
上次观测日期：		2012/2/22		荷载情况：	首层部分结构完成	
间隔天数：		43		报告日期：	2012/4/5	
累计天数：		139				
测点	本次高程 (m)	上次高程 (m)	首次高程 (m)	本次下降 (mm)	累计下降 (mm)	备注
DT1	−13.5295	−13.5300	−13.5259	−0.5	3.6	
DT2	−13.7014	−13.7024	−13.6997	−1.0	1.7	
DT3	−13.4915	−13.4925	−13.4891	−1.0	2.4	
DT4	−13.6703	−13.6713	−13.6713	−1.0	−1.0	
DT5	−13.3640	−13.3650	−13.3619	−1.0	2.1	断链连接
DT6	−13.3998	−13.4016	−13.4016	−1.8	−1.8	
DT7	−13.5920	−13.5928	−13.5893	−0.8	2.7	
DT8	−13.6433	−13.6439	−13.6407	−0.6	2.6	
DT9			−14.0552			观测受阻
DT10	−14.0388	−14.0398	−14.0368	−1.0	2.0	
DT11	−13.9761	−13.9777	−13.9777	−1.6	−1.6	
DT12	−14.1606	−14.1620	−14.1620	−1.4	−1.4	
DT13	−14.1428	−14.1443	−14.1443	−1.5	−1.5	
DT14	−13.9349	−13.9365	−13.9365	−1.6	−1.6	
DT15	−13.7696	−13.7708	−13.7682	−1.2	1.4	

续表

工程项目：			广州东塔项目工程主塔楼沉降监测		
本次观测日期：		2012/4/5	检测仪器：	TOPCON DL-111C 0J0091 TOPCON DL-111C 0J0174	
上次观测日期：		2012/2/22	荷载情况：	首层部分结构完成	
间隔天数：		43	报告日期：	2012/4/5	
累计天数：		139			
测点	本次高程 (m)	上次高程 (m)	首次高程 (m)	本次下降 (mm)	累计下降 (mm)	备注
DT16	−14.0692	−14.0706	−14.0706	−1.4	−1.4	
DT17	−13.8430	−13.8444	−13.8444	−1.4	−1.4	
DT18	−13.4035	−13.4051	−13.4051	−1.6	−1.6	
DT19	−13.9883	−13.9893	−13.9865	−1.0	1.8	
DT20	−13.8035	−13.8043	−13.8015	−0.8	2.0	
DT23	−13.7227	−13.7232	−13.7209	−0.5	1.8	
DT24	−14.0659	−14.0666	−14.0636	−0.7	2.3	断链连接
闭合差：	−0.61(mm)	最大沉降量：	0.0018	最大沉降点点名：		DT6

　　至主塔楼结构封顶，共做 41 次监测，监测周期 806d，最后一次测量主塔楼已经封顶，所测 19 个观测点，最大沉降量 19.5mm，平均每天下沉约 0.024mm，41 次监测过程中未出现不均匀沉降和速率波动。最低和最高沉降差仅为 3.4mm，对测量放线、标高控制不产生影响。数据见表 11-12。

主塔楼首层 41 期沉降观测成果　　　　　　　　　　表 11-12

工程项目：			广州东塔项目工程主塔楼沉降监测		
本次观测日期：		2014/7/8	检测仪器：	TOPCON DL-111C 0J0091	
上次观测日期：		2014/6/10	荷载情况：	核心筒第 111 层结构封顶	
间隔天数：		28	报告日期：	2014/7/8	
累计天数：		806			
测点	本次高程 (m)	上次高程 (m)	首次高程 (m)	本次下降 (mm)	累计下降 (mm)	备注
T1	12.5497	12.5506	12.5681	0.9	18.4	
T2	12.5286	12.5291	12.5473	0.5	18.7	
T3	12.5394	12.5397	12.5567	0.3	17.3	
T4	12.4891	12.4891	12.5073	0.0	18.2	
T5	12.5596	12.5595	12.5762	−0.1	16.6	
T6	12.4950	12.4949	12.5124	−0.1	17.4	
T7	12.4936	12.4937	12.5100	0.1	16.4	
T8	12.5894	12.5899	12.6075	0.5	18.1	
T9	12.5035	12.5045	12.5226	1.0	19.1	
T10	12.4776	12.4777	12.4953	0.1	17.7	
T11	12.4402	12.4404	12.4581	0.2	17.9	
T12	12.4732	12.4734	12.4906	0.2	17.4	
T13	12.4797	12.4796	12.4975	−0.1	17.8	第 2 期开始观测
T14	12.5038	12.5038	12.5202	0.0	16.4	
T15	12.4694	12.4695	12.4865	0.1	17.1	
T16	12.4933	12.4941	12.5090	0.8	15.7	
T17	12.4709	12.4718	12.4882	0.9	17.3	
T18	12.5066	12.5077	12.5261	1.1	19.5	
T19	12.5646	12.5655	12.5725	0.9	7.9	第 7 期开始观测
闭合差：	0.73(mm)	最大沉降量：	0.0011	最大沉降点点名：		T18

通过对整个工程的沉降观测，清楚地了解了每个施工阶段主塔楼建筑沉量，及时调整了因沉降引起的标高误差（图 11-21）。同时对整个工程质量实施监测，确保了本工程沉降参数符合建筑工程施工质量验收统一标准。

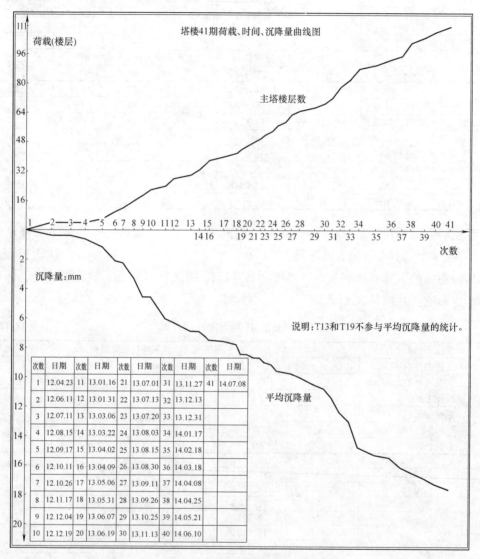

图 11-21　载荷、时间、沉降量曲线图

三、塔楼摆动（CCD）动态监测

（一）实施概况

由于地球自转、日照、大气温度等外界因素影响，超高层建筑会发生长周期偏摆，影响激光垂准仪竖向投点的精准度，进而影响楼体的整体垂直度及施工质量。因此，必须采用有效的方法监测塔体的摆动情况。

为此，项目组联合广州市城市规划勘测设计研究院与武汉大学测绘学院，对正在施工中的广州东塔的摆动进行监测，了解其周日摆动变化规律，为施工投点纠偏和选择合适投点时机提供数据支持，并为日后超高层建设提供借鉴。根据本工程技术设计要求结合现场施工情况，于 2013 年 12 月 17 日 21：51～2013 年 12 月 18 日 22：23 对 41～57 层进行连续 24 小时 CCD 动态监测。于 2014 年 06 月 12 日 15：22～2014 年 06 月 13 日 10：32 对 57～89 层进行 CCD 动态监测。

（二）东塔 CCD 动态监测系统

该系统主要由硬件和软件两部分构成。硬件部分包括垂准仪、接受靶及工业相机等；软件部分包含了光环中心自动提取软件与数据处理软件。系统组成如图 11-22 所示。

现场选取内控点 41ZL9～57ZL9 之间预留孔作为激光传递路径，激光垂准仪安装在 41 层楼面的三脚钢架上，为了保证光源的可靠性，严格对中整平后打开电源；将接收筒（包含摄像机、接收靶）安装在 57 层对应的孔洞上，并使激光垂准仪的光斑落在接收靶的中间区域，连接电脑进行数据接收处理，获取激光束中心实时位置，并通过用户界面控件实时显示光斑的相对位移量。现场情况如图 11-23、图 11-24 所示。

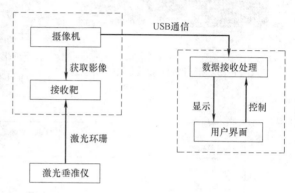

图 11-22 系统组成结构图

图 11-23 激光垂准仪

图 11-24 CCD 系统接收装置及用户操作界面

CCD 动态监测系统精度指标如下：

（1）测量范围：Y 方向 90mm，X 方向 90mm。

（2）圆环中心提取精度：0.17mm。

（3）图像物面分辨率：0.061mm。

（4）采集速率：24 次/s（重心法），7 次/s（圆环法）。

（5）激光垂准仪（大连拉特 JZC-G）标称精度：1/200000。

（三）坐标系统

东塔施工控制网（近似广州市平面坐标系）东西方向为 X 坐标轴方向，南北方向为

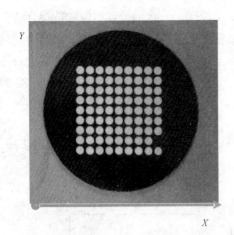

图 11-25　靶点坐标系示意图 X

Y 坐标轴方向，本次监测依此以东西方向为 X 坐标轴方向，南北方向为 Y 坐标轴方向，使 CCD 动态监测系统的靶标坐标系与施工坐标系坐标方向指向一致，如图 11-25 所示。

（四）F41~F57 数据采集

整个观测过程中，数据采样率设置为 1Hz，采集数据时间 24h32min，观测楼层之间的高差约为 72.5m。

1. 数据预处理

针对原始数据采用二倍中误差进行噪声剔除，得到 X 坐标和 Y 坐标的预处理后的数据。

预处理后 X 坐标数据（东西方向），如图 11-26所示。

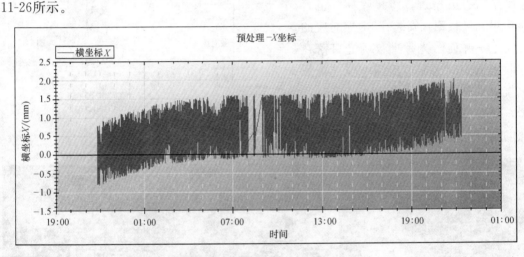

图 11-26　预处理后 X 坐标变化曲线图

预处理后 Y 坐标数据（南北方向），如图 11-27 所示。

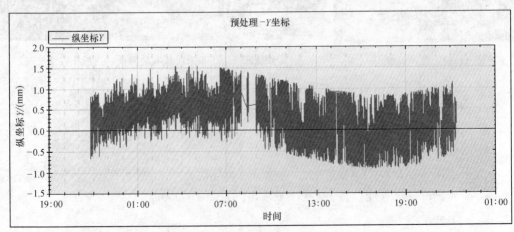

图 11-27　预处理后 Y 坐标变化曲线图

2. 数据拟合

利用四次多项式对预处理后的数据进行拟合，将预处理后的数据及拟合值绘制在同一图表中。

数学模型为：

$$Y: f(x) = p_1 \cdot x^4 + p_2 \cdot x^3 + p_3 \cdot x^2 + p_4 \cdot x + p_5$$

数据处理后 X 坐标数据（东西方向），如图 11-28 所示。

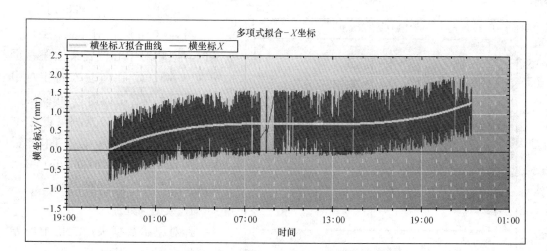

图 11-28　拟合后 X 坐标变化曲线图

通过对 X 坐标变化曲线分析可知：12 月 17 日 21：51～12 月 18 日 08：48，X 坐标范围为：0.00～0.72mm；12 月 18 日 08：48～12 月 18 日 14：10，X 坐标稳定为 0.72mm；12 月 18 日 14：10～12 月 18 日 21：51，X 坐标范围为 0.72～1.20mm，综上所述，X 坐标值（东西方向）最大偏移量约为 1.20mm，相对于中心点最大偏移量约为 0.60mm。

数据处理后 Y 坐标数据（南北方向），如图 11-29 所示。

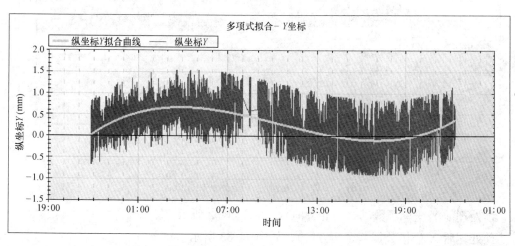

图 11-29　拟合后 Y 坐标变化曲线图

通过对 Y 坐标变化曲线分析可知：12 月 17 日 21：51～12 月 18 日 03：57，Y 坐标范围为 0.00～0.66 mm；12 月 18 日 03：57～12 月 18 日 17：05，Y 坐标范围为 0.66～0.11 mm；12 月 18 日 17：05～12 月 18 日 21：51，Y 坐标范围为：－0.11～0.27mm，综上所述，Y 坐标值（南北方向）最大偏移量约为 0.77mm，相对于中心点最大偏移量约为 0.39mm。

利用拟合后 X 坐标、Y 坐标数据绘制点位轨迹，如图 11-30 所示。

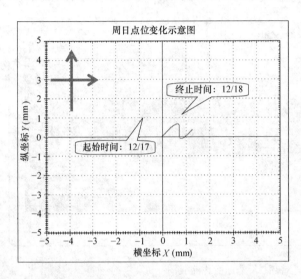

图 11-30　周日点位变化曲线图

通过对上图进行分析可知：

塔体（57 层相对于 41 层）在东西方向相对中心位置最大偏移量约为 0.60mm，在南北方向相对中心位置最大偏移量约为 0.39mm。

（五）F57～F89 **数据采集**

整个观测过程中，数据采样率设置为 1Hz，采集数据时间 19h10min，观测楼层之间的高差约为 134.2m。

1. 数据预处理

针对原始数据采用二倍中误差进行噪声剔除，得到 X 坐标和 Y 坐标的预处理后的数据。

预处理前 X 坐标源数据（东西方向），如图 11-31 所示。

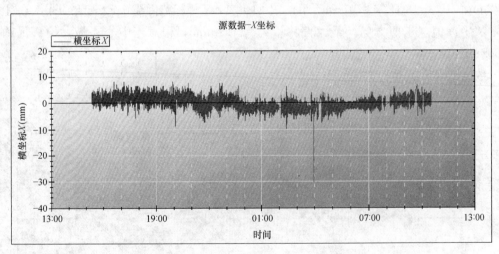

图 11-31　预处理前 X 坐标变化曲线图

预处理前 Y 坐标源数据（南北方向），如图 11-32 所示。

预处理后 X 坐标数据（东西方向），如图 11-33 所示。

预处理后 Y 坐标数据（南北方向），如图 11-34 所示。

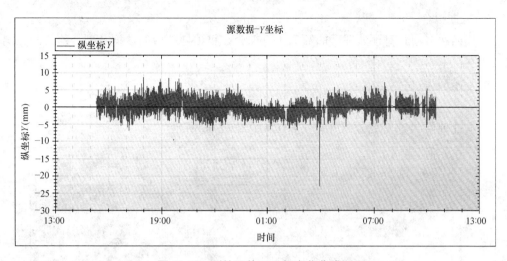

图 11-32　预处理前 Y 坐标变化曲线图

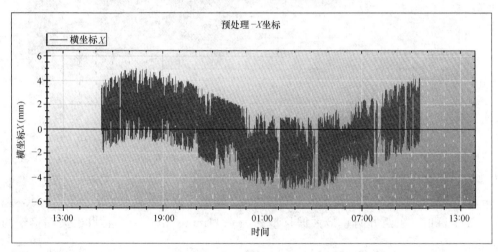

图 11-33　预处理后 X 坐标变化曲线图

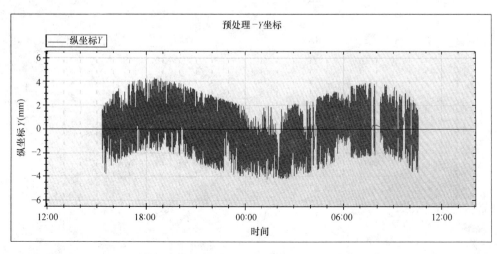

图 11-34　预处理后 Y 坐标变化曲线图

2. 数据拟合

利用四次多项式对预处理后的数据进行拟合，将预处理后的数据及拟合值绘制在同一图表中。

数学模型为：

$$Y: f(x) = P_1 \cdot x^4 + p_2 \cdot x^3 + p_3 \cdot x^2 + p_4 \cdot x + p_5$$

数据处理后 X 坐标数据（东西方向），如图 11-35 所示。

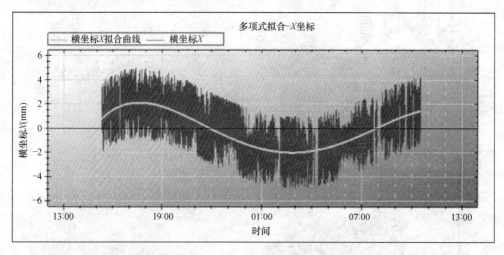

图 11-35 拟合后 X 坐标变化曲线图

通过对 X 坐标变化曲线分析可知：6 月 12 日 15：22～6 月 12 日 17：40，X 坐标范围为：0.74～2.07mm；6 月 12 日 17：40～6 月 13 日 02：51，X 坐标范围为：2.07～2.04mm；6 月 13 日 02：51～6 月 13 日 10：32，X 坐标范围为：−2.04～1.40mm，综上所述，X 坐标值（东西方向）最大偏移量约为 4.11mm，相对于中心点最大偏移量约为 2.06mm。

数据处理后 Y 坐标数据（南北方向），如图 11-36 所示。

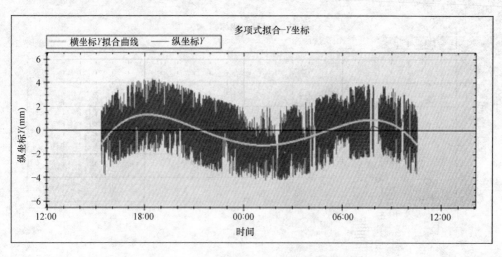

图 11-36 拟合后 Y 坐标变化曲线图

通过对 Y 坐标变化曲线分析可知：6 月 12 日 15：22～6 月 12 日 18：13，Y 坐标范围为：－1.22～1.28 mm；6 月 12 日 18：13～6 月 13 日 01：15，Y 坐标范围为 1.28－1.29 mm；6 月 13 日 01：15～6 月 13 日 07：49，Y 坐标范围为：－1.2～90.86mm；6 月 13 日 07：49～6 月 13 日 10：32，Y 坐标范围为：0.86～1.24mm 综上所述，Y 坐标值（南北方向）最大偏移量约为 2.57mm，相对于中心点最大偏移量约为 1.29mm。

利用拟合后 X 坐标、Y 坐标数据绘制点位轨迹如图 11-37 所示。

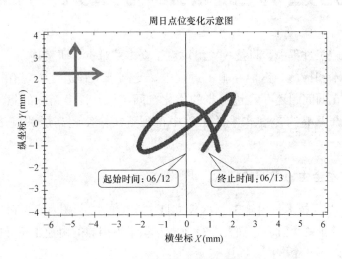

图 11-37　周日点位变化曲线图

通过对图 11-37 进行分析可知：

塔体（89 层相对于 57 层）在东西方向相对中心位置最大偏移量约为 2.06mm，在南北方向相对中心位置最大偏移量约为 1.29mm。

（六）结论

第一次测量结果显示，塔楼（57 层相对于 41 层）在东西方向相对中心位置最大偏移量约为 0.60mm，在南北方向相对中心位置最大偏移量约为 0.39mm，综合考虑人眼识别能力、投点标定误差及测量系统误差等因素，41～57 层之间的摆动幅度微小，楼体处于稳定状态。

第二次测量结果显示，塔楼（89 层相对于 57 层）在东西方向相对中心位置最大偏移量约为 2.06mm，在南北方向相对中心位置最大偏移量约为 1.29mm，综合考虑人眼识别能力、投点标定误差及测量系统误差等因素，57～89 层之间摆动幅度较小。

两次测量结果皆清楚地表明，在日照和风荷载的作用下，塔楼虽有摆动，但幅度较小，不会对测量控制点的传递和楼体垂直度产生影响。

第十二章 超高层关键施工技术的进一步探索与研究方向

在东塔项目施工过程中，科技攻关组攻克了众多重难点，研发创新了一系列满足超高层施工的关键技术和措施。然而在施工过程中，受制于工程进度、现有技术条件等的约束，仍有许多存在的问题还存在进一步的优化空间，仍有许多新颖的想法没能来得及实现，这些问题和想法将有望在未来的工程中得到解决，使超高层关键施工技术进一步完善。

一、BIM 技术全生命周期的探索

东塔项目的 BIM 技术是由施工总承包方自主实施的，定义为半生命周期的应用，包含了施工和运营维护两个阶段，而并非行业内和学术界倡导的由业主主导的全生命周期应用，主要受制于以下几个方面：

（1）项目投标阶段，业主并未要求设计单位及施工方应用 BIM 技术，所以设计单位没有构筑 BIM 模型。

（2）紧扣行业脉搏，总承包项目部在项目进场后自主开展市场调研、研发策划、模型构筑、系统开发、信息录入、应用完善等一系列工作，主要构筑的模型和录入的海量信息包含的是满足施工总承包管理及后期运营维护的内容。

（3）受制于目前设计、施工模型数据格式不统一，模型信息共享困难的技术难题，在设计模型中无法录入总承包管理所需的海量信息，BIM 设计模型无法满足施工总承包 BIM 技术应用的需求。

在以后的项目中，BIM 技术的研发应用可由业主主导推动；施工总承包方提前介入设计阶段，向设计单位提供总包管理的需求；设计单位在设计模型构筑过程中，应充分考虑设计需求及总包管理需求，给每个模型构件及分区植入与施工信息的关联关系，为施工信息录入预留窗口，实现设计施工模型一体化，避免重复建模。此外，可通过施工阶段的信息录入对 BIM 模型进行进一步完善，改变传统竣工图交验的方式，实现竣工 BIM 模型交验，并为物业运营维护提供完善详尽的 BIM 模型，真正实现 BIM 技术在设计、施工、运维各个阶段全生命周期的应用。

二、建筑垃圾回收利用产业化的探索

低碳环保、节能减排是当今中国发展的主旋律，施工建造必须与之相匹配，积极倡导并实施绿色建造、绿色施工是大势所趋。超高层建造过程，是一个资源消耗的过程，期间会产生大量的建筑垃圾，包括各种材料，如混凝土、砂浆、钢材、木材、橡胶、塑料等等，部分建筑垃圾已经形成了良好的回收利用的通道，可循环利用，例如废旧钢材、木材；而部分建筑垃圾，传统的处理手段是焚烧或者掩埋，例如橡胶、塑料、混凝土碎料等，这种传统处理手段会造成土地资源浪费和空气污染，在浪费资源的同时给环境带来极大地破坏。

在国外，例如日本，由于国土面积狭小、资源紧缺，建筑垃圾分类回收已经形成了一个完整的链条，除了易于回收利用的废旧钢材、木材等，施工现场的废弃混凝土，由施工单位运至指定回收企业，径破碎后，回收再用于混凝土、砂浆等的生产。借鉴国外先进做法，进一步探索国内施工行业建筑垃圾的回收途径，实现建筑垃圾回收产业化，也是整个建筑行业应进一步开展的工作。

三、混凝土数字化模拟及实体检测技术的创新性探索

（一）混凝土数字化模拟

东塔项目采用了双层劲性钢板剪力墙匹配 C80 高强混凝土的组合结构设计，钢板墙及密集栓钉的强约束对混凝土性能提出了更为严苛的要求。如前所述，为了试配配合比并验证其与钢板墙的匹配度，项目投入了大量人力和巨额成本，通过一系列的实验室试配和 1∶1 模拟实验，完成了三高三低三自混凝土的研究。

如果能通过数字化虚拟仿真的手段，利用计算机软件模拟混凝土中各种材料和相互之间的拟合关系，模拟混凝土相变过程及其内部强度、温度、收缩的变化，并分析其在钢板墙结构体系下的应力分布及变化情况，不但能高效准确地指导施工，避免质量事故的发生，同时能极大地降低实验所需的人力和费用。所以，在日后的工程中，这也是一个值得研究的内容。

（二）实体检测技术

目前，钢管混凝土的浇筑质量检测主要依靠声波法，即在钢管内预埋超声波检测管，在混凝土发展的不同阶段，通过观察超声波在混凝土内的传播情况和信号强弱，借以判定混凝土是否浇筑密实，是否存在质量缺陷。然而，钢管混凝土内还有横竖分布的钢筋和加筋板，当超声波传递过程中遇到这些不同的介质，波形和传播速度会受极大地影响，检测人员很难判定这种波形的变化是缘于钢材，还是混凝土自身的质量缺陷。

所以，一种不受不同介质影响的无损检测新方法亟待研发。

四、地铁运营震动波形传递及对深基坑施工影响的研究

为保证基坑施工阶段地铁运营的安全，东塔项目开展了数字化虚拟仿真计算，通过数字化的手段保证地铁运营的安全。地铁运营过程中，列车行驶产生的震动对基坑有怎样的影响，震动波在土体内是如何传递、如何衰减的，传递至支护结构的时候，会引起支护结构怎样的反应，是非常值得研究的内容。通过实时监控基坑与地铁之间土体内相互震动波形的传递，能实时、全面地掌控基坑和地铁的安全度，并能为类似情况的深基坑施工提供预判依据。

五、智能顶模轻量化研究与应用

顶模系统发明于西塔，极大地提高了超高层施工的速度，保证了施工的质量和安全，是建筑施工领域的一次革命性变革。然而，东塔项目的核心筒尺寸大，形状为方形，建筑面积约 1000m²。为了适应结构形式，保证顶模整体的刚度和稳定性，东塔项目的顶模设计采用方形平台加四点支撑的形式；双层钢板剪力墙导致大钢模板无法采用对拉螺杆设计，需要设计桁架式背楞，增加了模板系统整体重量。东塔顶模总重超过 1000t（西塔仅约为 800t）。巨大的自重荷载，增加了支撑体系顶升过程中的油缸压力，降低了支撑系统的承载力富余度，降低了施工过程中的平台堆载重量，影响了施工效率。所以，优化顶模设计，使用轻型材料，进一步降低顶模自重，实现顶模轻量化，是研究方向之一。

六、"顶塔合一"的探索

东塔项目主塔楼布置有 1 台顶模，3 台塔吊，其中顶模共顶升 109 次，塔吊共爬升 25 次。3 台塔吊每次爬升，需要占用 2 天工期和大量吊次（支撑鱼腹梁周转、爬带挂设、牛腿安装、辅助杆件安装），主塔楼竖向结构处于停工状态。如果实现顶模和塔吊的合体，可同步顶升顶模及塔吊，缩短工期、提高功效，实现智能顶模航空母舰式设计。然而，顶塔合一的设想也存在很多问题，如顶模支撑体系的承载力、塔吊施工给顶模带来巨大的水平、竖向和倾覆弯矩。所以，"顶塔合一"是一个大胆、先进的设想，但要实现，仍有许多具体的难题需要解决。

七、施工电梯运行部署及效率分析

垂直运输是超高层施工的生命线。伴随着高度的增加，垂直运输超高降效显著，垂直运输的压力也明显增加。根据超高层施工经验，东塔项目主塔楼施工选用了 6 台施工电梯，其中 4 台附着在南面外框筒，负责楼层内水平结构施工，2 台附着于核心筒，主要服务于塔楼竖向结构施工。然而，受制于统计方法和人员素质等因素，电梯数量的确定是否合理，运力运次是否满足施工人员和材料运输的需求，实际运行过程中每台电梯停靠楼层是否合理，每次运行的运输效率如何等一系列问题尚没有详尽系统的数据支持和统计分析。

具体分析电梯布置数量和位置，量化施工高峰期和低谷时的运力运次、停靠楼层、运输效率等具体数据，优化施工电梯的运营部署，对于提高超高层人员运输和材料运输、缩短工期有着极为重要的意义。

八、装配式建造技术的探索

目前，传统的施工方法基本可归结为"来料加工、现场拼装"，钢筋下料和绑扎、模板开模和支拆模、混凝土浇筑、砌体砌筑、机电管线加工切割等各道工序都在现场完成，存在施工时间长，投入人力物力大，工序穿插复杂，管理难度大，建造效率低，材料浪费多等一系列问题，且伴随着现场人力成本的增加，这种传统建造模式的成本不断攀升。

伴随着人民生活水平的提高，绿色施工、节能环保日益深入人心，传统的建造模式的缺点日渐凸显，逐渐无法满足人们节约资源、保护环境的需求，建筑构件产业化生产、建造过程装配式安装的先进建造技术被提上议程。

装配式建造，指的是结构构件（墙、柱、梁板）、机电管线、装修饰面等建造元素完全在工厂预制并拼装成标准化单元，运输至现场后直接拼装。这种建造方法效率高、能耗低、工序简单、人物力投入少，最大的优势则是有效地避免现场建筑垃圾的产生，最大程度地节约了各种资源。但是，要实现这种完全装配式的施工建造，对设计的要求非常高，所有房间的分区、使用需求必须提前确定，机电管线及精装材料的定版必须提前完成，各个专业独立设计和全专业的综合设计应在开工前完成，建造过程可能出现的各种因素都需要考虑周全，各专业材料的加工、运输、进场、装配等各个环节必须紧密配合，有很高的匹配度，这些在目前国内的建造环境下，实现起来存在困难。

所以我们认为，产业化、装配式建造的探索不必局限于全项目这一概念，可立足现状、逐步实现。首先在传统施工方法的基础上，优化各道施工工序，研究应用高效的施工设备、工具和措施，提高施工功效。再进一步，通过局部构件（例如外框楼板）的工厂化预制，主要受力构件（剪力墙、外框柱）仍然采用现场一体化浇筑的方法施工，实现局部装配式建造。在上述基础上，再进一步探索主受力构件和主框架的工厂化预制和拼装。